ullstein

VANESSA UND NORMAN nehmen uns mit auf eine spannende Reise in die Natur. Sie zeigen uns, wie wir lernen, mit offenen Augen die Natur um uns herum zu entdecken und ihren Wundern voller Neugier zu begegnen. Denn viel zu oft übersehen wir die lebendige Vielfalt, die uns umgibt. Wer kennt schon die Bäume und Kräuter, die unsere Wege begrünen, oder gar die Pilze, die in Symbiose mit ihnen zusammenleben? Auf den Abenteuern im Draußen warten wilde Nahrung und heilkräftige Pflanzen und Pilze darauf, von uns entdeckt zu werden. Von Löwenzahn über Igelstachelbart bis hin zum Fliegenpilz – treten wir in Verbindung mit der Wildnis, bereichern wir unser Leben mit intensiven Erfahrungen und tiefer Liebe zu der Welt, die wir schützen wollen. Dieses Buch zeigt, wie wir die Natur wieder mit allen Sinnen wahrnehmen und genießen können.

VANESSA BRAUN, geboren 1993 im Schwarzwald, liebt das Reisen: Ihr Weg führte sie unter anderem schon nach Neuseeland, Italien, Australien, Indien und Marokko. Außerdem arbeitete sie als Buchhändlerin und ist zertifizierte Yogalehrerin und Heilpraktikerin.

NORMAN GLATZER, geboren 1993 in Berlin, ist Pilzsachverständiger. Nach Auslandsaufenthalten in Marokko und Indien war er in Berlin als Buchhändler und in der freien Theaterszene tätig.

Gemeinsam betreiben die beiden seit Februar 2019 den erfolgreichen YouTube-Kanal *Buschfunkistan*.

Norman Glatzer
Vanessa Braun

MITTENDRIN IM DRAUßEN

Pilze, Pflanzen und Tiere direkt
vor der Haustür – eine Entdeckungsreise

Ullstein

Besuchen Sie uns im Internet:
www.ullstein.de

Wir verpflichten uns zu Nachhaltigkeit

- Klimaneutrales Produkt
- Papiere aus nachhaltiger
  Waldwirtschaft und anderen
  kontrollierten Quellen
- ullstein.de/nachhaltigkeit

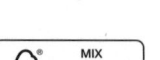

MIX
Papier
FSC FSC® C083411

Ungekürzte Ausgabe im Ullstein Taschenbuch
1. Auflage September 2022
© Ullstein Buchverlage GmbH, Berlin 2021/Allegria Verlag
Fotos im Bildteil:
©imago: S. 1 (oben, Mitte), S. 4 (oben links, unten),
S. 5 (oben links, oben rechts), S. 6 (alle), S. 7 (alle)
Allen anderen Abbildungen stammen von den Autoren selbst.
Illustrationen im Innenteil: VektorStock®
Umschlaggestaltung: zero-media.net, München
Titelabbildungen: ©FinePic®, München
Satz und Repro: LVD GmbH, Berlin
Gesetzt aus der Minion Pro
Druck und Bindearbeiten: CPI books GmbH, Leck
ISBN 978-3-548-06692-9

Inhalt

TEIL 3: Verschmelzung mit dem Draußen

Einleitung

Etwas fehlt. Aus unseren geordneten, strukturierten und bürokratisierten Lebensmodellen wurde die Wildnis von Quadratschädeln und Betonköpfen einfach so weggezüchtet. Das machte uns zu blassen Zombies, die tagtäglich ihren Balanceakt aus Arbeiten und Konsumieren vollführen. Doch jetzt ist da diese Leere.

Einst gab es mal, so erinnern wir uns dunkel, eine lebendige sinnliche Wahrnehmung. Die Vögel sangen damals wundersame Melodien von Leben und Tod. Bald schon wurden sie abgelöst von brummenden Maschinen und Vibrationsalarm. Die Düfte von Blüten, Blättern und Gehölzen verführten uns einmal zum Müßiggang, doch nun rennen wir von Termin zu Termin, und unsere Nasenflügel verkrampfen sich in dieser mit Abgasen gewürzten Plastikwelt. Auch unsere Geschmackssinne stumpfen ab – der Vielfalt des immer Gleichen sei Dank! So kommt uns nach und nach ein Sinn nach dem anderen abhanden.

Apropos Sinn: Wer sind wir eigentlich? Wir sind ein Teil der Natur. Natur? Davon hört man doch immer wieder in den Dokumentationen. Das ist doch das, woraus die Straßenbäume gemacht sind. Und die kleinen Tiere darauf. Und sogar die Pilze, die wir manchmal darunter sehen.

Es ist Zeit für den Ausbruch aus der Betonisierung unserer Lebenswelt und unseres Bewusstseins. Lassen wir das Grau und die glatten Oberflächen hinter uns und stürzen uns in die kunterbunten Fraktale da draußen. Machen wir eine Reise in die Welt, nach der sich unsere Sinne sehnen, die Welt, die uns mit unseren Ursprüngen verbindet und doch Zukunft schenkt. Reisen wir in die Welt, wo keine Zeiger ticken, sondern nur Spechte auf Holz. Reisen wir in die Natur.

TEIL 1

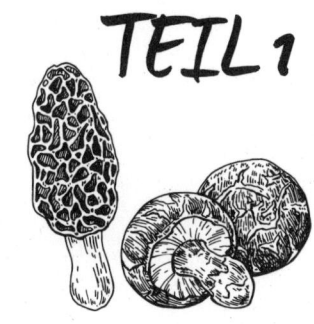

Auf in die Natur

Raum und Zeit

Führende Reiseexpert*innen sagen: »Die Natur ist immer eine Reise wert.« Schön und gut, aber wo ist sie denn nur, diese Natur? Ein Blick in den Atlas zeigt: keine Spur von einem Land mit diesem Namen. Und hier kommt die Magie der Grenzenlosigkeit ins Spiel: Die Natur ist überall, überall, wo Leben ist. Mutter Natur hat mit Orten, die sich fein säuberlich auf Karten einzeichnen lassen, nichts am Hut. Sie entfaltet sich allerorts, mit fließenden Übergängen und inhärenter Intelligenz. Wo diese organische Intelligenz waltet, da bedarf es weder eines Passes noch einer Mauer noch Stacheldrahts. Wir müssen nur das Haus verlassen, und schon stehen wir mitten in der Natur. Egal auf welchem Flecken Erde wir wohnen, eines ist gewiss: Die Wildnis beginnt vor jeder Haustür. Sie ist überall.

Vor der Haustür finden wir die Natur wahrscheinlich erst mal auf Fußhöhe. In den Fugen zwischen den Pflastersteinen, da geht es los. Kleine Moose und Pflänzchen kämpfen sich durch die menschengemachten Grenzen. Wer diese Steine dort hingepflastert hat, wollte vermutlich sagen: »Das hier ist mein, und hier darf nichts sein außer diesem Pflasterstein!« Doch Mutter Natur zeigt sich von solchen Maßnahmen unbeeindruckt und kämpft sich durch. Manche Menschen glauben, wir sollten die Wildnis zähmen und die Erde unter unsere Kontrolle bringen. Voller Überzeugung leben sie in dieser Illusion. Ein Hirngespinst, das so dämlich wie erheiternd ist. Wenn wir uns in tiefe Meditation begeben, können wir sogar das Kichern der Natur hören. Ein Gelächter angesichts dieser Naivität. Die Pflanzen in den Fugen unserer Pflastersteine sind der beste Beweis: Die Natur kann uns in jeder Hinsicht spielerisch überdauern. Zu denken, wir können uns die Erde unterwerfen oder würden das bereits tun, ist nichts als Unsinn. In den Augen der Natur sind wir Tollpatsche, die über ihren eigenen Übermut stolpern und mit dem Gesicht in einem Fladen landen. Die Kräfte der Natur sind so gewaltig und unfassbar, dass sie zu beherrschen ganz unmöglich ist. Ist das nicht fantastisch? Und wie sich später zeigen wird, sind diese Kräfte gar nicht mal so abgeneigt, für uns Menschen da zu sein. Wir müssen uns ihnen nur öffnen.

Die Pflanzen in den Fugen sind natürlich nur ein kurzer Blick durchs Schlüsselloch. Die Natur kann noch viel mehr. Ob in Parks, Wiesen oder Wäldern, wir befinden uns immer in ihr. Die Natur ist ein Ort, wo wir alle schon mal waren. Nur haben es viele von uns einfach noch nicht mitbekommen. Es wird also höchste Zeit, den Mut zu haben, die Tür zu öffnen.

Nachdem wir jetzt also wissen, wo die Natur ist, stellt sich noch die Frage nach der Zeit. Wann ist die beste Reisezeit? Die Frage nach dem Wann lässt sich genauso spektakulär beantworten wie die Frage nach dem Wo: immer. Da wir ja schon bemerkt haben, dass die Wildnis von Leben und Vielfalt überquillt, lohnt sich eine Reise zu jeder Zeit. Denn schon von einem zum anderen Tag kann alles wieder anders sein. Die wilde Natur hält sich nicht großartig an ihrem Gestern fest, sondern befindet sich in stetigem Wandel und erfindet sich in jedem Augenblick neu. Auf jeden Tod wird mit neuem Leben reagiert. Keimen, wachsen, sterben, verdaut werden. Ein endloser Kreislauf. Jede Jahreszeit hat ihre eigene Note, ihren eigenen Charme. Auch die Wesen der Natur haben alle ihre eigenen Zeitebenen. Nehmen wir mal die Pilze. Da gibt es autolytische Pilze, wie zum Beispiel Schopftintlinge. An einem heißen Sommertag kann es passieren, dass ihre Fruchtkörper über Nacht aus der Erde schießen, am Morgen Sporen in die Welt schicken und am Mittag schon wieder weg sind: zu Tinte zerflossen. Ihre Lebenszeit kann unter Umständen tatsächlich nur wenige Stunden betragen. Auf der anderen Seite steht zum Beispiel der Zunderschwamm. Seine Fruchtkörper wachsen jahrelang, in äußerst gemütlichem Tempo. Wer sich also fragt, wie lange Pilze, beziehungsweise deren Fruchtkörper, eigentlich zum Wachsen brauchen, bekommt hier die Antwort – oder auch nicht: Es ist absolut relativ.

Bei den Pflanzen geht es in Sachen Zeit auch sehr unterschiedlich zu. Die als Espe bekannte Zitterpappel wächst gerne mal einen Meter oder mehr im Jahr. In Windeseile schießt sie in Richtung Himmel, als würde irgendwo da oben ein Bus abfahren, den sie unbedingt noch kriegen will. Nach circa 100 Jahren realisiert sie dann aber, dass der öffentliche Nahverkehr im Himmelreich eine Katastrophe ist, und stirbt. Ganz anders die Eibe: Sie ist die Zen-Mönchin in Form eines Baumes. Stress ist ihr ein Fremdwort, jedes Chlorophyllmolekül in ihr befindet sich in tiefster Meditation. Vielleicht wartet die Eibe einfach im wahrsten Sinne des Wortes auf die Erleuchtung. Denn die Eibe liebt es dunkel und wächst gerne im Schatten von Laubbäumen. Doch irgendwann will sie es dann doch mal mit ein paar Strahlen Sonne probieren. Wenn die schattenwerfenden Laubbäume um sie herum tot sind und erfolgreich überdauert wurden, kommt schließlich die totale Erleuchtung. Wer zuletzt lacht, lacht am besten, und darum wird eine Eibe gerne mal 2000 Jahre alt, bevor sie dann verstrahlt lächelnd abdankt.

Auch bei den Tieren gibt es alle Formen von Gegensätzen und Relativitäten. Eines dieser Tiere, der Gourmet des Waldes, auch bekannt als Pilzschnegel, erinnert optisch stark an eine Nacktschnecke. Der Pilzschnegel ist ein absoluter Slow-Food-Fanatiker, der seine Pilze nur äußerst langsam genießt. Normalerweise trifft man ihn ausschließlich beim Essen an. Wie gesagt, er ist ein Liebhaber der Haute Cuisine. Im Gegensatz dazu verputzt ein Eichhörnchen eine Nuss schon mal so schnell, dass wir gar nicht mitbekommen, dass da überhaupt jemals eine Nuss war. Glücklicherweise ist es nicht andersherum. Sonst gäbe es im Wald wohl keine Pilze mehr, aber reichlich dicke Schnegel.

So zeigt sich: Die Wesen der Natur haben alle ihre individuellen Zeitebenen und halten nicht viel von Uhren. Ihre Zeiten hängen von ihrer Art, ihrer Persönlichkeit und von den äußeren Bedingungen ab, unter denen sie leben.

Da haben wir sie also, die real existierende Utopie von Grenzenlosigkeit und dem Leben ohne Uhren: unter unseren Pflastersteinen, zwischen unseren Häusern und überall um uns herum. Wenn das mal keine guten Nachrichten für die Visionär*innen unter uns sind, deren Ideen von Apostel*innen des »gesunden Menschenverstandes« als naive Träumereien abgetan werden. Die Utopie ist schon da. Sie war sogar schon längst da, bevor es uns Menschen gab. Sie war da seit Anbeginn der Existenz und lange vor der Zeitrechnung.

Mit regelmäßigen Reisen in die Natur können wir die Utopie wieder in unser Bewusstsein integrieren. Durch die Natur zu reisen, heißt staunen und lernen, sich auflösen, verschmelzen und dann wieder neu zusammensetzen.

An der Schwelle

Wir wollen also die Reise ins Ungewisse und Grenzenlose wagen. Doch vorher heißt es, noch mal durchzuatmen und nicht sofort nackt aus dem Haus zu stürmen. Klar, die Natur lässt sich auch ganz wunderbar nackt erkunden, das wäre sogar sehr zu empfehlen, aber vielleicht erst jenseits der Zivilisation, um Ärger zu umgehen. Hierbei geht es jedoch nicht nur um Konfliktvermeidung. Denn insbesondere in Zivilisationsnähe lassen sich schon mal Pilze am nackten Körper sammeln, die besser nicht gesammelt werden sollten. Und das ganz ohne Sammelkörbchen! Also ziehen wir uns (erst mal) an.

Die Kunst der Naturerkundung liegt darin, immer aufs Schlimmste gefasst zu sein, ohne gleich den gesamten Kleiderschrank mitzuschleppen. Insbesondere bei ausgedehnteren Reisen spielt ein Faktor eine wichtige Rolle, der uns Nutznießer*innen von Dächern und Wänden vielleicht gar nicht mehr so bewusst ist: das Wetter. Von kalt bis warm, trocken bis nass, still bis stürmisch ist alles möglich, und es empfiehlt sich ein Blick auf die Tagesprognose. Fortgeschrittene Reisende setzen auf das Zwiebelprinzip. Entsprechend dem Wetter zieht man sich verschiedenste Schichten Kleidung an, die dann auch unterwegs ganz nach Bedarf justiert werden können. Wie sich hier schon zeigt, lässt sich viel von der Natur lernen, denn Zwiebeln sind uns in Sachen Bekleidung um einiges voraus. Kein Wunder also, dass sich Zwiebelgewächse wie der Bärlauch schon besonders früh im Jahr an die Erdoberfläche wagen.

Nun gibt es ja auch jede Menge toller Funktionskleidung. Die kann sicher praktisch sein, aber sie ist nicht überlebenswichtig. Mittlerweile ist Outdoorbekleidung jedoch fast zum Fetisch geworden: Wir leben im Zeitalter der Funktionskleidung. Nackte Haut reibt auf knisterndem Regenschutz. Ohne zu schwitzen natürlich, dank absoluter Atmungsaktivität. Selbst die Konsumkritischsten unter uns werden bei Outdoorbekleidung oft schwach, und Glückshormone lassen ihre Herzen schneller schlagen. Besonders an Sonntagen kann man diese Liebe zur Outdoorbekleidung beobachten: Spaziergänger*innen, die zwei Schritte in den Wald machen, aber das mit einer Kleidung, in der sie den Aufstieg am Mount Everest wagen könnten. Nicht dass diese Form der Kleidung nicht praktisch sein könnte. Manchmal möchte man fast glauben, Menschen ohne Funktionskleidung stürben direkt beim ersten Kontakt mit einem Regentropfen. Aber dem ist nicht so: Unsere Vorfahr*innen haben es auch in simpelster Kleidung und Jesuslatschen tagein, tagaus durch die Wildnis geschafft. Gänzlich ohne Nano-Hyper-Extreme-Ventilation-Protect5000-Beschichtung.

Sind wir erst einmal gut eingepackt, sollten wir auch ein Auge auf die Zeit des Sonnenuntergangs haben. Denn eines steht fest: Die Magie der Natur kann uns zwar ganz schön in den Bann ziehen, aber nachts im Wald zu stranden, ist bisweilen eher finster, zumindest für Debütant*innen der Naturerkundung.

Da die Reise auch was für die Hirnzellen ist, empfiehlt es sich, Literatur mitzunehmen. Je nachdem, ob sich der*die Reisende eher für Vögel, Pilze, Pflanzen oder andere Themen interessiert, sollte an entsprechende Bestimmungsliteratur gedacht werden. Außerdem benötigen wir noch einen Sammelkorb, am besten aus Weide. Dazu noch ein

Taschenmesser und eine Lupe, und es kann fast losgehen. Fast, denn es empfiehlt sich, auch an Verpflegung zu denken, ganz nach individuellen Vorlieben. Wobei sich so manche Leckerei auch auf dem Wege finden lässt. Aber dazu später mehr.

Es gibt natürlich Dinge, die ganz bewusst nicht mitgenommen werden sollten: Müll oder Dreck anderer Art. Was außerdem nicht mitgenommen werden sollte: Bügeleisen. Niemand braucht Bügeleisen auf Reisen durch die Natur.

Etwas Fundamentales kann auch zu Hause bleiben: die Angst. Die Angst vor elefantengroßen Wildschweinen, vor Fuchsband-würmern, die uns schon beim bloßen Anblick von Blaubeeren befallen, und die Angst vor fliegenpilzessenden Hexen. Denn während Ersteres und Zweiteres in dieser Form gar nicht vor-kommen, gibt es zwar die bepilzten Hexen, die sind aber entge-gen allen Vorurteilen und Behauptungen äußerst liebenswerte und nette Bewohner*innen des Waldes. Und die Wildschweine sind so sensibel, dass sie bereits merken, wenn wir auch nur einen Fuß in den Wald setzen, denn an uns haftet der Duft nach Aktenordnern und Abgasen: Eau de Civilisation. Und davon sind Wildschweine besonders am Tage recht wenig begeistert und halten sich von uns fern. Fuchsbandwurmerkrankungen stehen nach bisherigen Erkenntnissen in keinem Zusammen-hang mit dem Sammeln von Beeren, Kräutern und Pilzen.[1] Oder, um es anders zu sagen: Wer Angst vor dem Fuchsbandwurm hat, sollte auch Angst vor Erdbeeren haben. Denn der Fuchs, der im Begriff ist, ein Geschäft zu verrichten, macht auch nicht vor dem Erdbeerfeld der Landwirt*innen halt, die unseren nächsten Su-permarkt beliefern. Und die Eier dieser Bandwürmer lassen sich nur durch Erhitzen mit über 70 °C loswerden. Paradoxerweise wird selten zum Garen von Erdbeeren geraten, während allen, die Blaubeeren im Wald essen möchten, die Sorge vor dem Fuchsbandwurm eingebläut wird.

Jetzt kann es aber wirklich losgehen. Sowohl äußerlich als

auch innerlich sind wir jetzt bestens vorbereitet für das Abenteuer Wildnis. Es sei denn …

Was?

Nun ja, eine kleine Information am Rande: Aus kleinen Reisen in die Natur können mit der Zeit intensive Verschmelzungen mit dieser werden. Es kann also passieren, dass Reisende ihr Leben radikal transformieren und Dinge tun, die sie zuvor nicht für möglich gehalten haben: ihren Job kündigen, ihre Ernährung auf den Kopf stellen, den Wohnort wechseln, sich komplett neu erfinden und vieles mehr. Die Autor*innen dieser und der nachfolgenden Zeilen übernehmen keine Haftung für das ungewöhnliche Verhalten der Reisenden im Zusammenhang mit ihrer Wiederentdeckung der Natur.

Die ersten Schritte

Zeit für die ersten Schritte. Was für unsere Vorfahr*innen vor Tausenden von Jahren die normalste Sache der Welt war, kann sich für uns Papiertiger ganz schön schwierig gestalten. Die Natur in ihrer Wildheit zu erleben, ist für viele von uns so, als würde ein Fisch versuchen, ein Lagerfeuer zu machen. Gar nicht so einfach und womöglich sogar das erste Mal. Da wir es in den letzten Jahrhunderten geschafft haben, unsere Verbindung zu Mutter Natur aus den Augen zu verlieren, ist es für uns schwierig, den Draht zu unserem Ursprung zu finden. Darum lassen wir die Vergangenheit besser hinter uns und schauen frohen Mutes nach vorne. Vorwärtsschauen ist ohnehin von äußerster Wichtigkeit für die ersten Schritte, denn in der wilden Natur gibt es keine durch Pflastersteine begradigten Wege. Darum lassen wir das Grübeln fürs Erste lieber sein und besinnen uns auf unsere Schritte im Hier und Jetzt. Ob wir eleganten Schrittes in die Zukunft schreiten oder eher stolpern, hängt von der Ausrichtung unseres Bewusstseins ab.

Für die ersten Schritte suchen wir uns am besten ein nahe gelegenes natürliches Areal wie einen Wald und legen los. Denn was sich zwischen den Fugen vor unserer Haustür zaghaft ankündigt, entfaltet sich im Wald zur vollen Dröhnung: Pflanzen, Pilze, Flechten, Moose, Tiere und vieles mehr. Fraktale Formen, so weit das Auge reicht. Das kann unser Gehirn erst mal ganz schön überfordern, ist es doch aus der Zivilisation an gerade Kanten, Rechtecke und glatte Oberflächen gewöhnt. Gleichzeitig ist es durch einen Lebensstil, welcher auf regelmäßige Dopaminkicks setzt, völlig überstimuliert. Durch die nun eintretende Überforderung und den Entzug an Dopamintriggern schaltet unser Gehirn erst einmal auf Sparflamme. Irgendwie sieht hier draußen auf den ersten Blick alles relativ gleich aus, und es unterscheidet sich wenig voneinander. Baum mit Blättern, Baum mit Nadeln, Pflanze, Pilz, Vogel. So in der Art blicken wir in diese sich vor uns auftuende Welt. Die unglaubliche Artenvielfalt lässt sich zunächst gar nicht erfassen, und so scheint es, als wäre sie gar nicht da. Aber das ist nicht weiter schlimm, denn je mehr Reisen wir in die Natur unternehmen, desto besser wird sich unser armes Gehirn akklimatisieren und sein wahres Potenzial entfalten.

Beim Betreten des Waldes empfiehlt es sich zunächst einmal, den Wald zur Begrüßung in die Lunge einzusaugen. Keine Angst, die Bäume sind fest genug verwurzelt und bleiben sicher stehen. Also erst mal tief und langsam durchatmen. In einem Alltag, in dem wir uns vor Autoritäten wie Chef*innen wegducken, der einzige Sport der morgendliche Sprint zur Arbeit ist und uns verschiedene Medien tagtäglich Angst und Hass verkaufen, ist unsere Atmung nämlich völlig aus dem Gleichgewicht gekommen. Das Resultat ist eine flache Atmung, die zu allem Übel auch noch Autoabgase und penetrant riechende Parfüms in unsere Lungen zieht. Im Wald haben wir die Chance, das alles loszulassen. Die Luft ist sauber und voller ätherischer Öle. Die beruhigen uns, verbessern unsere Stimmung, steigern die Vitalität und reinigen uns. Die Waldluft hat eine bessere Bioverfügbarkeit als eine Line Kokain, sie geht direkt ins Blut und wirkt sofort. Und das ganz ohne Nebenwirkungen. Der Duft der Natur ist höchst komplex. Rinden, Blätter, Nadeln,

Blüten, Laub, Pilze, Gräser, Moose und viele mehr tun sich hier zusammen als die begnadetsten Parfümeure der Welt. Wer mal an einem warmen sonnigen Herbsttag durch einen Mischwald gelaufen ist, in dem sich der Duft von Anistrichterlingen mit dem Duft von Kiefernharz mischt, weiß, wovon hier die Rede ist. Nach den ersten Atemzügen können wir nun die Last der Zivilisation hinter uns lassen und uns auf die Suche nach unseren animalischen Wurzeln machen.

Auch die anderen Sinne werden im Wald in völlig neue Welten katapultiert. Endlich Ruhe. Aus akustischer Sicht spielt sich in der Natur etwas sehr Paradoxes ab. Betreten wir die Wälder und Wiesen, so werden wir zuerst von einer atemberaubenden Stille verzaubert. Je weiter entfernt das nächste Dorf oder die nächste Stadt ist, umso besser. Es scheint plötzlich, als wären keine Geräusche mehr da, als herrsche absolute Stille. Doch dann, wenn die Ohren sich so langsam auf die neue Umgebung eingestellt haben, wird plötzlich klar, dass es gar nicht so still ist, wie es zunächst schien. Denn in der weiten Natur spielt sich eine unglaubliche Symphonie ab. Ihr Orchester ist so groß, dass unser kleiner Verstand es kaum verarbeiten kann. Doch genau das ist das Magische an der Symphonie der Natur. Tausende Vögel singen ihre Lieder, der Wind rauscht durch die Blätter, das alte Laub tänzelt auf dem Boden, die Bäche plätschern, der Regen tropft sanft oder turbulent auf die Erde, die Grillen zirpen, und viele weitere Klänge mischen mit. Die Symphonie der Natur ist in permanentem Wandel, je nach Jahreszeit, Tageszeit und Wetter. In ihr klingen die ältesten aller Melodien, da sie schon seit Anbeginn dieses Planeten existiert. Damals klang die Musik noch wesentlich bedrohlicher als heute und war vor allem von wilden Elementen wie Wind, Feuer und Wasser geprägt. Mittlerweile ist die Symphonie etwas lieblicher geworden, da sich verschiedene Lebewesen hinzugesellt haben. Ist das nicht faszinierend? Ein Musikstück, das schon seit der Entstehung der Erde ohne Unterbrechung gespielt wird. Und das Beste ist: Wir können dem Stück jederzeit lauschen, und es wird immer anders klingen. Anders zu jeder Zeit, anders an jedem Ort.

Das Thema Orientierung ist für alle Neuankömmlinge in der Natur auch nicht immer einfach zu handhaben. In zivilisierten Gefilden gibt es überall Schilder und markante Gebäude, die uns genau mitteilen, wo wir gerade sind. In einem Wald gibt es diese Dinge in der Regel nicht. Doch dafür gibt es dort, sofern es auch ein wirklicher Wald und keine intensiv bewirtschaftete Baumplantage ist, zum Teil monumentale Bäume, die sich mit ihrer majestätischen Schönheit tief im Bewusstsein verwurzeln. Bäume, die unsere kurze menschliche Lebensspanne um Jahrhunderte überdauern und vor Weisheit förmlich strahlen. Wenn wir einem solchen Baum begegnen, vergessen wir ihn nicht. Je mehr wir uns in der Natur aufhalten, umso besser wird unser Orientierungssinn werden. »An der alten Buche rechts, dann bis zur knorrigen Eiche, dort links abbiegen und dann bis zur Hainbuche gehen.« Solche Wegbeschreibungen können anfangs befremdlich sein, werden jedoch irgendwann ganz selbstverständlich und natürlich. Denn irgendwo, in den tiefsten Schubladen unseres Bewusstseins, schleicht der Orientierungssinn der Jäger*innen und Sammler*innen nach wie vor umher. Bei den ersten Schritten in den Wald ist es noch schwer, aber mit der Zeit werden wir unseren Weg finden. Und wer weiß, vielleicht hilft uns ein besserer Orientierungssinn ja auch im Alltag, zu uns selbst zu finden und so fröhlich pfeifend durch Sinnkrisen zu wandern, als wären sie ein lockerer Waldspaziergang.

Ein Pilz, der übrigens immer den Überblick behält und somit nie die Orientierung verliert, ist der Rotrandige Baumschwamm. Er lebt oft in toten, noch stehenden Bäumen und bildet dort seine steinharten Fruchtkörper aus – auch bekannt als »Baumpilze«. Die Poren befinden sich auf der Unterseite der Fruchtkörper, sodass die Sporen in Richtung Boden fallen. Fällt der Baum nun um, merkt der Pilz, dass seine Fruchtkörper nicht mehr horizontal ausgerichtet sind, und sorgt dafür, dass neu gebildete Poren erneut in Richtung Erdboden zeigen und nicht zur Seite. Porlinge wie der Rotrandige Baumschwamm haben also ganz erfolgreich ihr Seepferdchen in Schwerkraft gemacht, und dafür sollten wir ihnen auch mal gratulieren. Glückwunsch, ihr wilden Gravitropisten!

Ja, beim Betreten des Waldes geht es ganz schön rund für die Sinne. Da empfiehlt es sich, einen Gang runterzuschalten. Denn wer ungeübt mit dem hektischen Schritt des Alltags in den Wald rennt, wird relativ schnell seine*ihre Kauleisten mit dem Wurzelwerk des Bodens verschmelzen. Das langsame Laufen ist jedoch nur ein erster Tipp, um gut anzukommen. Denn fortgeschrittene Reisende erkunden den Wald mit dem eleganten Tritt eines Rehs. Dynamisch, progressiv, fast unhörbar und zuweilen tänzerisch. Wenn das keine guten Nachrichten sind. Erst noch mal neu laufen lernen, um eines Tages wie ein Reh zu werden!

Anekdote »Erster Pilz«

Dies ist die Geschichte, wie ein ganz gewöhnlicher Röhrling unser Leben für immer veränderte. Es war vor vielen Jahren in einem trockenen August. Wir wanderten durch einen alten Fichtenforst im Schwarzwald und dachten uns nichts Besonderes dabei. Der Boden war hart wie Beton und bestaubte unsere Schuhe. An einer Stelle unter besonders alten Bäumen schaffte es der Sonnenschein durchs Gehölz auf den Boden. Da ereignete sich der schicksalsträchtige Moment: Die Sonne beschien nicht einfach nur die nackte Erde, sondern beleuchtete den samtig braunen Hut eines Pilzes. Neugierig näherten wir uns dem fremdartigen Geschöpf. Irgendetwas war besonders an ihm. Vielleicht ahnten wir schon, dass diesem Pilz ein Zauber innewohnte. Um ihn näher zu betrachten, entnahmen wir ihn ehrfürchtig aus der Erde und waren verblüfft, was sich uns offenbarte. Ein Farbenspiel, das wir uns von einem Pilz so nie erträumt hätten. Der Hut war von unten nicht braun wie von oben, sondern hatte einen leuchtend roten Schwamm. Der Stiel hingegen war in einem satten Gelb gehalten, auf dem sich rote Sprenkel wiederfanden. An den Stellen, an denen wir den Pilz berührt hatten, verfärbte er sich nach wenigen Momenten tiefblau. Ob der Pilz uns wohl mit dieser Farbe warnen wollte?

Obwohl wir immer gedacht hatten, wir lieben die Natur, realisierten wir in diesem Moment, wie wenig wir über diese wussten. Wir blickten uns um, und die Natur blickte aus tausend unbekannten Augen auf uns zurück. Waren die Fichten hier wirklich Fichten oder vielleicht auch Tannen? Wir wussten es einfach nicht und beschlossen, uns kundig zu machen. Unsere erste Recherche galt dem magischen Pilz, den wir gefunden hatten. Es war ein Flockenstieliger Hexenröhrling. Zu unserer Überraschung war er sogar essbar, nein, viel besser, er war sogar ein Hochgenuss. Sein Zauber war erfolgreich auf uns übergesprungen. Wie verhext veränderte sich unser Blick in die Welt von diesem Tage an mehr und mehr. Wir lernten die Geschöpfe der Natur kennen und lernen immer noch. All das verdanken wir der Hexe mit dem braunen Filzhut.

Der Kulturschock

Im letzten Kapitel deutete es sich bereits an: Unsere Sinne haben ganz schön zu tun, in der Natur einfach mal klarzukommen. Aber wenn sie das dann auf die Reihe kriegen, rollt ein noch viel größeres Ungeheuer auf uns zu: der Kulturschock. Wenn manche unserer humanoiden Mitbewohner*innen Reisen zu fernen Orten unternehmen, kommen sie des Öfteren mit theatralischen Reiseberichten wieder. »Die« sind da ja so anders, »die« verrichten ihr Geschäft gar nicht in eine Sitztoilette, sondern in ein Loch im Boden, und »die« essen ganz andere Sachen, als es »bei uns« gibt, und überhaupt, der Kulturschock war ja so hart, viel schlimmer noch als der Jetlag, für einen Urlaub sei es ja mal ganz nett, »aber ich könnte ›so‹ ja nicht leben!«. Doch diese kleinen kulturellen Unterschiede sind nichts gegen die, die in der Wildnis auf uns warten. Denn während es in anderen Ländern ja auch immer zivilisiert zugeht, nur eben mit etwas anderen Alltagsgewohnheiten, gibt es in der Wildnis keine Zivilisation! Die Toiletten müssen erst gegraben werden, und das Buffet ist zum Teil auch giftig.

»Was? Keine Zivilisation? Da müssen wir doch was machen! Los, schickt Kreuzritter*innen, schickt die Soldat*innen des gesunden Menschenverstandes. Ein Ort ohne Zivilisation auf diesem Planeten, das kann ja wohl nicht wahr sein!?« So oder so ähnlich könnten jetzt manche erzürnten Mitmenschen ausrufen.

Doch auch sie werden merken: Der Kulturschock kann überwunden werden, und eine Reise in Gebiete ohne Zivilisation kann weiterbilden und bereichern. Denn in der wilden Natur ist vieles anders: Schonungslos sind wir dort ihren Kräften ausgesetzt, und auch unsere vorher schon angesprochene Neo-Multiversum-Giga-Protect5000-Jacke kann uns nicht vor allem schützen. Einen todbringenden Biss in einen Grünen Knollenblätterpilz kann auch sie nicht verhindern. Doch keine Sorge: Wer dem Kulturschock mit Offenheit und Faszination begegnet und nicht mit Abwehr, wird herzlich empfangen. Ganz genau wie auch an anderen Orten.

Die meisten Kulturschocks in der Natur sind unserer Entkoppelung von ihr geschuldet. Nehmen wir ein Beispiel: Löwenzahn. Falls dieses Wort jetzt den Ohrwurm der Titelmelodie der gleichnamigen Fernsehsendung getriggert hat: Gern geschehen! Doch um die soll es jetzt gar nicht gehen. Wer an die industriell verarbeiteten Lebensmittel gewöhnt ist, die vor allem aus Fett, Zucker, Salz und Weißmehl bestehen, hat irgendwann sehr verweichlichte Geschmacksnerven. Selbst das Obst, das wir zu kaufen kriegen, ist dermaßen auf einen möglichst hohen Zuckergehalt gezüchtet, dass es unseren Geschmacksnerven nicht viel zu bieten hat. Wenn wir dann mal auf einer wilden Wiese ein Blättchen Löwenzahn zu uns nehmen, fällt uns direkt eines auf: Eine unglaubliche Bitterkeit breitet sich in unserem Mund aus. Das kann uns ganz schön die Schuhe ausziehen, wenn wir schon seit Jahren keine gute Portion Bitterstoffe mehr zu uns genommen haben. Was aber den Löwenzahn so bitter macht, ist Balsam für unsere Innereien, insbesondere für Galle und Leber. Die beiden feiern dann, als wäre Lebus, der heilige Wanderprediger der Leber, wiederauferstanden. Der bittere Löwenzahn ist damit ein Paradebeispiel für den typischen Kulturschock. So mancher menschliche Grünschnabel verzieht schon beim Anknabbern das Gesicht und macht ein gewaltiges Drama draus. In großen

Worten und Gesten wird dann der Qual angesichts des bitteren Geschmackes Ausdruck verliehen. Dabei ist der Löwenzahn eigentlich wie eben angesprochen sehr gut für uns. So ist das mit sehr vielen Kulturschocks, denn nur weil sie uns zunächst mit etwas Ungewohntem überfallen, sind sie nicht automatisch schlecht. Im Gegenteil, der Bruch mit der Gewohnheit ist ein echt korrekter Segen. Aber zurück zum Löwenzahn. Beim ersten Blatt kann es durchaus zum großen Drama kommen. Eines von der Art, das Goethe unter Umständen schon mal neidisch gemacht hätte. Essen wir ein paar Tage später dann mal wieder ein Blättchen oder sogar zwei, ist es gar nicht mehr so schlimm. Und eines Tages passiert dann etwas ganz Unerwartetes: Die Liebe zum Löwenzahn erblüht, und die Pflanze schmeckt plötzlich lecker. Ein Tag ohne Löwenzahn ist dann wie ein Tag ohne Sinn.

So wie beim Löwenzahn werden sich viele Dinge verändern. Der Kulturschock kann sich auch außerhalb des Waldes ereignen, und zwar in der gewohnten Alltagsumgebung. Es kann passieren, dass uns dort, wo wir uns tagtäglich aufhalten, Dinge auffallen, die wir vorher noch nie bemerkt haben. Nehmen wir mal Pilze, die an Bäumen wachsen. Je mehr wir von ihnen kennenlernen, desto mehr werden wir sie auch wahrnehmen. Nicht nur im Wald, sondern auch andernorts, wo es Bäume gibt. Das Bewusstsein öffnet sich für Neues, was schon immer da war. Eines Tages laufen wir dann alten Bekannten aus dem Wald mitten in der Stadt über den Weg. Tapfer ist der Zunderschwamm, der an der vierspurigen Hauptverkehrsstraße seine Sporen durch die Lüfte wehen lässt. Ganz genauso wird es mit den Pflanzen sein. Der Giersch, der da eigentlich schon immer am Supermarktparkplatz wuchs, hat plötzlich ein Gesicht und eine Persönlichkeit.

Anekdote »Hexenei«

Zu einer Zeit, als wir noch nicht ganz grün hinter den Ohren waren und unsere Verschmelzung mit der Natur gerade erst in den Startlöchern stand, zogen wir aus, um zum ersten Male weiße Pilze zu sammeln, und zwar Champignons. Diese kannten wir bisher nur aus dem Supermarkt, und wir waren ganz erpicht darauf, sie in der freien Wildbahn zu ergattern. Wobei es sich bei unseren Zielobjekten genau genommen um Wiesenchampignons handelte, während die im Supermarkt gehandelten Pilze eine andere Art sind.

Da das Sammeln von weißen Pilzen eher etwas für fortgeschrittene Sammler*innen ist und wir noch nicht so lange im Geschäft waren, war dieses Ansinnen ziemlich gewagt. Wiese um Wiese ließen wir hinter uns, doch weit und breit keine Spur von Pilzen. Dafür wanderte ein bunter Mix aus Wildkräutern in unseren Sammelkorb und ein leuchtendes Rot in unsere Gesichter. Der Sonne sei Dank. Gegen Nachmittag wollten wir es aber auch einmal im schattigen Wald versuchen. Doch auch hier schien in Sachen Pilze nichts los zu sein.

Wir waren schon drauf und dran, heimzugehen, da sahen wir einen Kreis von kleinen, halb mit Erde bedeckten weißen Kuppeln am Wegesrand. »Champignons!«, dachten wir. Arglos und doch gierig streckten wir unsere Finger aus. Doch kaum berührten unsere Fingerkuppen die potenziellen Champignons, oh Schreck, da zuckten unsere Hände auch schon zurück. Was war das? Wo wir auf den festen Widerstand knackiger Pilzhüte zu treffen gehofft hatten, spürten wir, wie die Gebilde unter ihrer weißen Haut nachgaben. Bei näherem Hinsehen stellten wir dann zudem fest, dass es sich bei den Kuppeln nicht um Pilze handelte, sondern um eiförmige Kugeln, die halb in der Erde vergraben waren. Mit Entsetzen sahen wir zu, wie aus einem der Eier eine transparente, gelartige Masse austrat. Konnte es sich hier womöglich um Schlangeneier handeln, und wenn ja, wo war die Mutter? Oder hatten wir gerade die Brut einer außerirdischen Lebensform entdeckt? Das war erst einmal zu viel für uns und der richtige Zeitpunkt, einen Schritt zurück zu machen. Wir atmeten durch und stellten uns dann der Situation.

Unter Zuhilfenahme verschiedenster Beschreibungen für die glibberigen Dinger zogen wir das Internet zurate. Zu unserer Erleichterung hatten wir mit unseren unwissenden Fingern nicht das Gelege eines seltenen Tieres betatscht, sondern waren in Berührung mit Hexeneiern gekommen. Ganz stinknormale Hexeneier, wie man sie in jedem gut sortierten Wald bisweilen finden kann. Nun waren wir auch bereit, uns mit dem Innenleben dieses Eis zu befassen, und zückten ein Messer, um einen Querschnitt zu machen. Wie wir bereits bei der ersten Berührung geahnt hatten, befand sich unter der ersten weißen Haut eine glibberige Masse. Doch das war nicht alles. In der geleeartigen Substanz befand sich ein zweites Ei, das auch in eine weiße Haut gekleidet war. Dieses innere Ei zeichnete sich wiederum durch eine feste, hirnartig marmorierte Erscheinung aus, die eine weitere weiße eiförmige Struktur enthielt. Was klingt wie eine Matrjoschka aus Alieneiern, war in Wirklichkeit das Jungstadium einer Stinkmorchel.

Nun waren der Kulturschock überwunden und unsere Neugier entflammt. Zu unserer Überraschung stellten wir fest, dass die festeren Bestandteile des Hexeneis eine Delikatesse sind. Noch mehr staunten wir darüber, wozu die gallertartige Masse verwendet werden konnte: als Feuchtigkeitsgel für die Haut. Und so kam es, dass wir nur kurze Zeit, nachdem uns die Fremdartigkeit dieses Pilzes hatte erschaudern lassen, auf dem Waldboden saßen und uns das kühlende Gelee eines Hexeneis in unsere sonnenverbrannten Gesichter schmierten.

Lesen lernen

Die Natur kennenzulernen, ist manchmal richtige Detektivarbeit. Praktischerweise brauchen wir für diese nicht zwangsläufig die Ausstaffierung eines alten englischen Detektivs, zu der eine ausgefallene Mütze und eine Pfeife gehören. Etwas anderes ist vonnöten. Was das ist, können wir mit folgendem Gedankenspiel herausfinden. Stellen wir uns zunächst vor, wir seien tatsächlich Detektive und werden zur Lösung des folgenden Falls gerufen: Es ist ein nebliger Tag im Herbst. Unser Weg führt uns in ein ganz gewöhnliches Dorf, umgeben von ganz und gar durchschnittlichen Kiefernforsten. Eine Person wird vermisst. Bis zum Zeitpunkt ihres Verschwindens war ihr Verhalten tadellos unauffällig. Jedoch war sie am Morgen scheinbar ohne jeden Anlass im Pyjama aus dem Bett gesprungen und in den Kiefernforst gerannt. Sie soll dabei immer wieder manisch die Worte »Blaue Klumpfüße!« wiederholt haben. Seitdem wurde sie nicht mehr gesehen. Die Dorfgemeinschaft ist verstört, überall wackeln die Gardinen.

Jetzt wäre der Moment gekommen, unsere Pfeife zu entzünden und die ausgefallene Mütze aufzusetzen. Denn die Frage ist: Was ist mit dieser Person geschehen? Warum hat sie sich so komisch verhalten? Viele Pfeifen könnten jetzt geraucht und viele Mützen getragen werden, doch damit allein werden wir der Lösung des Falls nicht näherkommen. Schauen wir uns besser die Indizien an und untersuchen, welche Hinweise uns fehlen. Eigentlich war an dieser Person nichts Ungewöhnliches. Bis sie begann, immer wieder die Worte »Blaue Klumpfüße« zu wiederholen. Als läge in ihnen ein dunkler Zauber. Als seien sie die Auslöser der mysteriösen Ereignisse. Doch was bedeuten diese Worte? Was sind Blaue Klumpfüße? Irgendwie klingt das wie ein Fall für die Pathologie. Vielleicht sollten wir eine medizinisch bewanderte Assistenz zur Lösung dieses Falls zurate ziehen. »Ein Klumpfuß«, wird sie sagen, »ist eine Fehlstellung des Fußes, die für starke Schmerzen und heftige Beeinträchtigungen beim Gehen sorgt.« Diese Antwort ist zwar medizinisch korrekt, bringt uns in unserem Fall aber leider nicht weiter. Das, was uns von Anfang an fehlt, dieses so wichtige Utensil in unserem Detektivkoffer, ist Artenkenntnis. Denn Blaue Klumpfüße sind Pilze. Wunderschöne Pilze, um genau zu sein. Pilze, die uns bei einem Aufeinandertreffen in freier Wildbahn durch ihr Aussehen direkt verzaubern und glückselig machen. Einmal gesehen, für immer im Bann.

Es ist nun an der Zeit, den Fall wieder neu zu begutachten. Es war ein Tag im Herbst, und die verschwundene Person wollte wohl diesen seltenen Pilz finden. Doch wie hat sie das angestellt? Ziellos ist sie in die Forste gerannt, als wäre sie ein Erdmännchen, welches sich gerade eine Tasse Espresso intravenös verabreicht hat. Wälder, in denen nur Kiefern wachsen. Aber keine Blauen Klumpfüße. Doch warum tun sie das nicht? Und genau da sind wir an dem Punkt angekommen, warum diese Person verloren gegangen ist und warum wir unsere Detektivarbeit überhaupt erst beginnen mussten: Weil die Person bei der eigenen Detektivarbeit nachlässig war, ihr fehlte die Artenkenntnis. Darum wusste sie nicht, dass sie in einem Kiefernforst niemals auf Blaue Klumpfüße treffen wird.

Die Natur gibt uns manchmal die Chance zur Wahrsagerei. Um diese Prophezeiungen machen zu können, brauchen wir aber nicht zwangsläufig ein Nostradamus oder eine Kassandra zu sein. Was wir vielmehr brauchen, ist auch hier wieder: Artenkenntnis. Denn als wären sie an und für sich nicht schon wundervoll genug, sind viele Pflanzen und Pilze wahre Informationszentren. Wir müssen sie nur kennen, und schon verraten sie uns nahezu alles über die Umgebung, in der sie wachsen. Bekannt sind diese Pflanzen auch unter dem Namen Zeigerpflanzen. Eine Bezeichnung, die sehr viel Sinn macht. Denn sie zeigen uns zum Beispiel, wie feucht oder trocken der Boden ist, wie viel Stickstoff er enthält und wie sauer oder basisch er in etwa ist. Mithilfe dieser ganzen Informationen sind wir es dann, die zur Reinkarnation von Nostrassandra werden können.

Leider war die Person aus unserem Detektivfall kein*e Prophet*in und ist eben deswegen auch abhandengekommen. Damit sich solche Fälle nicht häufen, wollen wir, die wir Hybriden aus Detektiv*in und Prophet*in sind, uns nun die Zeigerpflanzen näher anschauen, um dann Blaue Klumpfüße vorhersagen zu können. Ein Blick auf die Standortanforderungen der Blauen Klumpfüße sagt uns nämlich: Sie brauchen Laubbäume, am liebsten Rotbuchen, und dazu noch basischen Boden. Jetzt heißt es erst mal, Rotbuchenwälder zu suchen. Haben wir einen gefunden, können wir nun nach den Zeigerpflanzen Ausschau halten, die uns anzeigen, dass der Boden kalkhaltig ist. Fehlen diese, suchen wir so lange andere Rotbuchenwälder auf, bis wir einen gefunden haben, der einen basischen Boden hat.

Klingt gar nicht so schwierig, oder? Wäre es tatsächlich nicht, würde es da nicht diesen einen Faktor geben: Zeit. Wenn wir beispielsweise im Herbst unsere Detektivarbeit verrichten wollen, also dann, wenn auch Blaue Klumpfüße zu erwarten sind, könnte es sein, dass wir enttäuscht werden. Viele Zeigerpflanzen sind dann nämlich schon längst über alle Berge. Danke, liebe Jahreszeiten, toll gemacht! Ein viel besserer Zeitpunkt zum Pflanzenlesen ist das Frühjahr. Dann, wenn die Buchen noch wenig bis gar keine Blätter haben, sprießen auf dem Waldboden viele Frühblüher. Sie sind der Schlüssel zur Lösung des Mysteriums. Apropos Schlüssel: Die Hohe Schlüsselblume ist eine hervorragende Zeigerpflanze für kalkige Verhältnisse. Auch das lebhafte Leberblümchen ist es. Und so wird das Spurenlesen im Frühjahr dann richtig einfach. Wir müssen nur nach den kunterbunt leuchtenden Blüten Ausschau halten und die Pflanzen lesen, zu denen sie gehören.

Fazit: Um im Herbst die Blauen Klumpfüße zu finden, empfiehlt es sich, schon im Frühjahr die Detektivarbeit zu verrichten. Wenn es dann auch noch mit dem Prophetentum funktioniert und tatsächlich Blaue Klumpfüße auffindbar sind, umso besser. Wenn aber nicht, auch nicht so schlimm. Denn dann erwarten uns wohlmöglich unzählige andere Arten von Klumpfüßen, in allen Farben des Regenbogens, denn viele von ihnen lieben die kalkhaltigen Rotbuchenwälder.

Wo wir schon mal beim Thema Füße sind. Es gibt im Übrigen noch viele weitere deutsche Pilznamen, die die Mykologie eher wie einen Grundkurs in der Podologie aussehen lassen. Neben Klumpfüßen gibt es auch noch Gelbfüße, Stummelfüße, Dickfüße, Schleimfüße, Samtfüße, Raufüße, Gürtelfüße und Wasserfüße.

Doch zurück zu den Zeigerpflanzen: Es ist wirklich erstaunlich, wie viel wir mit dieser ganzheitlichen Betrachtung aus der Natur lesen können. Dank dieser Herangehensweise werden Wald und Wiese zu einem begehbaren Lexikon. Denn es gibt ja nicht nur den Boden-pH. Eine Pflanze kann uns mehrere Dinge auf einmal sagen. Heidelbeeren zeigen uns zum Beispiel an, dass der Boden sowohl sauer als auch nährstoffarm ist. Damit lassen sie uns wissen, dass wir in ihrer Umgebung eventuell auch Pfifferlinge finden können, da auch diese saure, nährstoffarme Verhältnisse bevorzugen. Je mehr wir in die Thematik Zeigerpflanzen einsteigen, umso mehr Informationen können wir über den

Ort, an dem wir gerade sind, in Erfahrung bringen und entsprechende Vorhersagen treffen.

So wie uns die Heidelbeere Nährstoffarmut anzeigt, gibt es auch für die gegenteilige Situation eine bestimmte Flora. Diese Pflanzen zeigen uns, wo die Kacke so richtig am Dampfen ist. Im wahrsten Sinne des Wortes, denn wegen des hohen Konsums von tierischen Produkten werden sehr viele Tiere gehalten, und die tun natürlich eines: kacken. Die ganze Gülle, die dabei anfällt, wurde und wird dann in der intensiven Landwirtschaft verwertet, damit die Monokulturfelder so richtig mistig sprießen. Dies führt nicht nur zu einer immensen Belastung von Flüssen und Grundwasser, sondern auch zur Vernichtung etlicher Arten. Da viele von ihnen, sowohl Pflanzen als auch Pilze, Nährstoffarmut brauchen, um überhaupt zu existieren, sind sie, der Gülle sei Dank, immer seltener anzutreffen. Pflanzen, die uns wiederum Nährstoffreichtum anzeigen, gibt es zuhauf: Brennnesseln, Löwenzahn, Giersch, Brombeeren und viele weitere der »bekanntesten« Wildpflanzen. Alles wunderbare Pflanzen, die auch in der Ernährung und Naturheilkunde eine wichtige Rolle spielen. An und für sich sind sie also nicht schlecht, ganz im Gegenteil. Allerdings zeigen sie uns immer wieder, wie sehr die Böden mit Stickstoff verseucht sind. Pflanzen wie sie erobern die Ökosysteme in der Nähe zur Landwirtschaft und verdrängen, was es sonst vielleicht zu sehen gäbe. Orchideen, Rentierflechten und Enziane zum Beispiel. Auch Waldeingänge in der Nähe zu Siedlungen sind meist extrem nährstoffreich. In diesem Fall liegt es aber nicht an der Landwirtschaft, sondern daran, dass diese Gebiete besonders beliebt sind, um Haustieren Auslauf zu verschaffen. Die verrichten dann selbstverständlich ihr Geschäft dort. Ist ja auch besonders schön, so ganz in Ruhe im Wald.

Möchte man noch tiefer in das Detektivspiel eintauchen, empfiehlt sich neben den Zeigerpflanzen auch ein Blick auf die Pflanzengesellschaften. Denn aus bestimmten ökologischen Bedingungen, die uns unter anderem Zeigerpflanzen anzeigen, ergeben sich oft bestimmte Gesellschaften. Es finden sich dann alle möglichen Pflanzen zusammen, die mit diesen Bedingungen am besten klarkommen, und bilden eine bunte Kommune, in der sie sich jeden Morgen gegenseitig mit einer Gettofaust begrüßen. Diese Kommune nennt sich dann auch Assoziation. Eine dieser Assoziationen ist zum Beispiel der Weißmoos-Kiefernwald. Dieser zeichnet sich durch besondere Nährstoffarmut und saure Bodenverhältnisse aus. Dort treffen sich dann Waldkiefern mit Heidelbeeren, Preiselbeeren, Drahtschmielen und anderen Gewächsen zum gemeinsamen Abhängen und Philosophieren. Also alles Peace and Love in den Assoziationen.

Neben Zeigerpflanzen können auch Pilze alles Mögliche anzeigen. Der Spechttintling, der mit seinem Aussehen an das Gefieder von Spechten oder Elstern erinnert, zeigt uns zum Beispiel an, dass es an diesem Standort einen eher kalkhaltigen Boden gibt. Dort können wir im Frühjahr wiederum Pflanzen wie Schlüsselblumen oder Leberblümchen erwarten.

Doch wer weiß schon, wie die Bodenverhältnisse im eigenen Lieblingswald sind? Kaum jemand. Dabei ist diese Detektivarbeit ausgesprochen spaßig und führt zu einer intensiveren Verbindung mit der Umgebung sowie einem besseren Verständnis dafür, warum die Dinge im Wald so sind, wie sie sind. Warum es zum Beispiel in einem Wald kaum Mykorrhizapilze gibt und im nächsten ein paar Kilometer weiter unzählige. Wer jetzt also Lust bekommen hat, eine Detektei für Naturerforschung zu gründen, sollte am besten im Frühjahr und Sommer umherziehen und mithilfe dieser Zeigerwerte das lokale Unterholz auf Herz und Nieren untersuchen.

Anekdote »Morchelmanie«

Alle Jahre im Frühling geschieht es wieder. Wir durchwachen schlaflose Nächte. Während hier und da die Frühjahrsmüdigkeit ausbricht, springen wir wie Flummis durch die Gegend, denn das, was wir verspüren, ist die Morchelmanie. Wie es dazu kommen konnte, nachdem wir vor einigen Jahren noch komplett blind für diese zauberhaften Geschöpfe der Auwälder waren, erzählen wir euch in dieser Geschichte.

Unsere erste Begegnung mit einem Exemplar der Gattung Morchella machten wir auf einer Bergwiese mitten im Himalaya. Der Tag war eben angebrochen, und wir waren gerade wieder zurück auf dem Erdboden, nachdem wir in der Nacht zuvor eine transzendentale Reise unternommen hatten. Dementsprechend wackelig waren wir noch auf den Beinen. Auch die Höhenluft war nicht ohne. Dennoch, oder vielleicht gerade darum, saßen wir mit einem alten Baba auf dieser Wiese und rauchten eine Mischung aus allen möglichen »ayurvedischen Kräutern«, wie er sie nannte. Dabei sprachen wir so über dies und das. Plötzlich kamen zwei Bekannte des Baba vorbei und hielten uns stolz einige absonderliche Pilze, die an Bienenwaben erinnerten, vor die Nase. Da wir noch mit einem Zeh, oder vielleicht sogar mit einem ganzen Fuß, in der Anderswelt waren, zweifelten wir keine Sekunde daran, dass es sich bei diesen skurrilen Gebilden nur um eine exotische Art von Zauberpilzen handeln konnte. Auch das Gesicht des Baba, das sich beim Anblick der Pilze aufhellte, und die herzliche Art, wie er den beiden gratulierte, sprachen Bände. Erst Jahre später sollten wir erfahren, dass es sich bei den Funden um exquisite Morcheln gehandelt hatte. Auch wenn Morcheln natürlich nicht als Zauberpilze gelten, sondern ganz klar Speisepilze sind, sind wir überzeugt, dass sie dennoch stark psychoaktiv sind.

Viele Morchelarten gehören unserer Meinung nach zu den besten Speisepilzen überhaupt. Nur leider machen sie es uns nicht immer leicht. Ganz im Gegenteil. Das Finden von Morcheln ist eine hohe Kunst und verlangt uns einiges ab. Gerade wenn man nicht in einer Region wohnt, in der es viele kalkhaltige Böden gibt, wird man mit der Divenhaftigkeit der Morcheln schnell Bekanntschaft machen. Indem man sie nämlich einfach nie findet.

Ein Klassiker unter den Morcheln ist die Speisemorchel. Sie wächst, typisch Morchel, im Frühjahr. In den Wäldern, in denen wir unterwegs sind, beginnen sie meist von Anfang bis Mitte April Fruchtkörper auszubilden und lassen sich dann im Idealfall bis in den Mai hinein finden. Wann es genau losgeht, hängt natürlich stark vom Faktor Wetter ab; es muss ausreichend warm und feucht sein. Um passende Standorte zu finden, ist viel Detektivarbeit nötig. Am liebsten mögen die Speisemorcheln Auwälder mit basischen Bodenverhältnissen und im Idealfall einem hohen Vorkommen an Eschen. Unsere Suche nach den Morcheln beginnt aber oft schon Anfang März, und zwar dann, wenn die ersten Zeigerpflanzen blühen. Leberblümchen und Gelbes Windröschen verheißen dann viel Gutes. Doch nicht immer sind sie Garanten für Morcheln. Manchmal sind diese Pflanzen, was Morcheln angeht, lediglich ein wunderschön erblühender Flop. Dennoch, wer ausdauernd sucht, der*die findet auch. Aber es kann schon ein paar Jahre dauern, bis man endlich eine Morchelstelle findet. Die Morcheln waren für uns übrigens der erste Berührungspunkt mit dem Thema Zeigerpflanzen und Bodenkunde. Dass Zeigerpflanzen nicht nur zum Finden von Morcheln äußerst hilfreich sind, wurde uns dann später noch klar.

Doch was macht diese schmackhaften Speisepilze bewusstseinsverändernd, wenn sie doch keine psychoaktiven Inhaltsstoffe enthalten? Tatsache ist, wer einmal von diesen Leckerbissen gekostet hat, wird von den Morcheln abhängig. Und so wie mancher Pilz das Handeln von Insekten steuert, führen Morcheln bei Menschen zu Besessenheit und Manie. Dieser unvergleichliche Geschmack lässt uns einfach nicht mehr los. Und so kommt es unausweichlich dazu, dass unser Unterbewusstes bereits im Februar Traumbilder und Visionen der Fruchtkörper von Morcheln an die Oberfläche unseres Bewusstseins schwemmt. Doch nicht nur das. Wer einmal Morchelstellen gefunden hat, die zuverlässig jedes Jahr fruktifizieren, fürchtet nichts mehr, als dass andere Pilzsammler*innen sie entdecken könnten. Und so kreist man nicht nur wie ein Geier in Erwartung der Fruchtkörper schon Tage bis Wochen vor ihrem Erscheinen um die Stellen, sondern auch, um sie zu bewachen. Manche Menschen gehen sogar so weit, dass sie das Geheimnis um ihre Morchelstellen lieber mit ins Grab nehmen würden, als sie ihren Verwandten oder Freund*innen zu verraten. Selbst auf dem Totenbett wäre die Vorstellung, jemand anders könnte an der eigenen Morchelstelle sein*ihr Unwesen treiben, einfach nicht zu ertragen. In Frieden sterben, das geht anders.

Ein Gurkenglas im Jahreskreis

Wenn sich in einem Glas Gewürzgurken nach einem halben Jahr plötzlich Pflaumen zwischen den Gurken befänden, ohne dass das Glas je geöffnet worden wäre, dann wäre das schon mehr als verwunderlich. Noch merkwürdiger wäre es, wenn die Pflaumen nur für ein paar Tage dablieben, bis dann wieder ausschließlich Gewürzgurken im Glas wären. Dieses Gewürzgurkenglas könnte sogar zu einer gesellschaftlichen Spaltung führen. Während manche Gruppierungen proklamieren würden, im Gewürzgurkenglas wären nie Pflaumen gewesen, sondern immer nur Gewürzgurken, würden andere am Auftauchen der Pflaumen festhalten. Am Ende dieses Konflikts erlischt dann das menschliche Leben auf dem Planeten Erde wegen ein paar eingelegter Gurken. Das wäre nach so vielen Jahren der evolutionären Entwicklung jedenfalls ein zur Menschheit passender Abgang ins Jenseits. Doch um Möglichkeiten, wie die Menschheit zugrunde gehen könnte, soll es in diesem Kapitel gar nicht gehen, sondern darum, dass so ein magisches Gewürzgurkenglas tatsächlich existiert, nämlich in der Natur.

Angenommen, wir gehen an einem warmen Sommertag in einen Rotbuchenwald. Als Erstes könnten wir uns nun selbst auf die Schulter klopfen für diese geniale Idee. Die Blätterdächer der Rotbuchenwälder lassen so gut wie kein Licht durch. An einem heißen Sommertag ist der Rotbuchenwald darum vielen anderen

Wäldern vorzuziehen. Das kühle erfrischende Mikroklima ist eine wahre Wohltat. Ein Nadelforst heizt sich im Vergleich dazu extrem auf und sorgt somit für ausgesprochen suboptimale Bedingungen für alle Freund*innen der kühlen Brisen. Doch was gibt es sonst so zu sehen in dem Wald? Auf den ersten Blick nur Rotbuchen.

Würden wir Menschen die Wälder sich selbst überlassen, würden nach ein paar Jährchen viele Wälder hier in Mitteleuropa Rotbuchenwälder sein. Die Rotbuche ist hier vielerorts der Baum, der am Ende der natürlichen Waldentstehung stünde und dann auch bliebe. Doch ein Blick in einen Rotbuchenwald an einem heißen Sommertag könnte den Eindruck aufkommen lassen, dass dieser so etwas wie eine natürliche Monokultur ist. »Also los, weg mit den Bäumen, wir Menschen müssen mehr Mischung reinbringen! Im Rotbuchenwald gibt es nichts als Rotbuchen.« Das wäre jedoch ein voreiliger Fehlschluss, der das Ende der Menschheit bedeuten könnte. Denn dieser wunderbare Wald ist das Gewürzgurkenglas. Wenn man ihn nicht gut genug beobachtet und sich auf den ersten Eindruck verlässt, besteht die Gefahr, unfreiwillig Teil der Verschwörung zu werden.

Die Wahrheit vermag den rationalen Verstand zu erschüttern: Der Rotbuchenwald gleicht unserem verschlossenen Gewürzgurkenglas, in dem plötzlich Pflaumen erschienen sind. Der Trick hinter dem magischen Spiel der jährlichen Pflaumenauferstehung nennt sich Jahreszeiten. Denn in diesem Wald, der auf den ersten Blick nur eine einzige Art beherbergt, befinden sich in Wirklichkeit unzählige weitere Arten, die nur den richtigen Moment abwarten, um dann, wie die Pflaumen, aus dem Nichts in Erscheinung zu treten.

Wie wir an dem heißen Sommertag bereits bemerkt haben, spendet der Buchenwald unglaublich viel Schatten. So viel Schatten, dass es für fast alle Pflanzen einfach zu dunkel ist, um leben zu können. Ein paar Ausnahmen gibt es auch hier, Eiben zum

Beispiel. Aber für die große Pflaumenauferstehung braucht es etwas mehr Licht. Und darum ist, um das Geheimnis zu lüften, das Frühjahr die Zeit der großen Magie. Wenn die Tage wieder wärmer und heller werden, aber die Bäume noch kein Laub ausgebildet haben, wimmelt es auf dem Waldboden nur so vor Artenvielfalt: Buschwindröschen, Leberblümchen, Gelbe Windröschen, Lerchensporn, Bärlauch und viele mehr. Auf dem Waldboden blüht es in strahlendem Gelb, blütenreinem Weiß bis hin zu Himmelblau und mystischem Lila. Ein Paradies für alle Lebewesen. Insekten finden ihren ersten Nektar, und nach einem langen grauen Winter kommen Frühlingsgefühle in uns auf. Doch sobald sich das Laubdach zeigt, verschwinden diese kunterbunten Blütenmeere recht schnell wieder. Zurück bleiben ein paar schattenresistentere Gewächse wie der Waldmeister oder auch Orchideen wie das Weiße Waldvöglein. Ist der Hochsommer erst einmal da, werden auch diese Pflanzen weniger sichtbar, und es scheint, als wäre der Wald eine Monokultur. Dabei sind in wenigen Wochen Hunderte von Arten auf der Welle des Frühlings durch den Wald gesurft.

Doch damit nicht genug. Denn nach der großen Pflaumenauferstehung im Frühjahr passiert im Herbst etwas Unerwartetes in unserem magischen Gewürzgurkenglas Buchenwald: die Auferstehung der Kirschen. Wie, Kirschen? Natürlich steht diese Metapher hier für Pilze. Ist doch klar. Da die Rotbuchenwälder völlig natürlich und etabliert sind, sind sie es auch, die mit einer ungeheuren Anzahl von Pilzarten auftrumpfen. Ganz besonders im Herbst. An den Orten, wo vor einem halben Jahr ein buntes Blütenmeer wogte, entsteht nun ein ebenso buntes Meer aus Pilzen. Wenn über Arten gesprochen wird, sind meist nur Pflanzen und Tiere gemeint. Doch der Begriff von »Flora & Fauna« greift zu kurz, denn er lässt die Pilze außen vor. Richtig müsste es heißen: »Flora, Fauna & Funga«. Und spätestens wenn wir die Pilze miteinbeziehen, sehen wir, dass ein Rotbuchenwald eines der artenreichsten Habitate überhaupt ist. Von den delikatesten Röhrlingen zu den buntesten Schleierlingen lassen sich Vertreter aus nahezu allen Gattungen der Großpilze im Buchenwald finden. Was die Funga angeht, sind diese Wälder dermaßen artenreich, dass unser Gewürzgurkenglas nun explodiert.

Der Zauber der Jahreszeiten ist unglaublich in seinen gestalterischen Fähigkeiten und erschafft regelmäßig neue Welten. Diese Magie mitzuerleben, ist erfüllend und öffnet uns die Augen für die Wunder, die tagtäglich auf unserem Planeten geschehen. Doch die Jahreszeiten können nicht nur temporäre neue Welten erschaffen, sondern auch mit verschiedenen Vorurteilen aufräumen. Der Winter ist eine Jahreszeit, die doch eher für die Abwesenheit von Nahrungsquellen bekannt ist. Allerdings trügt der Schein. Im Winter lassen sich teilweise mehr Pilze finden als zur Hochsaison im Herbst. Natürlich nicht in Sachen Artenvielfalt, aber was die Menge angeht. Die Kühle des Winters gefällt einem Pilz nämlich ganz besonders: dem Austernseitling. Erst wenn die Temperaturen sich dem Frostbereich nähern, bildet dieser schmackhafte und äußerst gesunde Pilz seine Fruchtkörper. Sie enthalten hochwertiges Eiweiß, viele Vitamine, Mineralstoffe und Polysaccharide, die das Immunsystem besonders gut durch den Winter bringen. Der Austernseitling wächst ausgesprochen gerne auf Laubhölzern, am allerliebsten auf Rotbuchenholz. Das Beste an diesem Pilz ist, dass er die Menschen fürs Nichtstun belohnt. Denn wenn wir nichts mit unseren Wäldern tun, stehen irgendwann sehr viele Rotbuchen da. Tun wir nun weiterhin nichts, sterben irgendwann die ersten Rotbuchen und fallen tot um. Auf diesem Totholz wachsen dann im Winter die Austernseitlinge.

Also noch mal: Je weniger wir tun, umso mehr Nahrung schenkt uns die Natur in den Wintermonaten. Nahrung, die nicht nur lecker ist, sondern auch genau das gibt, was unser Körper in diesen Monaten braucht, um gesund zu bleiben. In einer Welt, in der es viele naturnahe Wälder gibt, die voller Totholz sind, wird der Wald Ende Dezember zum Weihnachtsmann höchstpersönlich und beschenkt uns säckeweise mit diesen Pilzen. Austernseitlinge sind allerdings nicht die einzigen Früchte des Winters. Die Früchte der Hundsrose, die Hagebutten, lassen sich vom Herbst bis ins Frühjahr hinein ernten und gehören zu den vitaminreichsten Früchten überhaupt. Zur kalten Jahreszeit lassen sich auch Wildkräuter finden. Im Spätherbst, wenn die ersten Nachtfröste die Krautschicht endgültig plattmachen, sprießt darunter schon ein neues unscheinbares Grün: die Vogelmiere.

TEIL 2

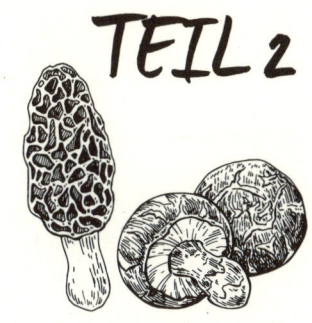

Wunderliche
Lebensformen im Busch
und Spiegel

Pflanzen

Wenn wir die Haustür öffnen, erblicken wir Leben überall. Ob Nebelkrähe oder Wiesenchampignon, ob Mistkäfer oder Sparriger Runzelpeter, ob Trauerweide oder Bartflechte, die Lebendigkeit dieses Planeten ist nur einen Augenaufschlag von uns entfernt. Doch alles ist auch miteinander verflochten und verwoben, und so kann es besonders am Anfang schwierig sein, zu begreifen, was da draußen so alles vor sich geht. Darum wollen wir hier erst einmal eine Einführung zu einigen Lebensformen der Natur geben und aufzeigen, wie sie miteinander in Beziehung stehen. Fangen wir mit den Pflanzen an.

Wer denkt, dass Pflanzen allenfalls als stimmungsvolle Raumdekorationen taugen, wird nach der Lektüre dieses Kapitels ziemlich von den Socken sein. Doch das ist nur der Anfang, und wir empfehlen dann einfach, gleich weiterzulesen und in die spannende Welt der Pilze einzutauchen.

Doch wer sind diese Pflanzen überhaupt? Pflanzen sind Lebewesen, die normalerweise nicht einfach rumlaufen. Sie sind an ihren Standort und dessen Bedingungen gebunden und müssen sich damit abfinden. Ob sie sich nun an einer Klippe am Meer festkrallen oder aber in einem Blumentopf im Schaufenster einer Boutique rumstehen, sie kommen da auf eigene Faust nicht weg. Außerdem betreiben sie Photosynthese.

Die vereinfachte Reaktionsformel für die Photosynthese kennen manche von uns ja vielleicht noch aus der Schule. Sie lautet: $6 H_2O + 6 CO_2 = 6 O_2 + C_6H_{12}O_6$ – oder in den Worten einer alten Hainbuche: »Nimm einfach einen Schluck Wasser und gleich viel Kohlendioxid und dann ab in die Sonne, chillen. Heraus kommt Sauerstoff, den kannst du erst mal ausatmen, und dazu gibt es auch noch Zucker satt!« Wer versucht, dieses Rezept nachzumachen, wird feststellen, dass wir als Nicht-Pflanzen leider keine Photosynthese betreiben können. Dafür können wir zwischen Rosinen und Sultaninen unterscheiden. Ist doch auch was!

Was bedeutet diese Fähigkeit zur Photosynthese aber für die Pflanze? Nun, es gibt ihr ein Gefühl, das viele von uns gerne hätten: Sie kann für sich selbst sorgen und ist relativ autonom. Dass auch sie Kompromisse und Handelsbeziehungen eingehen muss, werden wir später beim Thema Mykorrhiza sehen. Allerdings sind Pflanzen durch die Photosynthese weitestgehend autark. Zumindest, solange sie Sonnenlicht, Wasser und Luft zum Atmen haben. Denn aus diesen drei Zutaten machen sie im Grunde genommen sich selbst. Sie leben autotroph. Das heißt, sie können ihren Körper ausschließlich aus anorganischen Stoffen aufbauen.

Ohne autotrophe Lebensformen wäre die Welt kahl und öde. Zunächst einmal, weil es keine Pflanzen gäbe: Wie lahm! Doch auch sonst ginge es ziemlich still zu. Denn auch heterotrophe Lebensformen wie Menschen, Lamas und Fliegenpilze gäbe es nirgendwo zu bestaunen. All diese Lebensformen sind davon abhängig, energiereiche organische Verbindungen, wie zum Beispiel Zucker, aufzunehmen, um sich daraus ihre eigenen Körper aufzubauen. An diese organischen Nährstoffe gelangen sie auf direktem Weg durch den Verzehr von lebendigen oder bereits abgestorbenen Pflanzenteilen. Biber ernähren sich beispielsweise ausschließlich pflanzlich und können so die organischen Verbindungen direkt durch den Verzehr der Pflanze aufnehmen und nutzen. Indirekt können organische Verbindungen durch den Verzehr von anderen Lebewesen, die bereits zuvor ihrerseits pflanzliche Nahrung verdaut haben, aufgenommen werden. Veganer*innen, die Pilze essen, die zuvor Pflanzen verdaut haben, beschreiten diesen Weg. Die so entstehenden Nahrungsketten sorgen dafür, dass die von den Pflanzen autotroph produzierten Nährstoffe immer wieder verwendet werden und zu den Körpern einer Vielzahl anderer Lebewesen werden können.

Doch wie nehmen Pflanzen unsere Welt wahr? Wofür interessieren sie sich? Welcher Gedanke motiviert sie, den Kampf um ihr Überleben fortzuführen und der scheinbaren Sinnlosigkeit des Daseins zu trotzen? Da Pflanzen nicht sprechen können und es uns bisweilen sehr schwerfällt, ihre Körpersprache zu lesen, werden wir diese Fragen nie mit Gewissheit beantworten können. Allerdings ist es nicht so, dass wir Menschen noch gar keine intimen Details über unsere grünen Sauerstoffspender herausgefunden hätten.

Das Forschungsgebiet, das sich der Wahrnehmung der Pflanzen und ihrer Reaktionen auf die Umwelt widmet, ist die Pflanzenneurobiologie. Sie untersucht beispielsweise die Frage, über welche Sinneswahrnehmungen Pflanzen verfügen und ob es pflanzliche Intelligenz gibt. Wer nämlich denkt, dass die Pflanzen im Blumentopf nicht darüber Bescheid wissen, was um sie herum vorgeht, könnte sich sehr täuschen.

Doch langsam, langsam. Pflanzen haben doch keine Augen? Können wir uns also darauf einigen, dass sie blind sind? Zunächst sollten wir uns fragen, über welche Eigenschaften Lebensformen, die uns nicht beim Kaffeekränzchen etwas über ihre visuelle Wahrnehmung erzählen können, verfügen müssen, um davon auszugehen, dass sie sehen können. Die erste Grundbedingung für die Sehfähigkeit ist das Vorhandensein entsprechender Zellen, die Licht wahrnehmen. Und tatsächlich verfügen Pflanzen über Photorezeptoren. Diese Lichtrezeptoren geben der

Pflanze darüber Auskunft, ob es Tag oder Nacht ist, wie lang ein Tag ist und aus welcher Richtung das Licht kommt. Und da Pflanzen für ihre autotrophe Lebensweise unbedingt Licht benötigen, ist das Vorhandensein solcher Rezeptoren kein Wunder. Einige Lichtrezeptoren von Pflanzen weisen in ihrer funktionellen Struktur große Ähnlichkeiten mit den Rezeptoren im menschlichen Auge auf. Während wir Menschen jedoch mit einer High-Speed-Leitung von den Lichtrezeptoren ins Gehirn ausgestattet sind, wo unsere visuellen Eindrücke zu Bildern zusammengesetzt, und diese Bilder wiederum mit Bedeutung aufgeladen werden, funktioniert die Verarbeitung der Lichtsignale bei Pflanzen anders als bei uns Tieren. Dass Pflanzen diese Art von visueller Wahrnehmung nicht haben, können wir auch ganz einfach testen, indem wir ein Kino mieten und einen Film auf die Leinwand projizieren. Die Pflanzen werden weder bei *Titanic* in Tränen ausbrechen noch bei *Star Wars* die Titelmelodie mitsummen. Tatsächlich werden sie sich sogar von der Leinwand abwenden. Das machen sie nicht aus Kritik an diesen cineastischen Schöpfungen, sondern weil das Licht nun mal aus der anderen Richtung kommt – vom Projektor – und sie sich immer auf das Licht zubewegen. Die Fähigkeit der Pflanzen, sich immer der Lichtquelle zuzuwenden, nennt sich Phototropismus. Dementsprechend wurden die blauempfindlichen Rezeptoren, die es Pflanzen ermöglichen, blaues Licht zu sehen, Phototropine genannt.

Doch Pflanzen haben nicht nur Rezeptoren für blaues Licht. Tatsächlich können Pflanzen auch mal Rot sehen. Und das nicht nur, wenn wir vergessen haben, sie zu gießen, und sie so langsam dahinsiechen. Nein, die Wahrnehmung von hell- beziehungsweise dunkelrotem Licht ist entscheidend für ihre Blütenbildung. Beide Lichtfarben wirken gegensätzlich wie ein Lichtschalter. Trifft mitten in der Nacht hellrotes Licht auf die Blätter einer Pflanze, dann erschrickt sie und sagt sich: »Huch, so kurz ist die

Nacht, dann muss ja wohl Sommer sein. Zeit, Blüten auszutreiben!« Wenn aber direkt nach dem hellroten Licht dunkelrotes Licht auf das Phytochrom fällt, die Rezeptoren für die Rotlichtwahrnehmung, wird der Rezeptor wieder deaktiviert, und die Pflanze kann noch ein gemütliches Schläfchen halten.

Wie viel Licht verschiedene Pflanzenarten nun aber brauchen, um den Tag mit einem fröhlichen Aufblühen zu beginnen, ist sehr unterschiedlich. Während beispielsweise die Wegwarte eine echte Frühaufblüherin unter den Blütenpflanzen ist und ihre blauen Blüten im Sommer bereits kurz nach Sonnenaufgang öffnet, verschläft die Nachtkerze zur gleichen Jahreszeit meist den ganzen Tag und öffnet erst abends ihre gelben Blüten. Andere Pflanzen halten mehr oder weniger feste Schichten ein, was das ganze Aufblühen angeht. Der Huflattich pflegt im Frühjahr von 7 bis 16 Uhr seine Blütenarbeit abzuleisten. Und auch das kleine Habichtskraut, ebenfalls ein kleiner gelber Korbblütler, blüht bei Sonnenschein von 8 bis 15 Uhr. Allerdings kann es schon mal sein, dass es bei besonders schönem Wetter auch noch eine Spätschicht einlegt und bis in die Abendstunden der Sonne entgegenstrahlt.

Wie wir sehen, haben unterschiedliche Photorezeptoren unterschiedliche Funktionen für die Pflanzen. Während ein Rezeptor dem Pflanzenwachstum eine Richtung gibt und ein anderer die Pflanze über die Lichtmenge informiert, die auf ihre Blätter fällt, sorgt ein weiterer dafür, dass sie immer voll in tune mit ihrem inneren Rhythmus bleibt. Dieser Rezeptor heißt Cryptochrom, und den haben Pflanzen, Menschen und Gartengrasmücken gemeinsam. Auch dieser Rezeptor hat etwas mit der Wahrnehmung von blauem Licht zu tun und sorgt dafür, dass unser Tag-Nacht-Rhythmus rundläuft.[2] Außer natürlich, wir starren mitten in der Nacht auf unsere Handydisplays. Dann kann das blaue Licht der Screens dazu führen, dass das Cryptochrom unserem Hirn das Signal gibt, dass wir kein Melatonin und somit keinen Schlaf mehr bekommen. Aufgrund des blauen Lichts sieht ja alles nach Tag aus.[3] Und so können wir in unserer digitalisierten Welt ganz schön aus dem Takt kommen und unsere Zimmerpflanzen gleich mit.

Doch Pflanzen nehmen in ihrer Umwelt nicht nur Licht wahr. Eventuell können sie sogar hören. Zumindest wurde in einem Experiment gezeigt, dass Pflanzen ihre Wurzelspitzen in Richtung von Vibrationen bewegen, die denen von Wasserrauschen ähneln. Außerdem konnte das Abspielen von Geräuschen von Bestäubern in einem Experiment die Zwerg-Nachtkerze dazu veranlassen, mehr zuckerhaltigen Nektar zu produzieren als die Pflanzen, die die Sounds nicht zu hören bekommen hatten.[4] Wo allerdings die auditive Wahrnehmung der Pflanzen stattfindet und wie sie funktioniert, konnte bisher noch nicht geklärt werden.

Auch für den Geruchssinn der Pflanzen gibt es Hinweise. So konnte in mehreren Experimenten mit dem Teufelszwirn gezeigt werden, dass diese Schlingpflanze, die bevorzugt an Tomaten emporrankt und ihnen die Lebenssäfte aussaugt, ihre Wirtspflanzen erschnuppert. Der Teufelszwirn wuchs in Versuchen stets auf die Tomate zu, egal ob diese sich im Schatten oder im Licht befand. In einem Versuch mit Wattebäuschen, von denen einer mit einem Tomatenextrakt getränkt war, wuchsen die Versuchspflanzen immer in Richtung Tomatenwattebausch.[5]

Wie wir sehen, haben Pflanzen einige interessante Sinne, und diese kleine Auswahl an Beispielen war nur ein Bruchteil von dem, was die Pflanzenneurobiologie erforscht. Hier ein Gedankenexperiment: Was wäre, wenn unsere Füße eines unserer wichtigsten Sinnesorgane wären? Wahrscheinlich würden wir viel besser mit unseren Böden umgehen. Vielleicht sollten wir uns zumindest mal vorstellen, es wäre so, denn für Pflanzen ist die Wurzel für die Wahrnehmung der Umwelt von großer Bedeutung. Mithilfe der Wurzeln werden Feuchtigkeit, Schwerkraft, Licht, Druck, Härte, Stickstoff, Phosphor, Volumen, Salz, Toxine, Mikroben und chemische Signale anderer Pflanzen wahrgenommen. All diese Informationen beeinflussen das Verhalten unserer grünen Freund*innen.[6] Welche chemischen Stoffe sollten produziert werden, welche eher nicht? Sollen Ressourcen mit der Nachbarspflanze gerecht geteilt werden, oder geht es in den Konkurrenzkampf? Wenn wir Pflanzen betrachten, sollten wir daran denken, was alles unter der Erdoberfläche abgeht und wie wir mit dem Lebensraum ihrer unterirdischen Teile umgehen möchten.

Doch Pflanzen sind nicht nur sehr sinnliche Wesen, sondern zum Teil auch Meister*innen im Yoga. Die Schlingpflanzen, denen wir in der Natur begegnen, haben sehr viel mit Galaxien und Joghurt gemeinsam. Zunächst mal sind sie Teil des gleichen Universums und damit auch allesamt Teilnehmer*innen im großen Zirkus der Atome. Diese Eigenschaft teilen Schlingpflanzen allerdings auch mit Klobürsten und Murmeltieren. Die eigentliche Gemeinsamkeit mit Galaxien und Joghurt beruht auf der Drehrichtung. So wie es jeweils links- und rechtsdrehende Galaxien und Milchsäurebakterien gibt, gibt es auch links- und rechtswindende Schlingpflanzen. Ein Klassiker der Linkswinder ist die Echte Zaunwinde. Dieser Pflanze begegnen wir am ehesten vor der Haustür, denn ihr Name ist oft Programm. Sie umschlingt das Objekt ihrer Wahl immer gegen den Uhrzeigersinn. Im Gegensatz zu den Pflanzen, die nur zu bestimmten Tageszeiten erblühen, öffnet sie ihre Blüten übrigens bei Tag und bei Nacht, denn besonders die Nachtschmetterlinge haben es ihr angetan. Sie hat aber eine Abneigung gegen schlechtes Wetter, denn da fällt ihre Libido in den Keller. Darum schließt sie die Blüten bei feuchtem Wetter und geht vorübergehend ins Teilzeit-Zölibat.

Der Hopfen ist eine prominente Pflanze, die sich lieber im Uhrzeigersinn dreht. Damit ist sie ein klassischer Rechtswinder.

Der Hopfen mag stickstoffreiche und zugleich feuchte Böden und eignet sich damit gut, um die Natur lesen zu lernen. So ein Hopfentrieb kann in seiner Lebenszeit, die sich auf Frühling, Sommer und Herbst beschränkt, schon mal sechs Meter wachsen. Wir sehen also, dass diese Schlingpflanze echt massig Energie hat. Darum kann es auch mal passieren, dass der Hopfen vor lauter Lebenslust eine andere Pflanze erwürgt oder überwuchert. Hopfen geht also gerne mal über Leichen. Aber keine Sorge, die Hopfnung stirbt zuletzt.

Für jedes Plätzchen Boden ist auch ein Kraut gewachsen. Es gibt Pflanzen, die eine große Vorliebe für die Extreme haben. So unscheinbar sie zum Teil auch aussehen, uns ist oft gar nicht bewusst, was sie eigentlich für Adrenalinjunkies und Überlebensmeister*innen sind. Diese Pflanzen wiegen sich nicht in der Sicherheit einer Festanstellung und eines Bausparvertrags, sondern lieben das Leben an extremen Orten unter eigenwilligen Umständen.

Ein Lebensraum, der nicht gerade einfach ist, ist Sand. An und für sich lässt er sich recht gut durchwurzeln und ist auch angenehm belüftet. Das war es aber auch schon mit den Vorteilen. Nackter Sand ist gerne in Bewegung, und zwar in Form von Dünen. Das kann man den Dünen natürlich auch nicht verübeln, denn wer wandert nicht gerne durch die Weltgeschichte? Doch Sand ist zudem auch noch sehr durchlässig für Wasser beziehungsweise Regen. Das kann im Akutfall natürlich von Vorteil sein, wenn das Wasser schnell eindringen kann. Allerdings versickert es auch so schnell, wie es kommt, denn Sand hat miese Speicherfähigkeiten. Aber damit nicht genug. Sand erweist sich als nicht gerade gut darin, Nährstoffe anzusammeln. So ist er, unser Sand. Geht gerne die Welt erkunden, schert sich aber nicht sonderlich um gute Bedingungen für Pflanzen, denn er ist meist trocken und nährstoffarm.

Und doch gibt es eine Pflanze, die mit diesem umtriebigen

Untergrund wunderbar klarkommt: das Silbergras. Silbergras ist die Pionierpflanze schlechthin. Wo Dünen sind, ist sie manchmal die einzige Pflanze weit und breit. Ihre dünnen Halme spreizt sie, zentral von der Basis ausgehend, in alle Himmelsrichtungen. Optisch erinnern sie etwas an die langen Nadeln der Waldkiefer. Diese Halme eignen sich hervorragend dazu, Regentropfen, egal woher sie kommen, aufzufangen und direkt zentral zur Wurzel zu leiten. Diese Technologie ist so etwas wie ein Anti-Regenschirm. Wenn es schon regnet, möchte das Silbergras so nass wie möglich werden. Doch auch zarte kleine Tautropfen gehören zu den Leidenschaften des Silbergrases, denn auch sie sind äußerst wertvoll im trockenen Sand. Gleichzeitig wurzelt diese Pflanze 15 Zentimeter tief. Das gibt ihr einerseits Halt, zum anderen kann so auch Wasser aus tieferen Schichten herangeholt werden. Ansonsten lebt sie vor allem von Luft und Licht, denn viele Nährstoffe gibt es ja nicht. Da im Lebensraum vom Silbergras ständig die Sonne scheint, hält es auch mal 60 °C aus. Saunagänge machen eben nicht nur uns Menschen Spaß. So ganz nebenbei lenkt es dann auch noch Sanddünen und sorgt für etwas mehr Festlegung. Damit schafft das Silbergras die Voraussetzung dafür, dass eines Tages auch mal andere Pflanzen an diesen Orten wachsen können.

Ganz anders als das Silbergras handhabt es die Bachbunge. Sie mag nämlich nasse Füße und ist eine Sumpfpflanze. Sumpfpflanzen haben die Eigenschaft, unter Wasser zu wurzeln, oder zumindest in einem sehr nassen Boden. Die meisten von ihnen bilden dabei ihre Blätter und Blüten ausschließlich über dem Wasser aus. Als Kriechpionier kann sich die Bachbunge sowohl durch unterirdische als auch oberirdische Ausläufer vermehren. Ihre kriechende Art der Fortbewegung sorgt auch dafür, dass sie regelmäßig wurzelt und so leichten Strömungen standhalten kann. Wer kann sich schon vorstellen, das ganze Leben in Nässe und Strömung zu leben? Die Bachbunge kann es. Auch ihre

Samen sind gute Schwimmer, denn die Pflanze setzt bei ihrer Verbreitung auf die Kraft des Wassers. Als immergrünes Gewächs können wir diese halb untergetauchte Pflanze sogar im tiefsten Winter an vielen Bachläufen finden. Praktischerweise ist sie ein äußerst gesundes und schmackhaftes Wildkraut. Gerade im Winter kommt es ja auch mal vor, dass der Wasserstand steigt. Doch selbst das macht dieser Wasserliebhaberin nicht viel aus, denn wenn sie auf Tauchgang geht, kann sie entspannt überwintern.

In der Natur gibt es natürlich noch viel mehr als trocken und nass. Manchmal schüttet uns Mutter Erde auch kräftig Salz in die Suppe. Für viele Pflanzen bedeutet Salz das Ende, andere wiederum finden wir nur dort, wo der Streuer mit den Kristallen nicht fern ist. Eine besondere Pflanze unter den Salzliebhaber*innen ist der Stranddreizack. Wir finden ihn vor allen Dingen auf Salzwiesen. Aber als wäre Salz noch nicht genug der Extreme, gibt er sich noch den Extrakick: Gezeiten. Die Salzwiesen, auf denen der Stranddreizack wächst, befinden sich meist im Wattenmeer und werden immer mal wieder von Meerwasser überspült. Das ganze Salz gleicht die Pflanze mit einem hohen Gehalt der Aminosäure Prolin aus. Auch für psychoanalytische Tests kann der Stranddreizack von hohem Nutzen sein. Während manche Patient*innen den Geruch der Pflanze pessimistisch als chlorig bezeichnen, feiern andere ihn als korianderartig. Dieses intensiv duftende Gewächs lässt sich wie Grünkohl zubereiten, verliert dabei aber das charakteristische Aroma. Leider ist der Stranddreizack gefährdet. Das liegt daran, dass viele der Salzwiesen, auf denen der Dreizack zur Genüge wachsen würde, entwässert und entweder zu Viehweiden oder Äckern umgewandelt wurden, damit das Desaster von Futtermais, Raps und Weizen sich auch bis in den letzten Zipfel Land ausbreiten kann.

Ganz anders als den Pflanzen, die haargenau auf Meereshöhe gedeihen, wachsen die Gebirgspflanzen. Der Alpen-Mannsschild liebt die Höhenluft, darum finden wir ihn erst ab 2200 Metern bis weit über 4000 Meter. Er ist eine der in Mitteleuropa am höchsten vorkommenden Pflanzen. Ein Schlüsselelement für sein Überleben ist seine Kleinwüchsigkeit, denn er bildet nur ein bis drei Zentimeter hohe Polster. Damit trotzt er den starken Winden, die in so einer Höhe wehen können. Außerdem bildet sich innerhalb dieser Polster ein wärmendes Mikroklima, denn Berggipfel sind ja nicht gerade für ihre wohlige Wärme bekannt. So wie viele andere Gebirgspflanzen auch, bildet er im Sommer sehr viele Blüten aus. Diese bilden eine Art Schutzschicht über den Laubblättern. Das hat den Zweck, sich vor der ausgeprägten UV-Strahlung zu schützen. Im Gegensatz zu den meisten Berg-urlauber*innen übersteht der Alpen-Mannsschild die Natur der Berge ohne sonnenverbrannten Kopf.

Das Reich der Pflanzen ist so kunterbunt und breit gefächert, dass diese lebenspendenden Organismen an nahezu jedem Ort wachsen können – wenn wir es denn zulassen. Sie geben uns die Luft, die wir atmen, Medizin und Nahrung. Dessen sollten wir uns immer bewusst sein, wenn wir diesen intelligenten Lebe-wesen begegnen. Obwohl wir bereits fast allen Pflanzen Namen gegeben haben, gibt es noch so viel von ihnen zu lernen, noch so viel in ihnen zu entdecken. Sie können uns Vorbilder sein, denn sie sind es, die uns zeigen, wie man mit außergewöhnlichen Lebenssituationen klarkommt. Es bringt uns nicht weiter, immer nur Menschen zu glorifizieren, feiern wir auch mal die Held*in-nen in Grün, denn wir verdanken ihnen jeden einzelnen Atem-zug! Selbst wenn wir es als Menschheit eines Tages schaffen sollten, andere Planeten zu besiedeln, werden wir uns allem Futurismus zum Trotz immer wieder auf die Pflanzen zurück-besinnen. Denn sie sind uns ein unerlässlicher Lebensquell. In ihnen stecken die Weisheit der Vergangenheit, die Lösung der Gegenwart und das Leben der Zukunft.

Pilze

Egal ob vor unserer Haustür, im Wald oder auf der Wiese, alle diese Lebensräume haben eine Lebensform gemeinsam: Pilze. Manchmal können wir sie sehen, manchmal nicht. Denn das, was wir als Pilze bezeichnen, ist ja nur die Spitze des Eisbergs. Das kleine Wesen mit Stiel und Hut, welches wir hin und wieder zu sehen bekommen, ist nur der Fruchtkörper, das Fortpflanzungsorgan des Pilzes. Der eigentliche Pilz lebt unter der Erde oder auch im Holz und besteht aus weißen Fäden, sogenannten Hyphen. Der Fruchtkörper, den wir sehen, dient vor allem der Verbreitung von Sporen. Doch gerade die Fruchtkörper sind es, die uns durch ihr märchenhaftes Aussehen, ihre vielseitigen Gerüche und andere von ihnen ausgehende Sinneseindrücke verzaubern. Während sie dem Pilz zur Fortpflanzung dienen, sind sie für die Ernährung anderer Lebewesen essenziell. Was wäre schon der Wald ohne den Pilzschnegel? Und was der Pilzschnegel ohne seine Leibspeise? Auch für uns Menschen stellen die Fruchtkörper der Pilze eine wichtige Nahrungsquelle dar. Manche von ihnen sind giftig, manche höchst delikat, andere medizinisch bedeutend und wieder andere heilend und berauschend.

Auch die Lebensmodelle der Pilze sind vielseitig. Die einen leben in Symbiose und ermöglichen ihren Partnerpflanzen erst ein vitales Dasein. Andere sind die Brücke vom Tod zum Leben, indem sie tote Materie verdauen und sie den lebenden Organismen so wieder zur Verfügung stellen. Wieder andere sind Parasiten, die den manchmal vorzeitigen, aber oft auch erlösenden Tod bringen.

Mit jedem Schritt auf der Wiese, im Wald oder im Park laufen wir über unzählige weiße Fäden, die Nährstoffe und Informationen durch den Boden transportieren, den sie in großen Teilen selbst erschaffen haben. Pflanzen sind die essenzielle Nahrung für alle Tiere, ohne sie ginge gar nichts, keine Nahrungskette könnte ohne sie existieren. Doch ohne Pilze gäbe es wohl kaum die für tierisches Leben benötigte Pflanzenvielfalt. Ohne Pflanzen keine Tiere und Pilze, doch ohne Pilze auch keine Pflanzen. In den nachfolgenden Kapiteln wollen wir uns die weißen Fadenwesen, die uns überall umgeben, genauer anschauen. Denn ohne sie würde es all das, was wir sehen, wenn wir nach draußen schauen, nicht geben. Nicht mal uns selbst, die wir aus dem Fenster blicken.

Unsichtbare Held*innen: Arbuskuläre Mykorrhizapilze

Über 90 Prozent aller Pflanzen gehen eine Symbiose mit Mykorrhizapilzen ein. Der überwiegende Teil der Nahrung, die uns Menschen am Leben erhält, hängt also von Pilzen ab. Gleiches gilt natürlich auch für die Nahrung, von der andere Tiere leben. Nur ein winziger Bestandteil unserer Nahrung geht keine solche Symbiosen ein. Dazu gehören zum Beispiel Kohlpflanzen und ein paar andere auserwählte Gewächse.

Das heißt also, wer denkt, ohne Pilze leben zu können, ernähre sich fortan nur noch von Kohl! Klingt im ersten Moment wie eine trendige Diät, mit der sich eine höhere Leistungsfähigkeit, besserer Schlaf und mehr Konzentration erreichen lassen. Jetzt nur noch ein paar Schlagwörter wie »Detox« und »Superfood« mit einstreuen, und fertig ist das neue E-Book für eine revolutionäre Ernährungsweise, die unbedingt alle ausprobieren sollten. »Du, der Heinz macht jetzt dieses Brassicaceae-Fasting.

Bei dem gibt's jetzt jeden Tag nur noch Kohl. Der hat schon zehn Kilo abgenommen in nur 14 Tagen. Er furzt zwar, bis die Außerirdischen vom Planeten Oxo kommen, aber sonst geht es ihm total prima.« Besser nicht. Würde es nur noch die paar Pflanzen geben, die in keine Symbiose gehen, würde es vor allem eins bedeuten: unseren Tod durch Mangelernährung.

Ohne Pilze gäbe es fast keine Nahrung, weder für Mensch noch Tier. Doch was sind das nur für Pilze, die uns da am Leben erhalten? Etwa Steinpilze? Champignons? Pfifferlinge? Nein. Es sind nahezu unsichtbare Pilze. Man fasst sie auch unter dem wohlklingenden Namen *arbuskuläre Mykorrhiza* zusammen.[7] Vor unseren Augen im Alltag verborgen und zu allem Übel auch noch mit einem nahezu unaussprechlichen Namen versehen, verdanken wir ihnen doch unser Leben. Dieser einprägsame Name ist beinahe eine Entschuldigung dafür, warum niemand durch die Straßen rennt und in Liedern und Reimen diese wunderbaren Lebewesen lobpreist. Warum es keine heiligen Orte gibt, die den arbuskulären Mykorrhiza gewidmet sind. Warum es keine Feiertage gibt, an denen wir an diese Wesen denken. Fast. Denn es sollte keine Entschuldigung geben. Wir müssen diesen Pilzen wirklich sehr dankbar sein. Denn während, wie eingangs erwähnt, über 90 Prozent aller Pflanzen allgemein eine Mykorrhiza-Symbiose eingehen, sind über 80 Prozent aller Pflanzen speziell in einer Symbiose mit arbuskulären Mykorrhizapilzen. Diese Form von Pilzen macht demnach die Mehrzahl aller Symbiosen von Pflanzen und Pilzen aus.[8]

Es lohnt sich also, diese mysteriösen Lebensformen mal etwas näher zu beleuchten. Beginnen wir mit ihrem Aussehen. Die arbuskulären Mykorrhiza wachsen unterirdisch und bilden keine großen, mit bloßem Auge sichtbaren, überirdischen Fruchtkörper. Diese Pilze sind ein Gebilde aus sehr feinen verzweigten weißen Fäden, auch bekannt als Hyphen. Die Hyphen wachsen fröhlich kreuz und quer durchs Erdreich, mit einem Ziel: Symbiose. Haben sie eine Symbiosepartnerin, wie etwa eine gute alte Gurke, gefunden, dringen sie freundlich in deren Wurzeln ein. Genau genommen geht die Reise der Pilze in die Wurzelrindenzellen, wo sie dann kleine Knäuel aus weißen Fäden bilden, die sich umgangssprachlich Bäumchen nennen oder – wissenschaftlicher ausgedrückt – Arbuskeln. Arbuskel, das klingt irgendwie sehr ähnlich wie Furunkel oder Karbunkel, diese sehr unangenehmen und unerwünschten entzündlichen Gebilde in der Haut. Doch das eine hat mit dem anderen gar nichts zu tun, und die Arbuskeln sind äußerst willkommene Gebilde in den Wurzeln vieler Pflanzen. Den wohlgesinnten Arbuskeln in ihren Wurzeln verdankt unsere Gurke es nämlich, dass sie prächtig gedeiht und nicht – wenn es denn schlecht läuft – kläglich sterben muss. Und letztendlich sind wir Menschen dann die Nutznießer*innen, die genussvoll dem Verzehr von Cornichons und Konsorten nachgehen. Den Arbuskeln sei Dank.

Was macht diese Pilze nun so besonders? Es ist eigentlich ganz einfach. Pflanzen brauchen neben dem Best-of-Photosynthese-Klassiker Licht auch verschiedenste Nährstoffe zum Wachsen. Phosphor ist da das prominenteste Beispiel, aber auch Stickstoff, Schwefel und diverse Mikronährstoffe gehören dazu. Die Pflanze, bleiben wir mal bei der altbewährten Gurke, hätte diese Nährstoffe sehr gerne zum Verzehr. Meistens stehen sie ihr aber nicht in ausreichender Menge zur Verfügung. Jetzt kommen die arbuskulären Mykorrhiza ins Spiel. Ihre weißen Fäden sind bedeutend feiner als die Wurzeln der Pflanze. Das erhöht schon mal massiv die verfügbare Oberfläche unter der Erde. Das ist in etwa so, als würden wir normalerweise Suppe mit einem Teelöffel schöpfen, bis ein freundlicher Pilz mit seinen weißen Fäden um die Ecke kommt und uns eine Suppenkelle in die Hand drückt. Doch es ist nicht nur die erhöhte Oberfläche, von der unser Gürklein dank der Pilze profitiert. Die weißen Fäden können zudem in viel entferntere Gebiete unter der Erde vordringen als die Wurzeln der Pflanze und so Nährstoffe beschaffen, von denen die Pflanze sonst nur träumen könnte.

Das ist aber bei Weitem nicht alles. Die arbuskulären Mykorrhiza haben noch ein weiteres Ass in der Hyphe: Kooperation. Die hübschen weißen Fäden hängen nämlich ganz gerne mit Bakterien ab. In gewissem Sinne werden sie fast ein bisschen intim und kommen sich sehr nahe. Sie erhöhen die Nährstoffversorgung nochmals, indem sie verschiedene Nährstoffe »vorverdauen« und besser verfügbar machen. Außerdem helfen sie Pflanze und Pilz beim Wachstum und wehren verschiedene Pathogene ab. Welch wunderschöne Gemeinschaft. Pflanze mit Pilz und Pilz mit Bakterien. Lebewesen, wie sie unterschiedlicher kaum sein könnten und sich ihre Diversität zunutze machen. Viva la Symbiose! Wir Menschen können daraus lernen, wie schön das Leben sein könnte, wenn wir harmonisch mit der Natur im Einklang leben würden.

Die Erforschung dieser faszinierenden unterirdischen Pilzwelt ist noch gar nicht so alt. Bisher sind nur knapp über 200 Arten dieser Pilze identifiziert. Man geht davon aus, dass das weniger als fünf Prozent der Arten sind, die existieren.[9] Wir haben es hier also mit einer noch sehr unerforschten Lebensform zu tun. Wer mit dem eigenen Leben nichts so richtig anzufangen weiß, kann hier, neben regelmäßigen Naturverschmelzungen, eine sinnstiftende Lebensaufgabe finden.

Doch was als recht neue Entdeckung der Forschung gilt, ist möglicherweise eine der ältesten Lebensformen auf dem Planeten. Eine Lebensform, die das meiste andere Leben erst ermöglicht hat. Ausgrabungen zeigen nämlich, dass es die arbuskulären Mykorrhiza wohl schon seit über 460 Millionen Jahren gibt.[10]

Fossilien von anderen Pilzformen bringen es sage und schreibe auf mindestens 714 Millionen Jahre.[11] Darum könnte es tatsächlich sein, dass es Pilze waren, die die Existenz von Pflanzen außerhalb des Wassers überhaupt erst ermöglicht haben. Es ist vorstellbar, dass diese nahezu unsichtbare Lebensform die Nährstoffe verfügbar gemacht hat, die die Pflanzen für diesen Entwicklungsschritt benötigt haben. Denn gerade die ersten Pflanzen an Land waren aus Sicht der Wurzeln nicht gerade überragend ausgestattet. Dafür hatten sie wohl schon von Beginn an ihre neuen Freund*innen, die arbuskulären Mykorrhiza. Wir haben es hier also mit einer der ältesten Lebensformen an Land zu tun, die nicht nur unsere Nahrung im Hier und Jetzt sichert, sondern überhaupt erst die Voraussetzung für unsere Form von Leben geschaffen hat. Wer ab und an mal den roten Faden verliert, sollte am besten lachen und sich einfach bewusst machen, wie nichtig, fast unwichtig, der rote Faden doch im Vergleich zu den weißen Fäden ist.

Neben besserer Nährstoffversorgung und der Abwehr von Krankheitserregern übernehmen die arbuskulären Mykorrhiza aber noch ein weiteres Feld: Sie können auch die Wasserversorgung der Pflanze verbessern. Ganz schön großzügig von ihnen, nicht wahr? Natürlich sind unsere fadenförmigen Freund*innen nicht komplett uneigennützig. Die Pflanzen haben etwas, auf das sie echt scharf sind. Sozusagen die absolute Delikatesse für Pilzgaumen. Die Methode, mit der das Lieblingsgericht der Pilze in der Kombüse der Pflanzen zubereitet wird, nennt sich Photosynthese. Und das, wonach sich die Pilze die Mäuler lecken, sind Süßigkeiten aus CO_2. Kohlenstoffdioxid steht auf diesem Planeten dank humanoider Stümperhaftigkeit ja zur Genüge zur Verfügung. Die gutmütigen Pflanzen nehmen Teile davon glücklicherweise im Rahmen der Photosynthese auf. Einen Teil davon geben sie dann an die Pilze weiter, nämlich in Form von Zuckern und Lipiden. Die lassen sich unsere arbuskulären Mykorrhiza zum Teil selbst schmecken, andere Teile geben sie aber auch an ihre Helferbakterien weiter.

Im Endeffekt läuft das dann so ab: Die Pflanze gibt circa 20 Prozent des aufgenommenen Kohlenstoffdioxids in Form von Zuckern an die Pilze weiter. Die Pilze und ihre Bakterienfreund*innen machen sich dann fröhlich drüber her. Dabei wird ein bisschen Kohlenstoff auch wieder in die Atmosphäre freigesetzt. Der andere Teil bleibt allerdings unter der Erde und wird gespeichert.[12] Hier offenbart sich also eine weitere wunderbare Eigenschaft unserer weißen Fäden: Sie sorgen nicht nur dafür, dass es den Pflanzen gut geht, sondern sie speichern auch noch einen der Stoffe, die das Leben auf diesem Planeten derzeit ganz dezent bedrohen. Wie fremdartig muss es uns Erfinder*innen von Grillhähnchen und Bockwurst erscheinen, dass die Ernährungsweise dieser Pilze so nachhaltig ist, dass sie dem Planeten guttut und ihn sogar retten kann, während wir selbst uns unersättlich den Rachen vollstopfen und unsere Umwelt so radikal ausbeuten, dass wir uns womöglich dabei selbst ausrotten.

Nun gut, jetzt wissen wir also schon mal, was unsere arbuskulären Freund*innen individuell für die Pflanzen tun. Um es noch mal zusammenzufassen: Nährstoffversorgung verbessern, Wasserversorgung verbessern und Pathogene abwehren. Im Gegenzug erhalten sie von der Pflanze Kohlenstoff in Form von Zucker und Lipiden und werden somit sogar zu einem Kohlenstoffspeicher und wirken mit ihrer Ernährung aktiv dem Klimawandel entgegen.

Doch nun wollen wir uns mal anschauen, was sie auf der größeren Skala tun, und zwar für die Pflanzengemeinschaft. Dort zeigt sich nämlich ein interessanter Zusammenhang: Je mehr Diversität an arbuskulären Mykorrhiza vorhanden ist, umso höher wird auch die Diversität an Pflanzen werden.[13] Gleichzeitig werden mit mehr Pilzen auch die Biomasse und die Produktivität der Pflanzen erhöht. Mehr Pilze heißt also auch mehr

Pflanzen. Allerdings sind die Pilze nicht nur sehr gut darin, die Biodiversität zu erhöhen. Je mehr es von ihnen gibt, umso mehr Kohlenstoff kann auch im Boden gespeichert werden.[14]

Wie könnte sich eine Zukunft gestalten, in der wir Menschen mehr auf diese Pilze achtgeben und uns mehr für ihre Welt öffnen? Beginnen wir mal mit dem Offensichtlichen. In gar nicht allzu ferner Zukunft wird der sogenannte »Peak Phosphor« erreicht. Dabei handelt es sich um den Zeitpunkt der maximalen globalen Phosphatproduktion. Ab dann wird es nicht mehr lange dauern, bis die weltweiten Phosphorreserven in Gänze verbraucht und ausgebeutet sind. Das ist echt blöd für die Sicherstellung unserer Ernährung, denn gegenwärtig spielt Phosphat eine essenzielle Rolle als Dünger in der Landwirtschaft. Alle Pflanzen brauchen diesen Stoff, um zu existieren. Nur gut, dass zwar die abbaubaren Reserven irgendwann aufgebraucht sein werden, aber im Boden natürlich trotzdem noch Phosphor vorhanden ist, wenn auch nicht wirklich verfügbar für die Pflanzen. Schon kommen die arbuskulären Mykorrhiza ins Spiel. Sie sind, wie eingangs bereits erwähnt, wahre Meister darin, Phosphor aus entfernteren Gefilden des Bodens zu gewinnen und an die Pflanzen weiterzuleiten. Unsere Freund*innen mit ihren weißen Fäden könnten ein Schlüsselelement sein, um vom Phosphatdünger unabhängig zu werden. Das kann gar nicht schnell genug gehen. Nicht nur, weil der »Peak Phosphor« naht, sondern weil auch die industrielle Landwirtschaft mit Phosphatdünger jetzt schon massiv die Gewässer verschmutzt und somit fleißig Sargnägel in die Holzkiste mit der Aufschrift »Planet Erde« hämmert. Zum Glück gibt es die Pilze, die uns eine schönere Zukunft bescheren können und fleißig mit der Brechstange wieder die Nägel aus der Kiste ziehen.

Die arbuskulären Mykorrhiza stärken die Artenvielfalt und lösen möglicherweise künftige Agrarprobleme, die zu humanitären Katastrophen führen könnten. Da stellt sich nun die Frage:

Was können wir tun, um diese Lebensform zu schützen und zu unterstützen? Eines ist klar: Aktuell machen wir, Überraschung, so gut wie alles falsch und setzen statt auf Symbiose auf Zerstörung. Denn das Pflügen der Felder mit tonnenschweren Maschinen, eine weltweit verbreitete Methode, zerstört aktiv diese zarten Lebewesen. Damit verhindert die industrielle Landwirtschaft die Mitwirkung der helfenden Hyphen, den Planeten gesünder zu machen.[15]

Wie wir außerdem diese Pilze schützen und fördern können, ist durchaus paradox. Wie bereits erwähnt, sind diese Pilze äußerst talentiert, Phosphor für ihre grünen Freund*innen klarzumachen, und können der Schlüssel dafür sein, das Problem »Peak Phosphor« zu lösen. Doch damit sie das alles tun können, sollte der Einsatz von Phosphatdünger jetzt schon heruntergefahren werden. Denn wenn die Pflanzen so ein reiches Überangebot an Phosphat haben, brauchen sie keine Pilze mehr, die ihnen dabei helfen,[16] an den Stoff zu kommen. Das setzt dann den Teufelskreis erst so richtig in Gang. Dadurch, dass die vom Dünger verwöhnten Pflanzen auf die Symbiose mit den Pilzen verzichten, kann es passieren, dass ihnen trotz reichlich Phosphat plötzlich andere Nährstoffe fehlen. Denn die Pilze kümmern sich ja gleich um einen ganzen Multivitaminsaft an Nährstoffen. Der Verzicht auf Zusammenarbeit kann nun beispielsweise zu einem Kupfermangel für die Pflanzen führen.[17]

Ein typisches Bild, welches sich vor allem auf großen Monokulturplantagen im Winter zeigt, ist das Bild der gähnenden Leere. So ein abgeerntetes Stück Land ist dermaßen deprimierend, dass im Vergleich dazu die meisten Beerdigungen wie zügellose Glücksorgien wirken. Da, wo im Sommer noch eine Pflanzenart hektarweise wuchs, ist im Winter nichts mehr, zurück bleibt nur blanke braune Erde. Schlecht für die arbuskulären Mykorrhiza. Mit sogenannter Zwischenfrucht lassen sich die Pilze auch in diesen Zeiten stärken. Das bedeutet, dass möglichst zu jeder Jahreszeit Pflanzen auf den Feldern wachsen sollten und nicht nur einmal im Jahr.[18] Noch besser ist es natürlich, gleich die Schnapsidee der Monokultur zu vergessen und auf intelligentere Lösungen wie Agroforstwirtschaft oder Permakultur zu setzen. Die Pilze werden es danken.

Der letzte Punkt, mit dem wir unsere weißfädigen Freund*innen schützen können, ist natürlich ganz offensichtlich: Dem mehr als bedenklichen Einsatz von Pestiziden und Fungiziden muss Einhalt geboten werden. Nicht nur den Pilzen zuliebe, sondern dem Leben an sich.

Diese Ansätze, die Pilze zu schützen, funktionieren natürlich genauso gut im kleinen Maßstab, im Garten hinter dem Haus zum Beispiel. Auch das mancherorts fast schon frenetische Herausrupfen von Wildpflanzen ist fragwürdig. Nicht nur zum Schutze der Pflanzen und Insekten, sondern eben auch der Pilze, die im Boden mit diesen Pflanzen in Symbiose zusammenleben. Denn was, wenn die »Unkräuter«, die um die Rose im Park herum wachsen, Mykorrhiza-Beziehungen eingehen, von denen auch die Rose profitiert? Wäre doch schade, wenn wir Giersch, Brennnessel und andere Pflanzen rausrupfen und damit auch den Pilzen Schaden zufügen, die zuvor mit all diesen Pflanzen gleichermaßen in Verbindung standen. Nach dem Jäten bräuchten wir jedenfalls nicht zu meckern, wenn die Rose von nun an nur noch halb so schön blüht. Auch wenn wir über eine Wildpflanzenwiese gehen, die vor Artenvielfalt nur so strotzt, sollten wir uns bewusst sein, dass wir fast alle Pflanzen auf dieser Wiese auch den Pilzen im Boden zu verdanken haben.

Wie wir sehen, ist einiges los im Reich der arbuskulären Mykorrhiza. Leider sind sie noch ziemlich unerforscht. Viele Fragen sind noch offen: Gibt es bestimmte Pflanzenarten, die eher eine Symbiose mit den Pilzen eingehen als andere? Denn was, wenn die postmoderne Hybrid-Tomate ganz schlecht in Sachen Symbiose drauf ist, weil man diesen Faktor bei der Züchtung nie beachtet hat? Gibt es Tomatensorten, die, was Pilze angeht, beziehungsfreudiger sind, und sollte man nicht lieber diese anbauen? Lassen sich bestimmte Pilzarten gezielt im Boden ansiedeln, um die Gesundheit der Pflanzen zu erhöhen und die Erträge zu steigern? Bei diesen Pilzen gibt es noch viel zu entdecken. Leider sind sie nicht das beliebteste Forschungsfeld. Ist nicht immer leicht, Menschen für etwas zu begeistern, was fast unsichtbar ist. Wer also noch nichts vorhat: Bitte!

Damit das Thema der arbuskulären Mykorrhiza endlich mehr Beachtung findet, sollten auch alle Straßenkünstler*innen mal gründlich überdenken, was sie so auf Wände schreiben. Statt langweiliger Gang Tags gilt es, eine bessere Wahl in Sachen Fassadengestaltung zu treffen: *Arbuscular Mykorrhiza gangsters*. Das klingt nicht nur unfassbar intelligent, sondern erhöht statt langweiliger Street Credibility gleich die oberkrasse Planet Credibility. Ersteres ist etwas für Halbstarke, Zweiteres etwas für Gangster*innen von wahrer Größe.

Wer nach diesem Ausflug in die Welt der weißen Fadenwesen jetzt immer noch sagen möchte: »Ich mag keine Pilze«, sollte dringendst das eigene Leben überdenken. Es ist nicht gut, schlecht über Pilze zu reden. Immerhin verdanken wir ihnen unsere Existenz.

Freund*innen der Bäume: Ektomykorrhiza

Nach unserem kleinen Tauchgang in die Welt der nahezu unsichtbaren Fadenwesen wollen wir uns nun einer anderen Form der Mykorrhiza widmen. Pilze, die zwar auch die meiste Zeit des Jahres im Verborgenen agieren, aber dann manchmal doch, zur Feier des Seins, für kurze Zeit sichtbar werden. Es handelt sich hierbei um einen Großteil der Pilze, denen wir vor allem im Wald begegnen. Pilze, die es zu viel mehr Bekanntheit gebracht haben als ihre zuvor behandelten Verwandten: die Ektomykorrhiza.

Eines haben die arbuskulären Mykorrhiza und die Ektomykorrhiza aber gemeinsam: Beide sind unterirdisch lebende, weiße Fadenwesen. Im Gegensatz zu den unsichtbar bleibenden arbuskulären Mykorrhiza bilden die Ektomykorrhiza aber Fruchtkörper aus, die wir dann als »Pilze« bezeichnen. Bekannte Vertreter*innen der Ektomykorrhiza sind zum Beispiel Steinpilz, Pfifferling und Marone. Es sind wundervolle Momente in der Natur, wenn das Unsichtbare plötzlich sichtbar wird. Sie zeigen uns Menschen deutlich auf, wie viele Dinge außerhalb unserer regulären Wahrnehmung im Verborgenen existieren können. Erst war da auf dem Waldboden noch kein einziger Pilz, und mit einem Mal steht alles voll, als wäre es nie anders gewesen. Diese Momente können wir vor allen Dingen im Herbst erleben, wenn der Höhepunkt der Fruchtkörperbildung bei den Ektomykorrhiza erreicht ist. Dennoch existieren sie natürlich nicht nur dann, wenn sie sichtbar sind, sondern auch die restliche Zeit, nur eben ausschließlich im Verborgenen.

So ganz stimmt das mit der Unsichtbarkeit natürlich nicht. Denn während die Gemüse auf den Feldern, die Blumen auf der Wiese und die Kräuter im Garten ohne die arbuskulären Mykorrhiza kaum existieren würden, sind es im Falle der Ektomykorrhiza vor allem die holzigen Genoss*innen, wie Bäume und Sträucher, die mit ihnen eine symbiotische Beziehung eingehen. Die Pilze sind also indirekt immer sichtbar, da wir ihre Symbiosepartner*innen sehen können. An dieser Stelle noch einmal: Sätze wie »Ich mag keine Pilze« sind eher etwas zum Abgewöhnen. Vielen der Speisepilze, die wir Menschen besonders gerne essen, haben wir das Dasein der Wälder, die gegenwärtig um uns herum wachsen, zu verdanken. Und damit auch unser eigenes Leben.

Wieder einmal wird die Rolle der Pilze als Schöpfer*innen des Lebens deutlich. Die Ektomykorrhiza sind im Vergleich zu den arbuskulären Mykorrhiza aber noch richtig grün hinter den

Hyphen. Während unsere arbuskulären Freund*innen schon ihr Unwesen trieben, als die Pflanzen »Land in Sicht!« riefen und erste vorsichtige Schritte aus dem Wasser wagten, entstanden die Schöpfer*innen der neueren Wälder erst wesentlich später. Die Ektomykorrhiza sind aber auch nicht erst gestern zum Vorschein gekommen, denn sie sind bereits mindestens 50 Millionen Jahre alt.[19] Fossile Funde aus dem Eozän bestätigen das. Allerdings gibt es die Vermutung, dass sie ursprünglich mit der Entstehung und Verbreitung von Kieferngewächsen[20] aufgetreten sind. Die Kieferngewächse kamen schon in der Kreidezeit auf. Vielleicht konnten die letzten Dinosaurier also noch ein paar Blicke auf die ersten Ektomykorrhiza erhaschen. An einem schönen warmen Herbsttag lief dann vielleicht damals schon der eine oder andere Tyrannosaurus Rex mit einem Sammelkörbchen durchs Unterholz. Was wäre wohl sein Lieblingspilz gewesen? Vielleicht der Krokodilritterling, weil er so schön reptiloid schuppig daherkommt. In Japan ist der zimtig schmeckende Krokodilritterling auch als Matsutake bekannt und einer der teuersten Speisepilze überhaupt.

Doch zurück zu den Ektomykorrhiza. Während die arbuskulären Mykorrhiza recht unspezifisch sind, das heißt, ein und dieselbe Pilzart kommt mit vielen verschiedenen Pflanzenarten als Symbiosepartner*innen klar, ist es bei den Ektomykorrhiza anders. Viele von ihnen sind wesentlich spezifischer, das heißt, manche Arten kommen nur mit einer kleinen Auswahl verschiedener Pflanzenarten klar, andere sogar nur mit einer einzigen. Ein gutes Beispiel, welches verdeutlicht, wie spezifisch die Ektomykorrhiza sein können, ist der Goldröhrling. In Europa finden wir ihn fast ausschließlich in Kombination mit der Europäischen Lärche. Das ist auch mal wieder ein Beispiel dafür, dass es sich für die Pilzsuche lohnt, die Natur lesen zu lernen. Mykologie und Botanik sind aufs Engste miteinander verwoben und verflochten, so wie die Pflanze und der Pilz es in der Natur auch sind. Wer erfolgreich Pilze finden möchte, ist gut beraten, auch die Pflanzen zu kennen.

Aus Sicht der einzelnen Pilzarten läuft bei den Ektomykorrhiza die Wahl der Partner*innen also ziemlich spezifisch ab. Doch betrachten wir das Ganze mal aus der Sicht der Pflanzen. Eine Rotbuche geht zum Beispiel mit einer Vielzahl von Pilzen eine Symbiose ein und ist damit recht unspezifisch. So könnten wir mit den Pilzen, die um eine Rotbuche wachsen, schon mal ein ganzes Buch füllen. Den Flockenstieligen Hexenröhrling, Maronenröhrling, Gemeinen Steinpilz, Pfifferling, Semmelstoppelpilz und viele Weitere können wir mit etwas Glück in Symbiose mit einer kleinen Gruppe Rotbuchen finden. Die Baumart ist also offen für unzählige Pilzfreundschaften.

Da wir gerade von Pflanzen und Ektomykorrhiza sprechen, bietet es sich an, mal den Planeten von außen zu betrachten. Wenn wir vom Nordpol in Richtung Äquator von einem Breitengrad zum nächsten schauen, nimmt die Artenvielfalt an Pflanzen immer mehr zu, bis wir die tropischen Gebiete erreicht haben. In den Tropen gibt es die mit weitem Abstand höchste Artenvielfalt an Pflanzen. Gehen wir weiter Richtung Südpol, nimmt die Vielfalt Schritt für Schritt wieder ab. Gleiches gilt übrigens auch für die Artenvielfalt an Tieren.

Die Ektomykorrhiza hingegen sind die Punks unter den Lebensformen und schwimmen gegen den Strom, denn der latitudinale Biodiversitätsgradient ist ihnen zu Mainstream. Sie erreichen den Höhepunkt ihrer Artenvielfalt vor allem in den gemäßigten Zonen, zum Beispiel auch in Mitteleuropa,[21] und sind in tropischen Gefilden weniger divers aufgestellt. Natürlich haben die Bäume in den Tropen auch Pilzpartner*innen, allerdings in vielen Fällen solche, die immer unter der Erde bleiben und keine Fruchtkörper ausbilden. Hinzu kommt aber auch noch

71

der Faktor Erforschung. Die Funga der gemäßigten Zonen ist viel besser untersucht, und gerade im Bereich Ektomykorrhiza sind sehr viele Arten bereits beschrieben. In Regionen, die dem Äquator näher sind, ist die Funga oft noch ziemlich unerforscht. Wer also noch eine neue Art entdecken möchte, sollte sich lieber dem Äquator nähern. Erst im Jahr 2011 wurde beispielsweise in Malaysien ein schwammartig aussehender Pilz beschrieben. Wegen seines außergewöhnlichen Erscheinungsbildes erhielt er den wissenschaftlichen Namen *Spongiforma squarepantsii*. Dieser Name ist eine Hommage an einen bekannten Cartoon mit einem sprechenden Schwamm: »Wer lebt in der Ananas ganz tief im Meer?«

Zwischen manchen Bäumen und Ektomykorrhiza haben sich Liebesbeziehungen entwickelt, die über Leben und Tod entscheiden. Diese Liebe ist so herzergreifend und rührend, dass regelmäßig Groschenromane, wenn sie davon hören, melancholisch aus ihren Drehständern in den Tod springen. Bei so viel Romantik kommen den in Bahnhofskiosken vereinsamten Schmonzetten einfach die Tränen. Die Versuche, Kiefern auf der Südhalbkugel oder Eukalyptus auf der Nordhalbkugel zu etablieren, waren vor allem dann erfolgreich, wenn die Neuankömmlinge auch ihre geliebten Symbiosepartner*innen mitbrachten. Ganz nach dem Motto: »Nur mit dir reise ich ans andere Ende der Welt.«

Als beispielsweise auf der iberischen Halbinsel Eukalyptusbäume gepflanzt wurden, kamen gleichzeitig auch verschiedene Ektomykorrhiza aus Australien mit in dieses neue Ökosystem. Die Eukalypten und ihre Partner*innen sind dort nun so erfolgreich, dass sie zum Teil invasiv geworden sind.[22] In anderen Regionen der Welt sind invasive ortsfremde Kiefern zu einem Problem der Ökosysteme geworden. Sie stemmen ihre Invasion ebenfalls nicht allein, sondern mithilfe von mitgereisten Pilzen, wie zum Beispiel Schmierröhrlingen.[23] Sowohl die Eukalypten als auch die Kiefern wären ohne ihre unterirdischen Romanzen mit mitgereisten Pilzen in fremden Habitaten bei Weitem nicht so stark. Weil die meisten Ektomykorrhiza so spezifisch sind, gibt es für eingewanderte Bäume meistens keine passenden Symbiosepartner*innen, sondern die passenden Pilzfreund*innen müssen eben mitreisen.

Auch hier haben wir einen Unterschied zu den arbuskulären Mykorrhiza. Diese sind wesentlich unspezifischer. Wenn hier neue Pflanzen von anderen Kontinenten ankommen, sind die arbuskulären Mykorrhiza oft in der Lage, auch mit ihnen direkt eine Symbiose einzugehen. Weil sie so unspezifisch sind, haben einige invasive Neophyten leichtes Spiel. Kommt ein neuer Baum an, sind einheimische Ektomykorrhizapilze hingegen meist eher abgeneigt und wenig begeistert, eine Symbiose einzugehen. Die verschiedenen Mykorrhizapilze haben eben sehr unterschiedliche Charakterzüge.

Doch was konkret tun die Ektomykorrhiza wie Steinpilz und Konsort*innen da eigentlich in den Wäldern? Ganz einfach: Ektomykorrhiza stehen auf Zucker und wollen futtern. Dafür gehen sie mit ihren Lieblingsbäumen in Symbiose und bekommen, was sie wollen. Zumindest wenn sie im Gegenzug Nährstoffe und Wasser zur Verfügung stellen. Während die arbuskulären Mykorrhiza ihren Symbiosepartner*innen vor allen Dingen Phosphor bereitstellen, liegt bei den Ektomykorrhiza der Fokus ganz klar auf Stickstoff. Die Vorteile, eine Symbiose einzugehen, liegen für den Baum auf der Hand. Das Pilznetzwerk kann den Stickstoff besser aus dem Boden extrahieren, hat eine viel größere Reichweite als die eigenen Wurzeln und dazu auch noch eine viel größere Oberfläche. Ganz ähnlich also wie bei den arbuskulären Mykorrhiza, nur eben mit dem Fokus auf Stickstoff. Diese Symbiose aus Pilz und Baum läuft ganz wunderbar ab. Oft hat ein einzelner Baum aber nicht nur einen Pilz als Symbiosepartner, sondern durchaus auch mal an die hundert. Dabei hat jede Pilzart ihre eigenen Stärken und Schwächen. Die eine kann besonders viel Stickstoff besorgen, die andere ist dafür recht resistent gegen Trockenheit, und wieder eine andere kann besonders gut Phosphor bereitstellen. Alle Pilze koexistieren dabei friedlich. Wenn mal eine Art nicht gebraucht wird, weil es zum Beispiel ein nasses Jahr ist und der Trockenheitsexperte deshalb nicht so wichtig ist, wird er trotzdem nicht einfach beseitigt, sondern bleibt weiterhin ein Mitglied der Gemeinschaft.

Doch das ist noch lange nicht alles. Die verschiedenen Pilzarten vernetzen sich auch untereinander. Sie begreifen, was Networking heißt, ohne zur Business School gehen zu müssen. Dank dieses Netzwerks ist es möglich, Nährstoffe, Abwehrstoffe und Signalstoffe durch den Waldboden zu schicken. In diesem System sind verschiedene Pilze und Bäume mit ein und demselben Netz verbunden. Während wir im tiefsten Wald von Funkloch zu Funkloch dümpeln, geht unter uns die Post ab. Pilze waren schon voll digitalisiert, als wir Menschen noch randvolle Nachttöpfe aus dem Fenster auf die Straße gekippt haben. Nur mal so zum Thema »Der Mensch ist das intelligenteste Lebewesen«.

Wenn wir die vielfältigen Aufgaben der Mykorrhiza gedanklich auf unsere menschliche Welt übertragen, wird uns bewusst, was für großartige Dinge die Pilze da leisten. Dann wären nämlich alle Ärzt*innen, Krankenhäuser und Apotheken Pilze. Auf den Straßen würden statt LKWs Pilze fahren, und auch auf den Gleisen würden wir sie anstelle von Güterzügen sehen. Statt Telefonen und Computern hätten wir Pilze, um miteinander zu kommunizieren. Sogar unsere Supermärkte wären begehbare Pilze. Dieses Bild soll deutlich machen: Nicht nur der Wald, den wir mit unseren Sinnen wahrnehmen, ist unglaublich komplex, sondern auch das Leben, das sich unter unseren Füßen abspielt. Hätte der Wald eine Verfassung, dann würde der erste Paragraf wie folgt lauten: *§ 1 Gib den Pilzen Zucker!*

Doch so wie es neben dem Clear Web, also dem ganz normalen bekannten Internet, ein Darknet gibt, hat auch das Mykorrhiza-Netzwerk eine dunkle Seite. Dass Bäume und andere Pflanzen sich hier mit bewusstseinserweiternden Substanzen und Falschgeld versorgen, konnte bisher noch nicht beobachtet werden. In Experimenten hat sich allerdings gezeigt, dass es unter den unschuldig in der Landschaft stehenden Gewächsen durchaus Expert*innen in Sachen Cybercrime gibt. Manche von ihnen nutzen die Pilznetzwerke, um chemische Stoffe in ihrem Umkreis zu verbreiten, die Konkurrent*innen beim Wachsen hemmen.[24] Manche Pflanze, der wir bei Streifzügen durch die Natur begegnen, mag uns mit betörend duftenden, wunderschönen Blüten bezirzen und unschuldig mit den Blättern im Wind wackeln. Doch in Wirklichkeit hat sie als Hacker*in der Netzwerke unter der Erde so einiges auf dem Kerbholz.

Nun haben wir uns viele faszinierende Dinge über das große unterirdische Netzwerk der Pilze angeschaut. Am schönsten ist es jedoch, die Teile des Netzwerkes sehen zu können, und zwar dann, wenn die Fruchtkörper ausgebildet werden. Was gibt es Schöneres als die Euphorie beim Finden von Pilzen? Egal ob Trompetenpfifferling, Semmelstoppelpilz oder Steinpilz, eine Großzahl der besten und beliebtesten Speisepilze gehört zu den Ektomykorrhiza. Auch viele optisch besonders schöne Pilze lassen sich unter ihnen finden. Gerade die Gattung der Schleierlinge kann Ästhet*innen Freudentränen in die Augen treiben. Auch der in diesem Buch bereits angesprochene Blaue Klumpfuß ist ein Pilz aus dieser Gattung.

Die Wulstlinge sind eine weitere erwähnenswerte Gattung unter den Ektomykorrhiza. In dieser Gattung lassen sich tödlich giftige Pilze wie der Grüne Knollenblätterpilz, berauschende Pilze wie der Fliegenpilz, aber auch wahre Delikatessen wie der Perlpilz finden. Einer der begehrtesten Pilze des Planeten, der Kaiserling, ist ebenfalls ein Wulstling. Dieser vor allem in Südeuropa vorkommende Pilz erfreute sich bereits im antiken Rom größter Beliebtheit und wird auch Cäsars Pilz genannt.

Es könnten ganze Bücher über herausstechende Gattungen und Persönlichkeiten unter den Ektomykorrhiza gefüllt werden. Doch statt nun Schriftrollen mit Lobpreisungen der schönsten Pilze zu füllen, wollen wir uns die Bedingungen anschauen, unter welchen sich besonders viele verschiedene Pilze aus der Kategorie Ektomykorrhiza finden lassen.

Die Frage nach dem Wann lässt sich insbesondere bei den Ektomykorrhiza recht einfach beantworten. Erste wagemutige Pioniere wie der Flockenstielige Hexenröhrling oder der Sommersteinpilz treten bereits ab Mai auf. Die größte Artenvielfalt lässt sich jedoch im Herbst finden, mit dem Höhepunkt im September und Oktober. Viel Regen ist äußerst hilfreich und notwendig.

Fragen wir uns nach dem passenden Standort, wird es schon etwas kniffliger. Wir haben ja bereits gelernt, dass die Ektomykorrhiza Sträucher und Bäume besonders mögen. Darum lohnt es sich definitiv, Wälder aufzusuchen und eher bei Hasel und Buche zu suchen als auf einer Blumenwiese bei Schafgarbe und Glockenblume. Allerdings sind nicht alle Bäume und Sträucher gleich, und es gibt große Unterschiede. Besonders großer Artenreichtum findet sich zum Beispiel unter der Rotbuche, der Gemeinen Fichte und unter der Waldkiefer.

Eine eher schlechte Idee ist es, den Waldboden unter Bäumen zu inspizieren, die gar nicht heimisch sind, aber in Forsten gerne angepflanzt werden. Ein Beispiel ist die Douglasie. Eigentlich wächst sie in Nordamerika und ist dort auch mit einer Vielzahl von Ektomykorrhiza verwurzelt, wie wir ja inzwischen wissen. Allerdings sind viele Ektomykorrhizapilze sehr spezifisch. Die

Douglasie wird zwar von manchen Pilzen als Symbiosepartnerin angenommen, jedoch geschieht das eher zögerlich. Alles in allem gedeihen unter Douglasien durchaus Generalist*innen, aber weniger Spezialist*innen.[25] Im Vergleich zu einheimischen Laub- und Nadelwäldern finden wir erfahrungsgemäß in Douglasienforsten sowohl weniger Arten- als auch Individuenreichtum.

Einheimische Baumarten sind schon die bessere Adresse für alle Pilzbegeisterten. Im flachen Land sind es vor allem die Rotbuchen-, Hainbuchen- und Eichenwälder und in den Bergen dann die Fichten- und Weißtannenwälder, die bepilzte Herzen höherschlagen lassen. Doch auch natürlich entstandene Vorwälder mit Pioniergewächsen wie Waldkiefer, Birke und Zitterpappel können wahre Pilzparadiese sein.

Einer der entscheidendsten Faktoren, viele Ektomykorrhizapilze finden zu können, ist jedoch ein ganz anderer. Dieser Faktor ist leider auch dafür verantwortlich, dass viele Pilzarten immer seltener werden: Eutrophierung. Damit ist die Anreicherung von Nährstoffen in Gewässern und Ökosystemen allgemein gemeint. Ökosysteme wie etwa der Wald, in dem wir Pilze suchen wollen. Mit Abstand hauptverantwortlich dafür ist – Trommelwirbel: die intensive Landwirtschaft! Massentierhaltung führt zu Massen an Gülle, mit der dann die Böden überdüngt werden. Hinzu kommen noch der Verkehr und andere Verbrennungsprozesse, die viele Stickoxide in die Luft blasen. Das Resultat davon ist, dass die Böden immer besser mit Nährstoffen versorgt sind. Die Bäume, die mit Ektomykorrhiza in Symbiose gehen, tun dies vor allem wegen des Stickstoffs. Doch wenn durch die genannten Faktoren bereits genug Stickstoff verfügbar ist, braucht der vollgefressene Baum keine Helfer*innen mehr. Darum ist der limitierende Faktor, der unzählige Pilzarten zurückdrängt und gefährdet, ganz klar die Eutrophierung. Besonders viele Pilzarten und Individuen finden wir an nährstoffarmen Standorten. Um diese zu finden, ist vor allem wieder die

Kenntnis der Botanik der Schlüssel zum Glück. Denn die Pflanzen sind es, die uns anzeigen, ob der Boden nährstoffreich oder nährstoffarm ist. Wer Natur lesen kann, ist klar im Vorteil.

Symbiose

Sowohl bei den arbuskulären Mykorrhiza als auch bei den Ektomykorrhiza ist es die Symbiose, die der Quell allen Lebens ist. Doch möglicherweise ist das, was die sinnliche Verschmelzung intelligenter Organismen zu sein scheint, das Resultat einer Trickserei.

Pilze werden oft mit Gnomen, Trollen und ähnlichen Wesen assoziiert. Zu Recht. Bei der Erforschung der Symbiose zwischen Pilz und Pflanze ist mittlerweile klar geworden, dass die Pilze tatsächlich etwas schlitzohrig und mit Hütchenspieler*innentricks vorgehen.

Um das besser zu verstehen, stellen wir uns mal eine Pflanze vor, die auf einer Wiese steht. Gerne möchte sie wachsen und gedeihen, doch sie weiß genau, dass es Pathogene gibt, die sie dahinraffen könnten. Darum hat sie verschiedene Verteidigungsmechanismen vorbereitet. Einer davon trägt einen Namen, der so klingt, als würde mal eben die Welt untergehen: oxidativer Burst. Alternativ wird dieser Mechanismus auch respiratory burst genannt, was eher klingt, als würde die Pflanze den Eindringling kräftig anniesen. Allerdings geht weder die Welt unter, noch spritzen infektiöse Aerosole durch die Gegend. Doch was geht da ab?

Wenn nun etwas, wie zum Beispiel ein Pilz, der eigentlich auf Symbiose aus ist, in die Wurzel der Pflanze eindringen will, macht die erst mal keinen Unterschied, ob da jemand mit friedlichen Absichten, wie der Pilz, oder ein gefährliches Pathogen daherkommt. Jedenfalls kommt unweigerlich oxidativer Burst zum Einsatz. Dabei wird zum Beispiel Wasserstoffperoxid freigesetzt. Hätte unser Pilz Haare, könnte er sie nun in ein helles

Blond bleichen. Doch haarlos, wie er ist, ist das Wasserstoffperoxid nicht wirklich gut für ihn. Hinzu kommt, dass bei der Ausschüttung von H_2O_2 zu allem Überfluss auch noch das Immunsystem der Pflanze in Gang gesetzt wird. Alles in allem eine knifflige Situation für einen Pilz, der doch eigentlich nur auf liebevolle Symbiose aus ist.

Der Grund, warum der Pilz angegriffen wird, ist sein Chitin. In den Zellwänden vieler Pilze ist Chitin der Baustein schlechthin. Für die Pflanze aber ist Chitin einer jener Stoffe, die den oxidativen Burst auslösen. Wie wir ja schon vielfach gemerkt haben, sind Pilze aber alles andere als dumm und haben sich was ausgedacht. Sie kleben sich sozusagen einfach einen Schnurrbart an und tarnen sich so auf effektive Art und Weise, was folgendermaßen funktioniert: Der Pilz ändert zum Eindringen in die Pflanze seine Zellwandstruktur, indem er sich fix ein Protein zusammenrührt. Dieses trägt den Namen FGB1, Fungal Glucan Binding 1. Dank dieses Proteins wird der Pilz nun nicht mehr als solcher von der Pflanze erkannt, und es wird kein oxidativer Burst ausgelöst. Nun kann die leidenschaftliche Symbiose beginnen. Wie wir sehen, ist der Ausgangspunkt für das so romantisch wirkende Zusammenspiel von Pilz und Pflanze also eine ganz schöne Lumperei.[26]

Die pilzige Brücke zwischen Leben und Tod: Saprobionten

Wo gehobelt wird, da fallen auch Späne, und wo gelebt wird, da wird auch gestorben. In den letzten drei Abschnitten haben wir gesehen, wie großartig die Mykorrhizapilze Pflanzen beim Leben unterstützen oder ihnen das Leben oft sogar erst ermöglichen. Doch irgendwann ist selbst für den knorrigsten Baum mal Schluss, und er stirbt.

In unserer zivilisierten Welt sterben Bäume leider viel zu selten. Ja, richtig gelesen: Es sollten viel mehr Bäume sterben! Um an dieser Stelle mögliche Missverständnisse auszuräumen: Bäume sterben viel zu selten, weil sie meist umgebracht werden, statt hochbetagt eines natürlichen Todes zu sterben. Wie viele Bäume gibt es schon noch, die das Alter erreichen, das für ihre Spezies eigentlich normal wäre? Diese Frage könnten wir uns als Menschheit durchaus mal öfter stellen.

Nichtsdestotrotz: Bäume und andere Pflanzen sterben, und dabei fällt einiges an Totholz und sonstiger organischer Materie an. Doch nicht nur das. Viele Bäume haben die Angewohnheit, einmal im Jahr ihr gesamtes Blätterkleid einfach fallen zu lassen. Das hat nicht mal was mit Exhibitionismus zu tun, sondern ist im Zyklus der Jahreszeiten äußerst sinnvoll. Pflanzen und Bäume bestehen zu großen Teilen aus Cellulose. Das heißt, dass jede Pflanze durch ihr Wachstum immer mehr von dieser organischen Verbindung produziert, eben um zu wachsen. Global betrachtet, halten sich die Pflanzen in Sachen Zelluloseproduktion auch alles andere als zurück: Jährlich entstehen auf dem Planeten Erde ca. 100 Milliarden (10^{11}) Tonnen Zellulose, den Pflanzen und Bäumen sei Dank. Damit ist Zellulose die am häufigsten auf der Erde vorkommende organische Verbindung. Allerdings bestehen Pflanzen nicht nur aus Zellulose. Hinzu kommen auch größere Mengen Lignin und vieles mehr. Doch, wie gesagt, irgendwann sterben alle einmal, und dann stellen sich die finalen Fragen: Wohin mit diesem ganzen Holz? Wohin mit diesem ganzen Laub? Was würden Außerirdische nur denken, wenn sie einen Planeten voller Holz und Laub entdeckten? Als ob unser Planet nicht schon eigenartig genug wäre, aber das wäre dann doch etwas zu viel. Man stelle sich vor, eine fremde Spezies entdeckt einen potenziell bewohnbaren Planeten, baut ein Multigenerationenschiff, um damit Abertausende Lichtjahre durchs Universum zu fliegen, nur um dann festzustellen, dass auf dem geheimnisvollen Exoplaneten nur Holz und Laub rumliegen. Doch dank der Saprobionten werden all diese pflanzlichen Überreste abgebaut. Netter Nebeneffekt: eine große Artenvielfalt an Pilzen.

Doch zurück zur Realität. Wenn wir durch den Wald gehen, ist der Boden zwar ein wenig mit Laub, Nadeln und Ästen bedeckt, allerdings hält sich das Ganze mengenmäßig sehr in Grenzen. Es ist ja eben nicht so, dass auf diesem Planeten so viel Zellulose rumliegt, dass sie Oberkante Unterlippe bis zur äußersten Atmosphärenschicht aufgetürmt ist. Die Tatsache, dass wir existieren und die Erde eben nicht nur ein Planet voller Zellulose ist, haben wir den Pilzen zu verdanken. Wir haben ja bereits ein kleines Gedankenspiel gemacht, wie die Welt aussehen würde, wenn unsere Kommunikation, Ernährung, Logistik und so weiter von Mykorrhizapilzen durchgeführt werden würden. In diesem Kapitel kommt zu dieser Welt voller Pilze noch mehr dazu. Auch die Müllabfuhr, die Recyclinganlagen, die Bestattungsinstitute und die Friedhöfe wären fortan Pilze. Die Pilze, die sich tagein, tagaus mit sterblichen Überresten beschäftigen, nennen sich Saprobionten oder auch Folgezersetzer. Ihnen geht es darum, diese tote Materie, die aus Zellulose, Lignin und anderem besteht, wieder in ihre Einzelteile zu zerlegen und zu verdauen. Dadurch werden viele Nährstoffe, die in der toten Materie eingeschlossen waren, wieder für alle möglichen anderen Organismen verfügbar. In gewisser Weise bilden die saprobiontischen Pilze das Mycobiom der Natur. Natürlich verdauen nicht nur saprobiontische Pilze tote Materie, sondern es sind auch Bakterien und Tiere, wie zum Beispiel Regenwürmer, daran beteiligt.

Während wir die Ektomykorrhizapilze vor allem an nährstoffarmen Standorten finden, lassen sich Saprobionten nahezu überall finden. Auch sie bestehen aus weißen Fäden, also Hyphen, und leben mit diesen in dem Substrat, welches sie zersetzen möchten. Unter bestimmten Bedingungen bilden auch sie Fruchtkörper aus, denen wir in der Natur begegnen können. Mitten in der Stadt, im eigenen Garten oder sogar im Blumen-

topf unserer Zimmerpflanzen schalten und walten die Saprobionten. Egal ob Wald oder Wiese, überall sind sie fleißig am
Kompostieren und Bodenerschaffen. Dabei treten ihre Fruchtkörper in allen erdenklichen Größen, Formen und Farben auf.
In den größten Metropolen können wir mitten im Stadtpark
unzählige Saprobionten finden. Beispielsweise essbare Schaf-
champignons, aber auch die zum Verwechseln ähnlichen, giftigen Karbol-Egerlinge.

Doch egal, ob essbar oder nicht, gemeinsam sorgen unsere
saprobiontischen Freund*innen dafür, dass organische Materie
verdaut und Nährstoffe verfügbar werden, damit es den Pflanzen, die gerade auch in Städten so essenziell für das Klima und
Wohlbefinden sind, gut geht. Auch wer einen Garten hat, wird
dort viele solcher Pilze beherbergen. Selbst auf penibel sauberem
Rasen, der im Übrigen nicht gerade optimal für die Natur ist,
wohnen gerne diverse Pilze. Leider werden sie, wenn sie Fruchtkörper ausbilden, oft als schädlich angesehen und abgesäbelt.
Das bringt zum einen natürlich nichts, weil das Myzel unterirdisch trotzdem weiterlebt und nur hämisch lacht. Zum anderen
entgehen den säbelschwingenden Gärtner*innen teilweise wahre
Delikatessen, die es nicht zu kaufen gibt. In vielen Rasenflächen
finden sich Nelkenschwindlinge, die zwar sehr klein sind, aber
zu den besten Speisepilzen überhaupt gehören. Von Sommer bis
Spätherbst lassen sie sich nach Regenfällen immer wieder in Rasenflächen finden. So sind die meisten Gartenbesitzer*innen
wahrscheinlich Pilzgärtner*innen, ohne es zu wissen. Auch auf
Grasflächen jenseits von Gärten lassen sich natürlich Nelkenschwindlinge finden.

Für viele Pilze, die auf größeren Flächen
Grasland wachsen, gibt es einen Trick, um
diese schneller zu finden. An den Stellen,
wo sie wachsen, ist das Gras oft höher und
grüner. Denn viele dieser Pilze stimulieren das

Graswachstum. Nachgewiesen wurde das mittlerweile zum Beispiel beim Weißen Anischampignon.[27] Aber es ist auch ein beliebter Trick, um Maipilze zu finden. Im Mai gibt es noch nicht allzu viele Speisepilze, und da ist der Maipilz natürlich besonders begehrt. Dieser wächst unter anderem gerne auf Grasflächen in Ringen. Dadurch bilden sich auf dem Rasen mit bloßem Auge sichtbare Kreise, die in ihrem Inneren ein besseres Wachstum aufzeigen als der restliche Rasen. Diese Kreise nennt man auch Hexenringe. Früher wurde vermutet, dass sich Hexen in diesen Ringen treffen. Kein Wunder, denn Hexen wissen schließlich, was gut ist.

Die Saprobionten begegnen uns allerdings nicht nur vor der Haustür und im Wald, sondern auch im Supermarkt. Die meisten Pilze, die es dort zu kaufen gibt, sind Saprobionten. Auch die Mehrzahl aller Heil- und Vitalpilze gehören dieser Kategorie an. Der Grund dafür, dass es mehr Saprobionten als Mykorrhizapilze zu kaufen gibt, ist der, dass viele von ihnen sich sehr leicht kultivieren lassen.

Um manche Pilze bestaunen zu können, müssen wir nicht mal das Haus verlassen. Ein ganz besonders geliebter Saprobiont ist nämlich der Mitbewohner einiger Behausungen: der Echte Hausschwamm. Dieser Folgezersetzer ernährt sich besonders gerne von Holzbalken in Häusern. Wenn sie feucht genug sind, können wir das Glück haben und diesen Pilz im eigenen Haus vorfinden. Dumm nur, dass uns dann früher oder später im wahrsten Sinne des Wortes die Decke auf den Kopf fallen wird. Immerhin wurden in diesem Pilz schon antibiotische Eigenschaften nachgewiesen. Auch wenn er uns also die Behausung auffrisst, können wir zumindest sagen, es war ein Vitalpilz, der dieses Werk vollbrachte.

Saprobionten zerlegen Holz, Blätter, Nadeln, Stroh oder auch Mist. Doch nicht alle tun das auf die gleiche Art und Weise. Gerade beim Holz können wir, wenn wir durch die Wälder streifen, die Machenschaften dieser Pilze mit eigenen Augen sehen. Saprobionten, die Holz zersetzen, lösen bei diesem verschiedene Arten von Fäulnis aus. Je nach Pilzart ist das mal Weißfäule, mal Braunfäule oder ab und an auch mal eine andere Art der Fäule. Bei der Weißfäule wird sowohl Zellulose abgebaut als auch Lignin. Der Pilz ernährt sich dabei vom Lignin. Ein Beispiel für einen Pilz, der Weißfäule auslöst, ist der Austernseitling. Wenn dieser über die Jahre das Holz, in dem er lebt, zersetzt, können wir Folgendes beobachten: Das Stück Holz wird immer heller, manchmal fast weiß. Daher auch der Name. Gleichzeitig verliert das Holz aber auch an Gewicht, Masse und Festigkeit. Die Struktur bleibt dabei jedoch weitestgehend erhalten.

Dass manche Pilze diese Fähigkeit zur Weißfäule besitzen, ist im Übrigen etwas ganz Einmaliges in der Natur. Diese Saprobionten sind die einzigen Organismen, die überhaupt Lignin verdauen können. Auch das rettet mal wieder einige Leben, wo doch Lignin nach Zellulose eine der häufigsten organischen Verbindungen des Planeten ist. Verholzte Pflanzen bestehen zu 20 bis 30 Prozent aus Lignin. Ohne die Weißfäule, die wir den saprobiontischen Pilzen zu verdanken haben, wäre der Planet Erde schon längst nur noch ein Haufen Holz, der um einen Stern kreist.

Eine andere verbreitete Art der Fäulnis, der wir auch mit unseren eigenen Augen und anderen Sinnen im Wald begegnen können, ist die Braunfäule. Bei dieser Art der Fäule wird auch Zellulose abgebaut, aber kein Lignin. Das hat zur Folge, dass das Holz nicht weiß, sondern braun wird. Der Pilz zerlegt das Holz bei der Braunfäule Schritt für Schritt in immer kleinere Stücke. Darum nennt man die Braunfäule alternativ auch Würfelbruchfäule, weil dabei kleine, manchmal würfelförmige Holzstücke vom Holz abfallen. Bei einer Wanderung durch den Wald können wir oft am Totholz ablesen, welche Art Fäule dort gerade aktiv ist, unabhängig davon, ob der entsprechende Pilz gerade Fruchtkörper ausgebildet hat oder nicht.

Wenn wir beobachten, wie viele Saprobionten es gibt und an wie vielen Orten sie auftreten, kommt schnell das Gefühl auf, dass diese Pilzvorkommen unerschöpflich sind. Doch leider ist dem nicht so. Denn die meisten Wälder werden intensiv bewirtschaftet. Das hat zur Folge, dass Bäume nicht eines natürlichen altersbedingten Todes sterben, sondern Jahrhunderte vorher schon gefällt und verarbeitet werden. Außerdem sind viele Baumarten, die normalerweise hier wachsen würden, selten auf Plantagen zu finden. Stattdessen werden andere gepflanzt, die schneller »erntereif« sind. All das zusammen hat zur Folge, dass es in den meisten Wäldern nur wenig bis kein Totholz gibt. Außerdem ist das Totholz, wenn es denn mal da ist, oft nur von relativ jungen Bäumen und selten von jahrhundertealten, da die meisten Bäume – dem Walten von Homo sapiens sei Dank – dieses Alter nicht erreichen. Dadurch wird der Lebensraum für viele Pilze stark eingeschränkt.

Besser wären Wälder, in denen auch Bäume wachsen, die sich wirtschaftlich weniger lohnen, die ihr natürliches Alter erreichen und dann liegen bleiben dürfen. Würden da, wo jetzt Fichten- und Kiefernmonokulturen stehen, eines Tages wieder altehrwürdige Rotbuchenwälder wachsen, wären die Wälder im Sommer voller Lungenseitlinge, im Herbst voller Stachelbärte und im Winter voller Austernseitlinge. Würde es statt begradigter und befestigter Flüsse wieder mehr natürliche Flussläufe geben, gäbe es plötzlich auch wieder unzählige Auwälder. Wenn diese dann einfach sich selbst überlassen würden, gäbe es plötzlich wieder Pilzarten, die kaum jemand kennt. Dabei sind viele von ihnen so wunderschön, dass sie uns direkt in ihren Bann ziehen. In naturnahen Auwäldern wachsen Pilze wie der Orangerote Dachpilz, die Grüne Erdzunge oder auch der Scharlachrote Prachtbecherling, die mit ihren leuchtenden Farben nahezu das ganze Farbspektrum eines Regenbogens abdecken und sicherlich zu den schönsten Lebewesen unserer Breiten zählen.

Eine ganz besondere Gattung unter den Saprobionten nennt sich Psilocybe. Manche Arten dieser Gattung verdauen Holz, andere Mist. Dementsprechend lassen sich diese Pilze auch an diversen Standorten finden. Ob im Rindenmulch im Stadtpark, im Wald oder auf der Almwiese mit Kühen auf einem Berg. Ein netter Nebeneffekt eint diese Gattung: Alle Arten produzieren die psychotropen Stoffe Psilocin und Psilocybin. Völlig zu Unrecht ist der Besitz solcher Pilze verboten. Doch damit ist eines glasklar: Die meisten Parks, Friedhöfe, Spielplätze, Wälder, Wiesen und Weiden begehen alle eine Straftat! Im Grunde müssten wir die ganze Natur verhaften. Alternativ könnten wir auch Intelligenz walten lassen und die Natur nicht verhaften, sondern befreien und renaturieren. Lassen wir lieber die Vielfalt und Diversität der Arten aufleben und feiern das Leben.

Parasiten

Nun wollen wir uns eine weitere Gruppe von Pilzen anschauen, der wir sehr häufig begegnen. Auch die Pilze, um die es jetzt geht, blicken uns teilweise schon an, wenn wir das Haus verlassen. Egal ob in der Stadt oder auf dem Land, ob im Garten, Park oder Wald, ihr Name allein verheißt nichts Gutes, und doch sollten wir nicht alle über einen Kamm scheren: die Parasiten.

Parasitische Pilze sind meist Bringer*innen des Todes, allerdings treten sie nicht mit einer Sense und einem schwarzen Umhang in Erscheinung, sondern können in den unterschiedlichsten Formen und Farben vorkommen. Ganz ähnlich wie die Saprobionten können auch die Parasiten Fäulnis bei Bäumen auslösen und beispielsweise Zellulose zersetzen. Allerdings warten sie nicht wie die Saprobionten auf den Tod des Baumes, sondern fallen direkt mit der Tür ins Haus: »Grüß Gott, der Tod ist da.« Schon am lebendigen Baum wird also verdaut, was dann früher oder später den Tod des Wirtes zur Folge hat. Viele Parasiten machen dann am toten Baum aber weiter, erfinden sich neu und leben fortan als Saprobionten. Als Saprobionten machen sie dann so lange weiter, bis es nichts mehr zu futtern gibt.

Ein solcher Pilz, den wir sehr häufig antreffen können, ist der Schwefelporling. Er mag den Geschmack von Laubbäumen, und wir können ihm vielerorts begegnen: sowohl mitten in der Stadt am Straßenbaum, im Garten am Obstbaum als auch im Wald an einem beliebigen Baum. Dieser Pilz macht kein Geheimnis um seine Anwesenheit. Seine Fruchtkörper sind strahlend schwefelgelb und konsolenartig angeordnet. So eine Konsole kann mal locker mehrere Kilo schwer sein. Das Tolle an ihm ist, dass seine gigantischen Fruchtkörper jung essbar sind. Zudem wird er immer mehr als Vitalpilz erforscht und scheint sich in vielerlei Hinsicht positiv auf unsere Gesundheit auszuwirken. Auch wenn er den Baum tötet, kann er uns ein bisschen Leben spenden.

Die Art und Weise, wie er tötet, hat er mit vielen anderen Parasiten gemein. Meist ist es eine Verletzung in der Borke des Baumes, die für die Pilzsporen die Pforte ins Innere öffnet. Dort löst er dann eine Braunfäule aus, genauer gesagt, eine Kernfäule, das heißt, er befällt den Kern des Baumes, höhlt ihn langsam aus und frisst sich von innen nach außen, bis alles verspeist ist. Dann rülpst er noch einmal laut und stirbt. »Burp, das war das letzte Wort.«

Viele andere Parasiten verfahren ganz genauso und höhlen den Baum aus. Allerdings fressen sie ihn nicht wie der Schwefelporling bis in die äußere Schicht. Sie machen kurz vor dieser Schicht, die Spintholz genannt wird, schon Feierabend. Wenn wir durch einen Wald ziehen, in dem es Totholz gibt, können wir manchmal Glück haben und einen ausgehöhlten Baumstamm finden. Das war dann meist das Werk von Pilzen. Bis andere Pilze diesen Baumstamm dann komplett verspeist haben, bietet er eine hervorragende Behausung für allerlei Tiere. Auch sie profitieren auf diese Weise von parasitischen Pilzen, und so spendet der Parasit Leben, indem er tötet.

Viele parasitische Pilze haben der Welt schon Gutes beschert. Der Zunderschwamm, der auch ein sehr häufiger »Baumpilz« ist, war in der Steinzeit sehr wichtig, um Feuer machen zu können. Der Birkenporling wurde schon damals als Heilpilz verwendet und wird mittlerweile intensiv erforscht, mit vielversprechenden Ergebnissen.

So mancher Parasit ist auch eine wahre Delikatesse. Die Krause Glucke (zu sehen auf dem Buchcover) ist ein besonders aromatischer Parasit. Sie wächst vor allem im Wurzelbereich von Kiefern als ein Wurzelparasit. Auch sie löst die Braunfäule in der Kiefer aus und schickt sie nach und nach ins Jenseits. Allerdings ist die Glucke ein wirklich leckerer Killer. Zudem hat sie schon ein beträchtliches Alter, nämlich lässige 94 Millionen Jahre.[28] Demnach konnten sich schon die Dinosaurier an diesem köstlichen Todespilz erfreuen.

Einen anderen Parasiten kennen wohl viele vor allen Dingen aus dem Supermarkt: den Kräuterseitling. Dieser beliebte Pilz schmückt vielerorts die Regale. Doch wer hätte gedacht, dass diese Delikatesse auch in Mitteleuropas freier Wildbahn zu finden ist? Leider trügt der Schein angesichts der Massen an Kräuterseitlingen, die es zu kaufen gibt. Dieser Pilz ist zwar recht leicht kultivierbar, in der Natur ist er aber vielerorts vom Aussterben bedroht. Das rührt keinesfalls daher, dass er übersammelt wurde, sondern dass sein bevorzugter Lebensraum äußerst selten ist. Der Kräuterseitling parasitiert nämlich auf der Wurzel einer bestimmten Pflanze. Diese Pflanze ist ein Doldenblütler und trägt den Namen Feld-Mannstreu. Zu allem Übel für den Kräuterseitling ist seine geliebte Pflanze selbst auch gefährdet. Daran ist aber nicht der Kräuterseitling schuld, sondern eine humanoide Lebensform. Denn der Feld-Mannstreu wächst bevorzugt auf Kalk-Magerrasen, und dieses Habitat wiederum wird immer seltener. Warum? Überraschung: Überdüngung!

Viele Parasiten sind bei der Wahl ihrer Wirte recht gnädig und nehmen sich vor allem alte geschwächte Bäume vor, die ohnehin keine großen Pläne und Perspektiven mehr haben. Manchen Parasiten wird ihre Gnade dabei leider selbst zum Verhängnis. Da die meisten Bäume Jahrhunderte, bevor sie ein für den Pilzbefall passendes Alter erreicht haben, gefällt werden, geht manchen Parasiten glatt der Lebensraum aus. So steht beispielsweise der Igelstachelbart, der gerne in die Wunden alter Laubbäume eintritt, auf der Roten Liste.

Nicht alle Parasiten sind allerdings so umsichtig und wählen nur die alten geschwächten Bäume, um Platz für vitalen Nachwuchs zu schaffen. Manche Pilzköpfe sind eiskalte Killer. Das Falsche Weiße Stängelbecherchen tötet Eschen, jung wie alt. Dieser Pilz ist zu einer großen Bedrohung für diese imposanten Bäume geworden. Wie so oft scheinen sich auch hier die Bäume, die in Wäldern stehen, etwas besser verteidigen zu können als diejenigen, die ihr Leben in menschengemachten Plantagen fristen. Ein weiterer Parasit, der derzeit vielerorts sein Unwesen treibt, nennt sich *Ophiostoma ulmi*. Dieser Pilz tötet Ulmen und bedroht vor allem die Bergulme. Gnade ist auch für diese Bestie ein absolutes Fremdwort.

Andere parasitische Pilze erweisen sich hingegen als große Helfer*innen für die Bewältigung ökologischer Probleme. Eines dieser Probleme ist die Spätblühende Traubenkirsche. Dieser Baum bildet zwar leckere Kirschen aus, die von Vögeln sehr gefeiert werden und aus denen auch wir Menschen leckere Süßspeisen zubereiten können, allerdings verhält der Baum sich auch invasiv und gefährdet ganze Ökosysteme. Eine Bekämpfung mit Herbiziden ist natürlich die schlechteste Idee überhaupt und gefährdet gleichzeitig andere Pflanzen. So wie wir irgendwann mal zu der Erkenntnis gekommen sind, dass es sehr schlecht ist, Menschen lebendig zu verbrennen oder zu steinigen, werden wir in gar nicht allzu langer Zeit wohl auch merken, dass es ausgesprochen grausam ist, Gifte in die Natur zu sprühen. Eine Alternative, um mit der invasiven Spätblühenden Traubenkirsche klarzukommen, ist ein parasitischer Pilz. Der Violette Knorpelschichtpilz ist ein ausgezeichnetes Mykoherbizid für die Eindämmung dieser Bäume. Dabei werden Schnittflächen dieses Baumes einfach mit einer Myzelsuspension von diesem Pilz beimpft. Die invasive Art wird dadurch in Bann gehalten. Im Gegensatz zu der Verwendung von Sprühgiften werden bei dieser Vorgehensweise keine anderen Lebensformen gefährdet.[29] Der Violette Knorpelschichtpilz ist übrigens auch so schon sehr verbreitet und eine wahre Schönheit. Seine farbenfrohen Fruchtkörper lassen sich ganzjährig finden, vor allem aber in den Wintermonaten, wenn sie an grauen Tagen mit ihren hübschen Lilatönen Farbe in die Landschaft bringen.

In vielen Gewässern werden Blaualgen zu einem immer größeren Problem. In Flüssen und Seen befinden sich viel zu viele Nährstoffe wie Phosphat und Stickstoff. Die gleichen Stoffe, die auch viele Pilzarten bedrohen und vor allem durch die intensive Landwirtschaft und ihre Überdüngung in die Gewässer gelangen. Zusätzlich steigen im Zuge des Klimawandels die Temperaturen. Dieser Cocktail des Grauens fördert das Wachstum von Cyanobakterien, die auch als Blaualgen bezeichnet werden. Die Blaualgen entziehen den Gewässern Sauerstoff und setzen zugleich Giftstoffe frei. Dies wiederum tötet Fische und andere Lebensformen des Wassers und kann auch bei uns Menschen Allergien bei Hautkontakt auslösen. Insbesondere im Sommer können wir diese Bakterien in den Gewässern sehen, denn sie verfärben sie in ein sattes Grün. Was gibt es Schöneres, als nach dem Sammeln von Sommerpilzen in einen erfrischend kühlen See zu springen? Bei hohen Temperaturen mit dem Element Wasser zu verschmelzen, ist eine absolute Wohltat und eine der schönsten Naturerfahrungen. Doch leider können uns die Cyanobakterien einen Strich durch die Rechnung machen und den Sprung ins kühle Nass zu einem gefährlichen Unterfangen werden lassen. Um dieses Problem zu lösen, könnten parasitische Pilze zum Einsatz kommen. Sogenannte Chytridpilze können Cyanobakterien abtöten und zugleich zerkleinern, sodass sie von anderen Lebewesen gefressen werden können. Zusätzlich enthalten die Pilze wertvolle Nährstoffe für Zooplankton.[30] Auch dies ein Beispiel dafür, dass parasitische Pilze wertvoll für Ökosysteme sein können.

Wenn wir mit offenen Augen durch die Wälder laufen, können wir mit ganz besonderen Momenten des Parasitismus belohnt werden. Parasitische Pilze befallen nicht nur Bäume und andere Pflanzen, sondern auch die eigene Verwandtschaft. So als würde der Enkel zum Weihnachtsfest plötzlich aufspringen und mit Vampirzähnen der eigenen Oma das Blut aus der Halsschlagader schlürfen, stürzen sie sich auf ihresgleichen. Der Parasitische Röhrling befällt gerne den giftigen Kartoffelbovist. Interessanterweise ist dieser Schmarotzer theoretisch sogar essbar. Obwohl es schon ein fragwürdiges Unterfangen ist, einen Pilz zu essen, der auf einem Giftpilz gewachsen ist. Auch der Parasitische Scheidling besiedelt gerne Pilze und wächst am liebsten auf den Fruchtkörpern der Nebelkappe.

Ein typischer Winterpilz, dem wir vor allem an grauen Tagen begegnen, ist ebenfalls ein Parasit. Bei diesem Pilz ist der Name Programm: Goldgelber Zitterling. Mit der Konsistenz eines etwas zu weich geratenen Gummitiers, der Optik eines Gehirns und extrem auffällig leuchtenden Gelbtönen ist er ein sehr besonderer Pilz. Seine leuchtenden Fruchtkörper zeigen sich am liebsten an den grauesten Wintertagen. Dann, wenn Meteorolog*innen Kochmützen aufsetzen und sagen: »Heute gibt es graue Suppe«, ist der richtige Zeitpunkt, um nach dem Goldgelben Zitterling Ausschau zu halten. Am liebsten mögen sie Regen oder Tauwetter. Sie wachsen auf kleinen Ästen, die im Wald rumliegen. So scheint es zumindest. Doch in Wirklichkeit wachsen sie parasitisch auf Pilzmyzelen, die sich in den Ästen befinden. Die Myzele gehören zu Zystidenrindenpilzen, Saprobionten, die das Holz zersetzen. Auch sie bilden Fruchtkörper aus, die sehr farbenfroh sein können.

Doch der Pilze, die auf Pilzen wachsen, gibt es noch viele mehr. Der Taube Reizker befällt besonders gerne höchst delikate Reizker und sorgt nicht nur dafür, dass sie im Wachstum gehemmt werden, sondern behindert auch die Sporenreife und sorgt im schlimmsten Fall für einen bitteren Geschmack.

In Nordamerika treibt ein enger Verwandter des Tauben Reizkers sein Unwesen, bekannt unter dem Namen »Lobster mushroom«. Dieser befällt am liebsten die Fruchtkörper einer geschmacklich mittelmäßigen Täublingsart. Anstatt das kulinarische Vergnügen zu schmälern, verbessert dieser Parasit es jedoch und sorgt für einen besseren Geschmack und ein ganz besonderes Aussehen des Ausgangspilzes. Denn während der unberührte Täubling ein schlichtes Weiß trägt, ist er nach dem Befall durch den Parasiten in die knallige Farbe von gekochtem Hummer gekleidet. Manche Parasiten verstehen eben auch was von Mode.

Es gibt eine Gruppe von Pilzen, die verhalten sich wie die Nadel im Myzelhaufen: Kernkeulen. Hinter diesem Namen verbergen sich verschiedenste Parasiten. Manche von ihnen sogar mit der Fähigkeit, das Verhalten von Insekten zu steuern. Der Pilz *Ophiocordyceps unilateralis* kommt in tropischen Wäldern vor und hat es dort auf Ameisen abgesehen. Auf dem Waldboden warten die Sporen dieses Pilzes auf ihre Opfer. Mit etwas Glück kommt eine Ameise vorbei, und die Sporen können sich an sie heften. Wenn es noch besser läuft, können die Sporen nun in die Ameise eindringen. Im Körper angekommen, breitet der Pilz sich dann aus und übernimmt die Kontrolle über die Ameise. Die Ameisen begeben sich dann an besonders feuchte Stellen des Waldes, um dort auf Pflanzen bis zu einer bestimmten Höhe hinaufzuklettern. Die Wahl des Ortes hängt davon ab, wo der Pilz die besten Lebensbedingungen vorfindet. Wenn die Ameisen auf der richtigen Höhe der Pflanze angekommen sind, suchen sie sich ein Blatt aus und beißen sich auf der Blattunterseite an einer Blattader fest. Als Nächstes werden nach und nach die Muskelfunktionen der Ameise von ihrem Parasiten abgeschaltet, sodass sie sich nicht mehr aus ihrem Verbiss lösen kann. Nun kann der Pilz die Ameise töten, um sich noch mehr in ihrem Körper auszubreiten. Nach einer Weile bildet er dann Fruchtkörper und vermehrt sich weiter. *Ophiocordyceps unilateralis* ist dadurch mittlerweile zu einiger Berühmtheit gelangt, und in diversen Büchern und Dokumentationen wurde bereits über die »Zombieameisen« ausführlich berichtet. Dieser Pilz lässt sich allerdings nur in tropischen Wäldern finden. Doch mit sehr viel Glück können wir verschiedene Verwandte von ihm auch bei Wanderungen in gemäßigten Klimazonen finden.

Einer dieser Verwandten ist die Puppenkernkeule. Wer sie einmal in freier Natur findet, kann sich mehr als glücklich schätzen. Die Puppenkernkeule hat optisch etwas von einer winzigen, leuchtend orangen Keule und wächst aus der Erde heraus. Diese Fruchtkörper haben nur wenige Millimeter Durchmesser und sind auch nur ein paar Zentimeter hoch. Ihre Farbe ist zwar recht auffällig, aber da sie ziemlich klein sind, gehen sie zwischen anderen Pflanzen total unter. Das ist wahrscheinlich auch einer der Gründe, warum die Puppenkernkeule in manchen Büchern als selten und in anderen als häufig aufgeführt wird. Es ist einfach verdammt schwer, sie zu finden. Da wir uns ja gerade mit Parasiten beschäftigen, stellt sich nun natürlich die Frage, auf was sie da unter der Erde parasitiert? Es sind Schmetterlingslarven. Die Sporen der Puppenkernkeule befallen zuerst Schmetterlingsraupen, welche dann vom Pilz den Auftrag bekommen, sich einzugraben und zu verpuppen. Dort werden sie dann vom Pilz verzehrt, und mit sehr viel Glück können wir dann ihre Fruchtkörper im Sommer und Herbst entdecken. Die Puppenkernkeule gilt mittlerweile als ausgezeichneter Vitalpilz und wird intensiv in Studien erforscht. Besonders gerne wird sie zur Leistungssteigerung eingesetzt, wobei Studiennachweise dazu allerdings noch fehlen. Fest steht aber, wir Menschen können diesen Pilz beruhigt konsumieren, er wird auch nicht die Kontrolle über unser Verhalten übernehmen. Preiset also die Puppenkernkeule! (Diese Zeilen wurden möglicherweise unter dem Einfluss von *Cordyceps militaris* geschrieben.)

Wie wir sehen, kann Parasitismus hier und da etwas sehr Schönes sein, doch das Schmarotzen kann im wahrsten Sinne des Wortes sogar auch mal wunderschön sein, selbst wenn hierfür unsere geliebten Mykorrhizapilze ein wenig mit zwangseinbezogen werden. Im Normalzustand haben wir den Pilz und den Baum, die, hoffentlich fröhlich, Nährstoffe und Gemunkel miteinander austauschen. Hin und wieder kann es jedoch vorkommen, dass sich jemand auf den Pilzhyphen niederlässt und ungefragt mitnascht. Diese Schlemmermäuler gehören meist zu den Heidekrautgewächsen oder zu den Orchideen. Wir haben es hier also mit Pflanzen zu tun, die sich, im Gegensatz zu den meisten anderen Pflanzen, nicht einfach so selbst ernähren, sondern heterotroph leben.

Das berühmteste Beispiel ist der Fichtenspargel. Dieses prächtige Gewächs lässt sich besonders gerne auf den Hyphen von Ritterlingen nieder und zapft so die Bäume an, mit denen diese in Symbiose leben. Dieser Lifestyle wird auch Epiparasitismus genannt. Dem Fichtenspargel begegnen wir vor allen Dingen, wenn wir im Sommer durch den Wald wandern. Wenn es scheint, als würde mitten im Wald Spargel wachsen, dann ist das meist keine Halluzination, sondern der blanke Epiparasitismus. In seinem Anfangsstadium hat der Fichtenspargel tatsächlich große Ähnlichkeit mit dem echten Spargel, später blüht er dann aber ganz wunderbar an der »Spargelspitze«. Grüntöne hat er gar keine, denn er bildet aufgrund seiner andersartigen Ernährungsweise kein Chlorophyll aus. Weil er nicht auf Licht angewiesen ist und sich lieber durchfüttern lässt, finden wir ihn auch an absolut schattigen Standorten. Ganz ähnlich wie der Fichtenspargel leben auch verschiedene Orchideen, wie zum Beispiel die Vogel-Nestwurz, der Dingel oder aber auch der blattlose Widerbart. Diese Gewächse haben ebenfalls kein Chlorophyll. Allerdings bilden sie wunderschöne Blüten aus, die die Sommerwälder schmücken. Ihre Schönheit ist aber nicht immer eine Selbstverständlichkeit, denn einerseits muss es überhaupt erst mal die passenden ökologischen Bedingungen für sie geben, andererseits lassen es manche dieser Orchideen auch echt gemütlich angehen. Bis die Vogel-Nestwurz blühfähig ist und ihre nach Honig duftenden Blüten der Welt offenbart, dauert es mitunter auch mal entspannte neun Jahre.

Flechten und Moose

Manchmal offenbaren sich die besonders schönen Dinge im ganz Kleinen. Erst dann, wenn wir unser Gesicht nahezu an den Waldboden heften, können wir sie in ihrer vollen Pracht wahrnehmen: Flechten und Moose.

Während viele Lebensformen, denen wir in der Natur begegnen, ihre festen Zeiten oder Wetterbedingungen haben, unter denen sie sichtbar werden, sind die Flechten und Moose wesentlich flexibler. Sie sind einfach immer da. Aus der Ferne betrachtet, wirken sie zum Teil sehr einfach gestrickt. Viele Moose und Flechten sind dann schlichte grüne Flecken in der Landschaft. Doch von Nahem wirken sie wie Szenerien von fremden Planeten. Aus Sicht einer Ameise müssen diese Orte wie verwunschene Urwälder wirken. Im Grunde sind sie das auch, winzig kleine Urwälder. Immerhin gehören Flechten und Moose zu den ältesten landbewohnenden Organismen des Planeten[31] und sind damit gewissermaßen lebende Fossilien. Moose sind so etwas wie primitive Pflanzen, welche aus Grünalgen entstanden sind, die sich vor Hunderten von Millionen Jahren überlegt haben, einen Landgang zu unternehmen. Anscheinend hat es ihnen so gut gefallen, dass sie geblieben sind. Ein bisschen Heimweh zum Gewässer haben die Moose aber noch, darum sind sie vor allem dort zu finden, wo es feucht und dunkel ist.

Flechten hingegen sind Symbiosen. Zu einem Teil sind sie

Pilze und zum anderen Teil entweder Algen oder Cyanobakterien. Sie sind vor allen Dingen auf sehr schwierige Lebensräume spezialisiert und wachsen besonders gerne auf Felsen oder Baumrinden. Tendenziell finden wir sie eher an trockeneren Stellen und die Moose eher an feuchteren. Aber die Übergänge sind natürlich fließend, und sie treten auch gerne als direkte Nachbarn in Erscheinung. Moose und Flechten haben kein so komplexes Wurzel- und Gefäßsystem zum Transport von Wasser und Nährstoffen wie beispielsweise Bäume. Sie absorbieren Feuchtigkeit direkt von außen, darum macht es beispielsweise für ein Moos wenig Sinn, mehrere Meter hoch zu werden. Dann bestünde nämlich keine Möglichkeit, die oberen Teile mit ausreichend Feuchtigkeit zu versorgen. An und für sich erinnern Moose aber schon stark an andere Pflanzen, weil sie stamm- und blattähnliche Strukturen aufweisen. Die Moose betreiben zudem Photosynthese und produzieren Chlorophyll. Flechten betreiben ebenfalls Photosynthese, allerdings ist es bei ihnen nur eine Symbiosepartnerin, nämlich die Alge oder das Bakterium. Der Pilzteil wird auf diesem Wege mit Energie mitversorgt, gibt aber als Ausgleich Struktur, schützt die Alge sowohl vor UV-Strahlung als auch vor Austrocknung und sorgt für die Haftung auf der Oberfläche. Denn sowohl Moose als auch Flechten haften nur an und dringen mangels Wurzeln nirgends ein. Darum schaden sie zum Beispiel den Bäumen nicht, auf denen wir sie manchmal sehen können.

Moose und Flechten haben also einiges gemeinsam und sind doch grundverschieden. Machen wir zunächst einen Ausflug in die Welt der Moose. Nach dem Öffnen der Haustür ist der Weg zu den ersten Moosen meist nicht sehr weit. Bestimmte Moose lieben die durch den Menschen geprägten Regionen des Planeten. In Rasenflächen finden wir ein Moos sehr häufig, welches allein durch seinen liebreizenden Namen betört: den Sparrigen Runzelpeter. Dieses Moos besteht aus einem Stämmchen, das sternförmig angeordnete Blätterkränze trägt. Die Blätter sind spitz zulaufend und waagerecht abstehend. Hätte der Sparrige Runzelpeter die Größe von Bäumen, sähe er wahrscheinlich wesentlich furchteinflößender aus und würde wohl auch einen wesentlich bedrohlicheren Namen tragen. Glücklicherweise ist er nur sehr klein und bildet gerne große ausufernde Teppiche, die zum Verweilen einladen. Viele von uns haben wohl schon unwissentlich auf diesem Moos ein Nickerchen im Park oder Garten gehalten. Für Rasenfetischist*innen ist dieses Moos allerdings oft der größte Erzfeind, da es sogar Gräser verdrängt, um sich stattdessen breitzumachen. Doch nun Schluss mit dem Hass, zeigt Liebe für den Runzelpeter, der mit seiner Weichheit besticht!

Ein weiteres Moos, das mit der menschlichen Zivilisation besonders gut klarkommt, ist das Mauer-Drehzahnmoos. Ursprünglich war es ein Besiedler von Kalkfelsen, doch inzwischen hat es viele Innenstädte erobert. Dort finden wir es auf Betonböden, Mauern und manchmal sogar auf Dächern. Die Mission dieses Mooses ist eindeutig: Farbe auf die grauen Oberflächen bringen. Da sich dieses Moos in urbanen Räumen so wohlfühlt, wird es hin und wieder auch als Indikator für die Luftqualität zurate gezogen, denn es reichert sich mit allerlei Schadstoffen an. Apropos urbane Räume: Das Etagenmoos bringt mit seinem Aufbau etwas städtisches Feeling in die Wälder. Wie der Name es vielleicht vermuten lässt, wächst es in Etagen. Jedes Jahr kommt eine neue dazu, so lässt sich recht leicht ablesen, wie alt es ist.

Moos ist nicht nur eine der ältesten Lebensformen auf dem Planeten, sondern auch eine der modernsten. Manche Menschen träumen von der Unsterblichkeit und Zeitreisen. Die Kryonik ist ein Ansatz, um derlei Träume wahr werden zu lassen. Hierbei wird beim Eintreten des Todes der gesamte Körper eingefroren, manchmal auch nur der abgeschnittene Kopf mitsamt Gehirn.

Die Idee dabei ist, dass es eines Tages vielleicht möglich sein wird, die Körper oder zumindest Gehirne wieder zum Leben zu erwecken. Warum in so einer fortschrittlichen Zukunft noch jemand Verwendung für abgeranzte Hirne aus dem 21. Jahrhundert haben sollte, ist jedoch fraglich. Moos scheint dagegen das Prinzip der Kryonik schon zu beherrschen. In einem Experiment wurden Moose aufgetaut, die seit 400 Jahren in arktischem Eis gefroren waren. Sie befanden sich nicht nur in hervorragendem Zustand, nein, manche Moose begannen sogar wieder zu grünen und zu wachsen. Insgesamt konnte ein Drittel der gesammelten Moose wieder zum Leben erweckt werden.[32] Wie wir sehen, ist diese Lebensform nicht nur eine der ersten Zeug*innen der Entstehungsgeschichte des Lebens, sondern auch visionär unterwegs, mit dem Rüstzeug, durchaus mal eine kleine Eiszeit zu überstehen.

Weil die Moose schon so alt sind, waren sie natürlich nicht nur Zeug*innen der Entstehung des Lebens, sondern auch aktiv daran beteiligt. Viele von ihnen sind Pionier*innen in neuen Lebensräumen und Bodenbildner*innen. Mancherorts können wir sogar sehen, wie die Moose Leben schaffen. Eine prominente Gattung, die besonders für diesen Pionier- und Lebensgeist steht, ist das Torfmoos. Torfmoose finden wir vor allen Dingen auf Hochmooren. Dort sind sie es auch, die diesen Lebensraum überhaupt erst schaffen. Die Torfmoose sind extrem genügsam, was Nährstoffe angeht. Sie sind von Wasser umgeben, und dieses hat in diesen Lebensräumen oft kaum mehr Nährstoffe als destilliertes Wasser. Das Torfmoos steht permanent mit einem Fuß im Grab und kommt gut damit klar. Denn der untere Teil des Mooses ist tot, während der obere lebt und weiterwächst. Dieser obere Teil befindet sich nur wenige Zentimeter über dem Wasserspiegel und ist in der Lage, diesen anzuheben. Würde dieser lebendige Teil nicht so gut das Wasser speichern und dafür sorgen, dass es festgehalten wird, würde gar kein Hochmoor existieren. Während der obere lebendige Teil fleißig Wasser speichert und wächst, wird aus dem unteren toten Teil Torf. Mit der Zeit wird somit die Torfdecke immer höher, weil das Moos immer weiterwächst, während die Basis, die unter dem Wasser von der Luft abgeschnitten ist, stirbt und zu Torf wird. Ohne Torfmoos gäbe es also weder Hochmoore noch Torf. Das Torfmoos lebt gerne ohne Konkurrenz. Um sicherzugehen, dass dieser Plan aufgeht, gibt es Wasserstoffionen an die Umgebung ab und macht das Moorwasser nahezu so sauer wie Essig. Diese Bedingungen sind so extrem, dass nur die wenigsten Pflanzen damit klarkommen.

Eine Gattung gesellt sich jedoch gerne zu der der Torfmoose dazu, nämlich der Sonnentau. In Mitteleuropa gibt es drei verschiedene Sonnentauarten, die wir auf Mooren finden können. Sie haben ihre ganz eigene Lösung entwickelt, um unter diesen extremen Bedingungen mit dem Torfmoos zusammenleben zu können. Denn auch sie können nicht nur von Luft und Liebe leben und brauchen irgendwoher Nährstoffe. Darum ernähren sie sich karnivor. Sie sind mit Fangarmen ausgestattet, die wiederum mit klebrigen Tröpfchen besetzt sind. Mit diesen Tropfen fangen sie die Insekten, von denen sie sich ernähren.

Fünf Prozent Deutschlands waren einmal mit Mooren bedeckt, das entspricht in etwa der Fläche von ganz Sachsen. Mittlerweile sind es nur noch 0,1 Prozent, was der Größe von Bremen entspricht. Warum ist das so? 98 Prozent der Moore in Deutschland wurden entwässert, um den Torf abzubauen, der einst ein Brennstoff war und gegenwärtig immer noch Hauptbestandteil typischer Blumenerde ist. Die trockengelegten Moore wurden dann oft als land- oder forstwirtschaftliche Flächen genutzt. Das heißt, da, wo einst Libellen über Wollgras schwirrten, wachsen jetzt zum Teil Futtermais und Kiefernforste. Die Zerstörung und Ausbeutung dieser Ökosysteme rächt sich jedoch. Moore sind nämlich nicht nur zauberhafte Lebensräume, sondern auch hervorragende Kohlenstoffspeicher. Ein trockengelegtes Moor lässt den ganzen Kohlenstoff wieder frei, weil durch die Trockenlegung Sauerstoff in den Boden kommt und aus Kohlenstoff Kohlenstoffdioxid macht. So hat die Zerstörung der Moore dafür gesorgt, dass trockengelegte Moore fünf Prozent aller menschlichen Treibhausgasemissionen ausmachen.

Los, greifen wir zu den Mistgabeln und attackieren die trockenen Moorböden! Oder aber wir verhalten uns intelligent und machen eines: Wiedervernässung. Damit drehen wir die Sache einfach wieder um und haben plötzlich diese hervorragenden Kohlenstoffspeicher zurück. Ein Hektar intaktes Moor kann die jährlichen CO_2-Emissionen von circa 1400 Autos speichern. Die Pflanzen und Moose des Moores nehmen das CO_2 auf. Wenn sie sterben, verrotten sie aber nicht oberirdisch, sondern, dem Torfmoos sei Dank, unter der permanent steigenden Wasserdecke, also ohne Sauerstoff. So speichert das Moor den Kohlenstoff. Darum hier die guten Nachrichten: Wir können vielleicht mithilfe von unscheinbarem Moos die Welt retten. Denn ohne Moos nix los![33]

Werfen wir nun mal einen Blick auf die anderen lebenden Fossilien, und zwar die Flechten. Ganz ähnlich wie die Moose begleiten sie uns von der Haustür bis in die tiefsten Urwälder. Die Symbiosen der Flechten funktionieren so gut, dass es manchmal scheint, als wären Flechten die zähesten Lebewesen des Planeten. Ob auf Hausfassaden, Dächern, Bäumen, Felsen oder auf dem Boden. Flechten gibt es einfach überall. Fast überall, denn sie machen circa acht Prozent der Oberfläche des Planeten aus.[34] Und wie gesagt, sie sind wirklich unfassbar hart im Nehmen. Wer möchte schon das ganze Leben lang auf ein und demselben kargen Felsen leben? Das können wohl nur Flechten. Ihre Lebenszeit ist im Übrigen auch nur minimal länger als die von uns Menschen. Mehrere Hundert Jahre sind bei ihnen der Standard. Bei manchen geht es dann eher in die Tausende. Die

Landkartenflechte hält es gut und gerne mal 4500 Jahre auf einem Gesteinsbrocken aus.[35] Das Alter manch anderer Flechten wird sogar auf 9000 Jahre geschätzt. Damit zählen Flechten zu den Lebewesen mit der höchsten Lebenserwartung auf unserem Planeten. So manche knorrige Eiche wirkt neben diesen Flechten wie eine Eintagsfliege. Gerade die besonders alt werdenden Landkartenflechten lassen sich dafür auch richtig Zeit mit dem Wachsen. Pro Jahr wachsen sie weniger als einen halben Millimeter nach außen. Weil viele Flechten so alt werden und man die Wachstumsrate pro Jahr leicht ermitteln kann, lassen Flechten sich auch wunderbar zur Zeitmessung verwenden. Chronografen werden blass vor Neid, wenn sie von der Lichenometrie hören. Diese Methode zur Zeitmessung nutzt Flechten, um archäologische oder paläontologische Funde besser datieren zu können.

Die geniale Symbiose der Flechten lässt sie also unter schwierigsten Bedingungen uralt werden. Doch wie wäre es zur Abwechslung mal mit einem Ausflug ins Weltall? In einem Experiment wurden Landkartenflechten mal eben mit ins All genommen. Zehn Tage lang wurden sie offen und schonungslos den Bedingungen des Weltalls ausgesetzt. Nach ihrem Ausflug ging es ihnen immer noch hervorragend, denn sie konnten dank ihrer Symbiose der Strahlung im All trotzen. Kooperation ist hier der Schlüssel zum Überleben. In einem anschließenden Experiment wurde untersucht, ob die Landkartenflechten auch einen offenen Wiedereintritt in die Erdatmosphäre überleben. Leider starben hier alle. Felsenbewohnende Flechten können also im Weltall überleben, doch der Eintritt in die Atmosphäre eines Planeten könnte schwierig sein.

Solche Forschungsergebnisse sind natürlich hochinteressant. Nicht nur, weil wir dank ihnen die Flechten auf unseren Wanderungen mit ganz neuen Augen sehen, sondern auch, weil eine bestimmte Hypothese der Entstehungsgeschichte des Lebens auf der Erde im Raum steht: die Panspermie. Die Idee hierbei ist, dass einfache Lebensformen – beispielsweise auf Meteoriten – weit durch das All gereist sind und so das Leben auf der Erde gelandet ist. Auch wenn noch nie außerirdische Flechten auf Meteoriten gefunden wurden, zeigen solche Experimente zumindest, das Flechten gute Astronaut*innen sind. Denn das Leben unter widrigsten Bedingungen auf einem Stein und eine hohe Lebenserwartung könnten ja durchaus von Vorteil sein, um ferne Winkel des Universums zu besuchen. Der hypothetische Clou an der Sache ist dann, dass die Flechten sowohl die genetischen Informationen von Grünalgen als auch die von Pilzen in sich tragen und somit mal locker das Reich der Pflanzen und das Reich der Pilze neu begründen könnten. Auch wenn hier sehr viel hypothetisch und fantastisch gesprochen wird, so ist es doch erstaunlich, dass eine der ältesten Lebensformen und Symbiosen des Planeten möglicherweise das Rüstzeug für Reisen durchs Universum mit an Bord hat. Es lohnt sich also allemal, den Flechten ein bisschen mehr Bewunderung entgegenzubringen. Denn die populärste Lebensform sind sie derzeit leider nicht, und das völlig zu Unrecht.

Die Flechten auf den Felsen oder den Fassaden unserer Häuser wachsen, wie wir sehen, recht langsam und gemütlich. Kein Wunder, oft ist es da ja auch besonders sonnig und trocken. In anderen Lebensräumen können wir aber auch auf Flechten treffen, die um einiges schneller gedeihen. Besonders in tropischen Regenwäldern, aber auch in gemäßigteren Wäldern wachsen den Bäumen in der Nähe von Gewässern manchmal Bärte. Das hat nichts mit Weisheit zu tun. Bäume sind zwar weise, und gerade eine Meditation in der Nähe eines Gewässers kann sehr erleuchtend sein, doch nicht alle Bartträger sind automatisch weise, und darum ist ganz klar bewiesen, dass Bärte nicht aus Weisheit, sondern schlicht und ergreifend aufgrund von Sexualhormonen wachsen. Obwohl Bäume zwar durchaus Phytoandrogene enthalten können, sind diese nicht für den plötzlichen Bartwuchs verantwortlich. Der wahre Grund für ihre Bärtigkeit sind Bartflechten. Und wie es beim Barbier nicht nur eine Gesichtsfrisur im Angebot gibt, hat auch die Natur nicht nur eine Bartflechtenart im Sortiment. Tatsächlich gibt es so einige Baumbärte da draußen. Ein besonderer Vertreter unter ihnen ist der Gewöhnliche Baumbart. Diesen treffen wir vor allen Dingen in niederschlags- und nebelreichen Bergwäldern an. Diese Flechte bildet 30 Zentimeter lange, grüngelbe Bärte, die von Bäumen herabhängen.

Leider werden die Bartflechten oft als Bedrohung angesehen. Denn viele von ihnen bevorzugen tote oder kranke Bäume, weil diese viel lichter sind und der Flechte somit mehr Licht zur Verfügung steht. Allerdings sind die Baumbärte, wie alle anderen Flechten, niemals Parasiten oder schädlich. Zudem sind sie leider sehr anfällig gegen Luftverschmutzung und damit stark bedroht. Besonders Schwefeldioxide setzen ihnen sehr zu. Schwefeldioxide werden vor allem durch Verbrennungsmotoren ausgestoßen. Hauptverursacher ist hierbei allerdings nicht der Straßenverkehr, sondern vor allem der Schifffahrtsverkehr, wie zum Beispiel der von Kreuzfahrtschiffen. Glücklicherweise konnten diese Emissionen in den letzten Jahren immer mehr reduziert werden. Wegen ihrer Anfälligkeit gegen Luftverschmutzung gelten Bartflechten als Indikator für gute Luft. Denn dort, wo sie sehr groß werden und zahlreich vorhanden sind, ist die Luft besonders sauber. Wer Schwierigkeiten bei der Wahl eines Wohnortes hat, sollte nach bärtigen Bäumen Ausschau halten.

Nicht nur die Bartflechten sind durch die Luftverschmutzung stark bedroht, nahezu allen anderen Flechtenarten geht es ähnlich. Denn es sind nicht nur Schwefeldioxide, die ihnen zusetzen, sondern natürlich auch unsere alten Bekannten Massentierhaltung, Überdüngung und die Stickoxide, die durch Verbrennungsprozesse wie Verkehr entstehen. Nur einige wenige Arten kommen mit dieser Problematik klar und alarmieren uns auch ganz deutlich, wie es um unsere Natur steht. Vor allem im Winter, wenn die Sträucher und Bäume kein Laub mehr tragen, können wir bei vielen von ihnen sehen, dass die Rinde ganz gelb überzogen ist. Bei näherer Betrachtung fällt uns dann die hübsche Gelbflechte mit ihren gelben Lappen und orangen Becherchen ins Auge. Sie ist ein Indikator für besonders hohe Stickstoffwerte, die vor allen Dingen durch Landwirtschaft und Verkehr entstehen. Daher ist sie mittlerweile eine der häufigsten Flechten überhaupt. Das war nicht immer so, sondern ist eine Entwicklung, die seit den 90er-Jahren beobachtet wird.

Nicht nur auf Steinen, Fassaden und Gehölzen können wir Flechten finden, sondern auch auf dem Boden. In besonders nährstoffarmen lichten Wäldern bilden Rentierflechten riesige Teppiche auf dem Waldboden. Manchmal sieht man den Wald vor lauter Flechten nicht mehr. Zu ihnen gesellen sich dann Isländisch Moos, Igelsäulenflechten, Rotkopfflechten und viele mehr. Aus den vorher schon aufgeführten Gründen werden solche Flechtenwälder leider immer seltener. Bei den am Boden wachsenden Flechten kommt noch die Forstwirtschaft hinzu. Wenn tonnenschweres Gerät über diese filigranen Gebilde rollt und sie plattmacht, dauert es viele Jahrzehnte, bis sie sich wieder erholt haben. Von Nahem betrachtet, sind die auf dem Boden lebenden Flechten wie eigene Wälder. Miniaturökosysteme, die möglicherweise komplexer sind, als wir bisher dachten. Winzige Wälder, in denen Algen, Pilze, Bakterien und Insekten miteinander leben. Flechtenwälder verdienen besonderen Schutz.

Abschließend stellt sich vielleicht noch die Frage, was Flechten eigentlich tun, wenn sie auf Felsen abhängen. Mithilfe von Säuren können sie Gestein »auflösen«. Das Stichwort ist hier Verwitterung.[36] Durch die Korrosion auf den Mineralien der Gesteine und abgestorbene Flechten können erste primitive Formen von Boden entstehen. Boden, aus dem eines Tages Leben entspringt. Wer weiß, falls wir Menschen es nicht schaffen, unsere Spezies am Leben zu erhalten, sind es vielleicht eines Tages mal Flechten, die dafür sorgen, dass aus unseren Betonwüsten wieder prächtige Urwälder werden.

Eulen und andere fremdartige Wesen

Neben Pflanzen und Pilzen, Moosen und Flechten gibt es noch so einiges, was da kreucht und fleucht: die Tiere, zu denen auch wir gehören. Doch bevor wir in den Spiegel schauen, wollen wir uns erst mal mit den »anderen« befassen. Mit den fremdartigen Wesen, die uns in der Natur begegnen und die uns vielleicht gar nicht unähnlich sind.

Beginnen wir zunächst einmal mit den absoluten Sieger*innen der Evolution: den Gliederfüßern. Dieser Stamm des Tierreichs umfasst circa 80 Prozent der Tierarten auf unserem Planeten und besiedelt eine große Bandbreite von unterschiedlichen Lebensräumen.[37] Die Arthropoden, wie man sie in gehobenen Kreisen nennt, zeichnen sich insbesondere durch ihre Körperhülle aus Chitin aus. Doch wie das mit jedem maßgeschneiderten Anzug so ist, nach einer guten Mahlzeit kann es eng werden. Wenn Gliederfüßer wachsen, müssen sie also regelmäßig ihre alte Außenhülle abwerfen, neu Maß nehmen und sich einen adretten neuen Maßpanzer wachsen lassen.

Die artenreichste Klasse der Gliederfüßer ist wiederum die der Insekten, und wenn wir die Haustür öffnen und mit offenen Augen in die Welt blicken, können wir auf eine unglaubliche Vielfalt an Lebewesen treffen, die zu den Insekten gehören. Wenn wir jedenfalls das Glück haben, nicht an einem Monokulturfeld oder in einer Neubausiedlung mit Schottergärten zu leben. Da wird die Vielfalt leider oft sehr dürftig. Doch wenn wir auf naturnahen Wiesen umherschlendern und durch wenig bewirtschaftete Wälder streifen, umgeben uns diese wundersamen Wesen vielerorts. Wenn uns Schmetterlinge umflattern und Waldameisen anpinkeln, Libellen uns umsurren und Heuschrecken hüpfend unsere Wege kreuzen, dann ist alles, wie es sein soll. Leider verschwinden immer mehr Insekten aus unserer Umwelt. Wir Menschen vergiften unsere facettenäugigen Freund*innen nicht nur, wir zerstören auch immer mehr ihrer Lebensräume unwiederbringlich.

Der Kleine Maivogel ist ein Beispiel für eine Art, die durch verschiedene Eingriffe in die Natur stark gefährdet ist. Da sich die Raupen dieses wunderschönen Schmetterlings ausschließlich von Blättern der Gemeinen Esche ernähren, sind diese zarten Flatterwesen insbesondere durch die Forstwirtschaft, die Trockenlegung von Auwäldern und Insektizide bedroht. Das Eschensterben durch das Falsche Weiße Stängelbecherchen kommt dann noch obendrauf. Was für ein Verlust wäre es, wenn diese kleinen zauberhaften Geschöpfe mit ihren prächtig gemusterten Schwingen aus unserer Natur verschwänden? Wie der Kleine Maivogel sind auch viele andere Tag- und Nachtfalter dadurch bedroht, dass wir ihre Lebensräume und Lebensgrundlagen immer weiter zerstören. Der Braune Bär, ein Nachtfalter, der aussieht, als käme er geradewegs aus einer Disco aus den 80ern, hat insbesondere mit der Lichtverschmutzung zu kämpfen. Wollen wir es wirklich so weit kommen lassen, dass uns eines Tages lediglich ihre aufgespießten Körper in Naturkundemuseen als verstaubter Abglanz ihrer Schönheit bleiben?

Doch nicht nur Schmetterlinge sind bei näherer Betrachtung farbenfrohe Schönheiten. Auch in der Modewelt der Käfer begegnen wir einer wunderbaren Vielfalt an krabbelnden Farben, schwirrenden Mustern und bombastischen Accessoires. Der Goldglänzende Rosenkäfer schillert in allen Farben, wobei insbesondere edles Grün und selbstverständlich Gold dominieren. Am Buffet der Natur greift dieser elegante Gast zu süßen Pflanzensäften und Pollen. Der Waldmistkäfer, der ebenfalls ein schillerndes Äußeres hat, ist im Gegensatz dazu schon eher puritanisch unterwegs, denn er verzichtet auf goldenen Firlefanz und isst am liebsten Kot. Doch auf der Modenschau der Käfer werden nicht nur Häppchen für jeden Geschmack serviert. Die Haute Couture der Krabbler ist wirklich außergewöhnlich. Die Bockkäfer tragen ihre langen Fühler stolz zur Schau, während der Große Leuchtkäfer, auch Glühwürmchen genannt, den Laufsteg beleuchtet, auf dem der Feld-Sandläufer geschwind entlangschreitet, um für das perfekte Foto zu posieren. Zugleich finden sich in einer dunklen Ecke einige Kartoffelkäfer zusammen, um ihre letzten Knöllchen auf ihren Favoriten im Hirschkäferkampf zu verwetten.

Doch ein Käfer hat den absoluten Bombenauftritt vorbereitet: der Große Bombardierkäfer. Jetzt muss nur noch eine Ameise dumm genug sein, ihn zu provozieren, und schon lässt er die Bombe hochgehen, beziehungsweise seinen Hinterleib. Denn in diesem Körperteil hat der Bombardierkäfer ein kleines Chemielabor angelegt. Hier mischt der Käfer, wenn er mies drauf ist oder ihm jemand blöd kommt, einige sehr reaktive Chemikalien und die richtigen Katalysatoren, um der Hackfresse ordentlich was aufs Maul zu geben. Genauer gesagt, um ein ätzendes circa 100 °C heißes Gasgemisch aus seinem Hinterleib genau auf den Gegner abzuschießen. Wir sollten uns also in Gegenwart eines Bombardierkäfers besser nie im Ton vergreifen.

Während sich viele Insektenarten wie Schaben, Ohrwürmer und Wanzen bisweilen nicht der größten Beliebtheit erfreuen, stehen andere Gliederfüßer in einem noch viel schlechteren Ruf: die Spinnentiere. Wobei die berühmtesten Vertreter*innen dieser Klasse die Webspinnen sind. Wenn sie nicht gerade dabei sind, wahre Kunstwerke aus feinen Spinnfäden zwischen die

Bäume zu weben, verbringen sie ihre Freizeit gerne bei ihren Therapeut*innen, um der Frage nachzugehen, warum sie so schrecklich missverstanden werden und wie sie ihre Gefühle besser zum Ausdruck bringen können. Allerdings nützt ihnen das nicht viel, denn obwohl sie sich alle Mühe geben, mit ihren sechs bis acht Augen ganz unschuldig aus der Wäsche zu schauen, und sie sich trotz schrillen menschlichen Gekreisches nur in den seltensten Fällen dazu hinreißen lassen, auch mal zuzubeißen, ist die Arachnophobie eine weltweit ziemlich verbreitete Angststörung. Doch gegen die Furcht vor Spinnen lässt sich etwas unternehmen. Konfrontationstherapie ist das Stichwort. Wir müssen ja nicht gleich Freundschaft mit einer Vogelspinne schließen, aber Todesangst sollten wir beim Anblick der Achtbeiner auch nicht empfinden. Außer wenn wir selbst männliche Webspinnen sind und unser Begattungsritual versemmelt haben. Denn dann werden wir wahrscheinlich gefressen. Kannibalismus zieht so manches Spinnenweibchen abturnendem Balzverhalten ganz klar vor.

Weberknechte haben es ihrerseits nicht so mit großem Vorspiel. Dennoch sorgt auch ihr Sexualverhalten vielerorts für Empörung. Dabei möchte Opa Langbein mit seinem Penis gar nicht unsere Blicke auf sich ziehen. Alle Weberknechte haben in ihrer Genitalkammer erigierbare und bewegliche Röhren, die von den Männchen ähnlich wie menschliche Geschlechtsteile und von den Weibchen zur Eiablage genutzt werden. Und die Krabbler haben ihre Schwengel auch nicht erst seit gestern. Ein in Bernstein konservierter Weberknecht aus der Kreidezeit wurde mit voll ausgestrecktem Glied in einem Harztropfen gefangen und bis heute im Bernstein konserviert.[38] Während Opa Langbein nun für alle Zeit Weberknechtforscher*innen mit seiner deutlich sichtbaren Palme beglücken kann, konnte Oma Langbein vielleicht entkommen. Denn viele Weberknechte können sich schon mal ein Bein ausreißen. Wenn es zum Beispiel im Harz festhängt oder der Beinverzicht sonst irgendwie nützlich wäre. Nicht unbedingt aus masochistischem Vergnügen.

Neben Spinnen und Weberknechten gibt es noch andere Achtbeiner aus der Gruppe der Spinnentiere. Außer Skorpionen und Pseudoskorpionen gehören beispielsweise auch die Milben in diese Klasse der Gliederfüßer. Und manche Milben sind echte Kotzbrocken, denen wir in der Natur leider häufig begegnen: die Zecken. Doch bevor wir die Biester anthropozentrisch motiviert bis aufs Blut diffamieren und verunglimpfen, sollten wir uns kurz ins Gedächtnis rufen, dass sich diese Welt ja nicht nur um uns Menschen dreht und dass Zecken für viele Vögel eine wichtige Nahrungsgrundlage darstellen. Sie auszurotten ist also keine Option. Dennoch ist es schwierig, keine Abneigung gegen die heimtückischen kleinen Blutsauger zu hegen. Denn die garstigen Scheusale beißen ja nicht nur einfach zu und zapfen sich ein bisschen Blut ab. Nein, sie spucken uns in die Wunde und verabreichen uns dabei einen Cocktail aus Gerinnungshemmern, Klebstoff, Betäubungsmitteln und Entzündungshemmern, damit sie schön lange saugen können. Aber damit nicht genug. Wenn sie sich erst mal die Bäuche vollgeschlagen haben, erbrechen sie ihre halb verdaute Blutmahlzeit zurück in die Wunde, und mit der ganzen Kotze kommt dann auch schon mal ein kleines bisschen Borreliose oder Frühsommer-Meningoenzephalitis mit hoch. Ist blöd für uns, aber der Zecke scheißegal. Und das Einzige, was uns neben Sprays zur Abwehr der winzigen Ekelpakete bleibt, ist, uns richtig penibel abzusuchen. Denn sie verstecken sich auch gerne mal in Ohren oder Vulvalippen, im Bauchnabel oder am Damm. Wenn wir sie rausziehen, bevor das Gekotze losgeht, ist das Risiko, an Borreliose oder FSME zu erkranken, relativ gering. Ansonsten heißt es, ab zum Arzt. Gegen die Borreliose ist immerhin ein Heilpilz gewachsen. Zumindest war er das mal. *Streptomyces rimosus* galt einst als sogenannter Strahlenpilz. Mittlerweile wird er jedoch den Bakterien zugeordnet, den *Streptomyces,* um genauer zu sein. Diese sind Bakterien mit Mycel und ähneln daher den Pilzen. Aus einem ihrer Stoffwechselprodukte lässt sich das Antibiotikum Doxycyclin herstellen, das zur Behandlung der Borreliose und anderer bakterieller Infekte eingesetzt wird.

Nachdem wir uns nun einen kleinen Einblick in die Welt der Gliederfüßer verschafft haben, rufen jetzt die Wirbeltiere nach unserer Aufmerksamkeit. Genauer gesagt, die Amphibien. Noch genauer gesagt, die Kreuzkröte. Denn ihren Ruf können wir schon aus fast zwei Kilometern Entfernung hören. Wonach sie ruft? Jedenfalls nicht nach dem*der Kellner*in und einem Bier. Denn Amphibien trinken nicht. Also, gar nicht. Nicht mal ein Alkoholfreies. Sie nehmen Wasser über ihre Haut aus der Umgebung auf und speichern es dann fürs Erste in der Harnblase. Neben dem Wasserhaushalt ist die Haut der Amphibien auch für die Atmung und als Schutz vor Infektionen und Fressfeinden wichtig. Außerdem sieht die Haut vieler Amphibien einfach verdammt cool aus. Besonders viel Glamour geht vom männlichen Moorfrosch während der Paarungszeit aus. Denn in dieser Zeit verfärbt sich die Haut des Quakemanns für wenige Tage in ein sattes Himmelblau, das sich gewaschen hat. Da Frösche eine sehr gute visuelle Wahrnehmung haben und Farben auch bei schlechten Lichtverhältnissen besser wahrnehmen als Menschen, können sich die Moorfrösche bei den Mädels in ihrer schicken Aufmachung sehen lassen.[39]

Ebenfalls gut in die eigene Haut gekleidet sind die Feuersalamander mit ihrer sehr kleidsamen gelb-orangen Zeichnung, anhand derer sich einzelne Individuen erkennen lassen. Was wir den schnieken Schwanzlurchen jedoch nicht auf den ersten Blick ansehen können, ist ihr Alter. Denn Feuersalamander werden in freier Wildbahn schon mal 20 Jahre und älter, und das ganz ohne Facelifting und Anti-Falten-Creme. Hier ist die Diät alles: Schnecken, Tausendfüßler und Laufkäfer – das schmaust der Best-Ager der Feuchtwälder.

»Blub!«, rufen jetzt entsetzt die Fische. Denn auch sie wollen hier kurz zu Worte kommen. Immerhin sind über die Hälfte aller lebenden Wirbeltierarten Fische. Da wir ihnen aber selten von Glubschauge zu Glubschauge gegenüberstehen, vergessen wir die Wasserbewohner im Alltag häufig. Zudem ist ihre Art der Kommunikation für uns auch nicht immer einfach zu verstehen. Der Atlantische Hering labert aber auch nur Furz. Es scheint nämlich so zu sein, als unterhielten sich diese Fische durch das Ausstoßen von Gas aus einer Schwimmblasenöffnung vor der Afteröffnung.[40] Doch auch andere Fische möchten sich gerne Gehör verschaffen. Der Graue Knurrhahn ist gar nicht so stumm, wie es ein Fisch der Redensart nach sein sollte. Allerdings scheinen wir Menschen schon eher taube Hühner zu sein, weil wir das viele Fischgeplapper unter der Wasseroberfläche nicht mitbekommen. Blöd nur, wenn Motorengeräusche und anderer menschengemachter Lärm das schmachtende Bellen eines liebesbedürftigen Welses übertönen. Da kann der Gute noch so heißes Zeugs blubbern, bei dem Krach hört ihn doch keiner.

Auch die Bedürfnisse anderer Wirbeltiere bleiben in einer von begrenzten Wesen wie uns Menschen unterdrückten Welt ungehört. Die Europäische Sumpfschildkröte würde uns bestimmt gerne sagen, was sie vom Trockenlegen von Sümpfen und dem Aufbau von Infrastruktur durch mehr und mehr Straßen hält. Allerdings hat sie viel zu vornehme Manieren, um uns die Hasspredigt, die unter ihrem Panzer brodelt, entgegenzuspucken. Außerdem ist sie in Deutschland mittlerweile vom Aussterben bedroht, sodass wir wahrscheinlich nie in den Genuss von ungeschminkter European-Pond-Turtle-Hatespeech kommen werden. Wirklich schade.

Neben der Europäischen Sumpfschildkröte haben auch andere Reptilienarten die Schnauze voll davon, auf Straßen zermatscht zu werden. Die Autofahrer*innen hingegen geraten in existenzielle Krisen bei der Vorstellung, zu spät zur Arbeit zu kommen. Weil Giftzähne jedoch nichts gegen Autoreifen ausrichten können, wird es in Auto-Schland wohl auf zerspritzte Kreuzottergedärme statt aufs Bremsen hinauslaufen. Auch Blindschleichen lieben es, sich auf Straßen zu sonnen, und werden so leicht Opfer der Vierräder. Da es aber beim Zerfetzen des Körpers einer Waldeidechse, die kurz vor der Geburt von zwölf Jungen von x verschiedenen Waldeidechsenvätern steht, nicht so doll rumst wie bei einem Rotmilan auf der Windschutzscheibe oder einem Reh auf der Motorhaube, wird die Population vieler heimischer Reptilien gefährdet, ohne dass wir viel davon mitbekommen.

Dafür wissen wir inzwischen, dass pro Jahr in Europa circa 194 Millionen Vögel ihr Leben nach der Kollision mit unseren fahrbaren Untersätzen aushauchen.[41] Was viel klingt, ist auch viel. Allerdings hört es da mit den Problemen für unsere gefiederten Freund*innen nicht auf. Viele von ihnen sehen sich mit einer Situation konfrontiert, die wir ungefiederten, flügellosen Wesen nur zu gut kennen: der Wohnungsknappheit und Gentrifizierung. Gerade die Schleiereulen haben es immer schwerer, eine Bleibe zu finden. Einst gesellten sie sich gerne zu Dohlen und Fledermäusen in gemütliche Kirchtürme mit ordentlich Dingdong und szenischem Ausblick. Heute machen leider immer mehr Gotteshäuser dicht, denn sie vergittern im Rahmen von Modernisierungsarbeiten ihre Türme, weil die modernen Glockenläutanlagen vor Eulenkot geschützt werden sollen. Dabei sind die Schleiereulen sehr angenehme Mieter. Zum einen sind sie sehr leise, denn ihr Flug ist fast geräuschlos, und sie würden nie auf die Idee kommen, sonntags den Rasen zu mähen. Zum anderen jagen sie Nagetiere wie Hausmäuse und Ratten und sorgen so für Ordnung in der Nachbarschaft. Leider ist es mit einem einfachen kleinen Nistkasten auch nicht getan, denn Schleiereulen sind anspruchsvolle Mieter*innen und brauchen schon mal einen Wohnraum von vier Quadratmetern. Da viele moderne Stallungen zudem auf die traditionellen Uhlenlöcher verzichten, können die nachtaktiven Vögel ihre Köpfe noch so weit drehen und ihre drei Augenlider noch so weit aufreißen, die Traumimmobilie ist schwer zu finden.

Ein anderer Vogel kennt das Problem der Wohnungsnot so gar nicht, denn er besetzt Häuser schon seit Jahrtausenden – und das bereits vor seiner Geburt: der Kuckuck. Böse Stimmen mögen behaupten, dass nicht mal Mutter und Vater Kuckuck Lust haben, sich mit ihren kleinen Rackern zu beschäftigen. Diese Verantwortung geben sie lieber an fürsorglichere, wenn auch unwissende Leiheltern ab. Dazu sucht sich das Kuckucksweibchen das Nest eines geeigneten Wirtsvogels und observiert es. Wenn die Luft rein ist, wird ein farblich zu den Eiern des Wirtsvogels passendes Ei ins Nest gelegt und ein Ei des Wirtsvogels dafür weggenommen. Jetzt machen sich die verkackeierten Wirtseltern ans Brüten und kümmern sich um die Pflege des kleinen Kuckucks. Ihre eigenen Küken werden vom Adoptivkind dann so schnell wie möglich beseitigt. Aus dem Bett schubsen ist hier das Stichwort. So kann auch die nächste Generation Kuckuck fröhlich weiterschmarotzen.

Während die Kuckuckseltern nichts mit dem Nest zu tun haben wollen, legen die Blaumeisen Wert auf ein angenehmes Wohngefühl. Zu diesem Zweck verwenden sie beim Nestbau auch gerne mal aromatische Kräuter wie Minze oder Lavendel. So wird Brüten, Schlüpfen und Aufwachsen von einer Duftwolke wie im Spa umgeben. Das hat den nützlichen Nebeneffekt, dass die kleinen Küken von den antibakteriellen Eigenschaften der Kräuter profitieren.[42]

Auch Eichhörnchen sind bekanntermaßen Sammler*innen aus Leidenschaft. Neben Nüssen und feinen Zapfen stehen noch viele weitere Leckereien auf dem Speiseplan der Hörnchen. Im

Frühjahr ergänzen sie ihre Diät durch frisches Grün und Knospen, während im Sommer und Herbst Pilze gefuttert werden.[43] Auch für den Menschen giftige Pilze können die Pinselöhrchen problemlos schnabulieren, denn die Toxine können durch den kurzen Aufenthalt im eichhörnchenschen Verdauungstrakt gar nicht resorbiert werden. Wenn es genug Pilze zu sammeln gibt, hängen die Hörnchen einen Teil der Ernte in die Äste der Bäume, um sie dort zu trocknen. Ein netter Nebeneffekt davon ist, dass die trocknenden Pilze auf diese Weise ihre Sporen noch viel weiter verbreiten können. So pflanzen die flauschigen Nager nicht nur Bäume, sondern in gewisser Weise auch Pilze.

Während wir die Eichhörnchen öfters mal zu Gesicht bekommen, haben selbst regelmäßige Waldgänger*innen selten das Glück, einem Dachs zu begegnen. Diese nachtaktiven Säuger sind tagsüber meist unter Tage; sie leben dann nämlich in ihren wohnlichen Höhlen. Wer jetzt an ein kleines dreckiges Loch unter einem Felsen denkt, unterschätzt die geräumigen Luxusanwesen der Dachse gewaltig. Ein in Großbritannien untersuchter Dachsbau umfasste bescheidene 879 Meter Tunnel mit insgesamt 124 Eingängen[44] und 50 Räumen über mehrere Stockwerke. Dachse können derart komplexe, aber auch gemütliche Höhlen buddeln, weil sie über Generationen daran arbeiten und ihr Heim immer gut in Schuss halten. Ein in Mecklenburg gefundener Dachsbau ist bereits über 10 000 Jahre alt und vermutlich seit der letzten Eiszeit durchgängig bewohnt.[45] Den Luxus ihrer schönen Höhlen teilen die Dachse manchmal mit Füchsen. Solidarität und Freundschaft gibt es auch unter der Erde.

Anekdote »Tierbegegnung«

Es gibt viele Menschen, die sich nicht trauen, allein in die Natur zu gehen, weil sie meinen, eine Begegnung mit wilden Tieren könne zur Gefahr für Leib und Leben werden. Im Folgenden wollen wir von drei verschiedenen Begegnungen mit Wildtieren berichten und was für ein Ende diese genommen haben. Es handelt sich um Begegnungen mit einer Ringelnatter, einer Rotte Wildschweine und einem Schwan.

Es war am ersten warmen, sonnigen Tag im Frühling. Wir waren mal wieder auf Morchelsuche und trieben uns in der Nähe eines Gewässers im Unterholz herum. Aufmerksam blickten wir auf den Boden und scannten mit unseren Augen das Laub und alles, was da wuchs und gedieh. Das Scharbockskraut war schon da und ebenfalls die Blätter des Märzveilchens. Von Morcheln war weit und breit nichts zu sehen.

Wir wanderten gerade einen von der Sonne beschienenen Waldweg entlang, als sich plötzlich direkt neben unseren Füßen etwas regte und wild zischte. Eine Schlange! Sämtliche Urängste starteten voll durch, wir sprangen erschrocken zur Seite und schrien entsetzt auf. Der schöne Frühlingstag war mit einem Mal zu einer Szenerie des Grauens geworden. Die Schlange hatte es sich unterdes im Laub gemütlich gemacht und sich anmutig eingerollt. Dabei behielt sie uns fest im Auge. Obwohl sie wesentlich kleiner war als wir, blickte sie herablassend zu uns herüber. Als zivilisierte humanoide Bewohner des Planeten Erde nahmen wir sofort ein Smartphone zur Hand, um die Bestimmung dieser heimischen Schlange mithilfe einer Suchmaschine vorzunehmen.

So weit, so gut, doch einen Faktor hatten wir vergessen: Wir befanden uns in Deutschland, und das mobile Internet war so langsam, dass wir uns schon im Magen der Schlange verschwin-

den sahen, ehe wir überhaupt eine Chance hatten, zu erfahren, wie der Name des Raubtieres war. Doch zu unserem Glück hatte sie Mitleid mit uns und zog es vor, uns lieber zu verspotten als zu verspeisen, und wartete geduldig, bis unser mobiles Endgerät uns verriet, dass sie eine für Menschen völlig harmlose und ungiftige Ringelnatter war. Da wir keine Frösche waren, die Leibspeise der Ringelnatter, beschlossen wir, uns niederzulassen und in ihrer Gesellschaft zu picknicken.

Nach unserem ausgiebigen Mahl erlaubte sie sich noch einen kleinen Scherz. Sie erwachte aus ihrer Starre, nur um sich zischend in unsere Richtung zu schlängeln. Erneut sprangen wir erschrocken auf, abermals von jeglichem rationalen Denken verlassen. Sie machte kehrt und verschwand vermutlich innerlich kichernd in den Weiten des Waldes.

Ein anderes Mal, es war ein heißer Sommertag, begegneten wir auf einem unserer Streifzüge durch den Wald einer Rotte Wildschweine. Für einen Moment starrten sie uns verwundert an, dann hoppelten sie vom Sonnenlicht beschienen davon.

Es gibt einen Weg, den wir besonders gerne gehen. Er ist von beiden Seiten von Gewässern gesäumt und so schmal, dass man hintereinandergehen muss. Manchmal trifft man dort auf Angler*innen oder Wandergruppen. Doch dieses Mal sollten wir auf jemand ganz anderen treffen. Bösartig fauchend und sich zu voller Größe aufrichtend, erschien er plötzlich auf unserem Weg. Er war ganz in die Unschuldsfarbe Weiß gehüllt, doch offensichtlich hielt er nichts von menschengemachter Farbsymbolik. Er war bereit, zu töten. So viel war klar. Seine schwarzen Füße trugen ihn in watschelndem und doch entschlossenem Gang auf uns zu. Uns blieb nichts anderes übrig, als zurückzuweichen und insgeheim darüber nachzudenken, ob es mehr Sinn machte, zu rennen oder den*die andere*n als menschliches Schutzschild zu gebrauchen. Der Höckerschwan, dem der Name Höllenschwan besser zu Gesicht gestanden hätte, gab nicht auf und verfolgte uns verbissen. Da plötzlich: Sein Blutrausch verflog, und er glitt elegant erhobenen Hauptes in der Gewissheit seines Triumphes ins Wasser.

Der Spiegel

Nach diesen Begegnungen mit einigen Wesen aus der bunten Lebenswelt der Natur ist es nun an der Zeit, einen Blick in den Spiegel zu werfen und uns selbst zu betrachten. Denn wir sind die kuriose Nacktaffenspezies, die viel zu oft vergisst, dass sie genau wie jeder Stein, jeder Molch und jede Tomate ein Teil des Ökosystems der Erde ist. Dieser chaotische und vor Vielfalt sprudelnde Lebensraum bietet uns ein Bankett der sinnlichen Genüsse und Verdrüsse an, wohin wir uns auch wenden.

Die Natur wartet uns allerorts mit neuen Erfahrungen auf und möchte zu unmittelbaren Abenteuern verführen. Doch wir gehen durch unseren Alltag und sehen nichts davon. Die Gesänge der Vögel verklingen ungehört in den Lüften, und das Leben schmeckt uns nur mehr schal und fade. Wir nennen uns Homo sapiens, die verständigen Menschen, doch wie sollen wir etwas verstehen, das wir nicht einmal mehr wahrnehmen?

Es muss eine Zeit gegeben haben, in der wir unsere Sinne wie Bockkäferfühler in die Welt hinausstreckten und trotz der Risiken immer Neues wahrzunehmen bereit waren. Wer beim neugierigen Austesten der wilden Nahrung Pech hatte und eine Pflanze mit großen behaarten Blättern und einem endständigen, traubigen Blütenstand verspeiste, verstarb dann eben. Der Rest der Sippe lernte daraus und hütete sich vor den Fingerhüten.

Nach und nach lernte die Menschheit viele Pflanzen kennen,

und durch Beobachtung fanden wir heraus, dass aus den Samen, die sie produzierten, neue Pflanzen keimten. Das gab uns die Möglichkeit, die Früchte der Erde gezielt anzubauen. Bald reichte uns das aber nicht mehr. Wir wollten nur die ertragreichsten, nur die leckersten, nur die schönsten Früchte und begannen mit der Selektion und Zucht. Durch diese aktive Manipulation der Evolution entstanden unfassbar viele neue Arten. Manche brachten eine sagenhafte Geschmacksvielfalt für unseren Gaumen, wie beispielsweise die vielen unterschiedlichen Nachkommen des wilden Kohls. Denn sowohl Kohlrabi als auch Blumenkohl, sowohl Brokkoli als auch Wirsing, sie alle haben einen gemeinsamen Urahn. Andere Züchtungen verfolgten andere Zwecke. So dienten die Nachkommen der Wölfe bald als flauschige Verteidiger von Haus und Hof, während die domestizierten Bezoarziegen mit ihrem Fleisch, ihrer Milch und ihrem Fell herhalten mussten. Wir machten weiter und weiter, denn in der Natur sahen wir vor allem eines: ein nützliches Mittel, um unsere Bedürfnisse zu stillen. Und das Schwein war bald so nackt wie die gewaltigen Euter unserer Hausrinder.

Doch auch wir veränderten uns mit unseren Tieren und Pflanzen. Während es einst wichtig gewesen war, die vielfältigen Lebensformen der Natur zu kennen, weil sie die Überlebensgrundlage darstellten, war es nunmehr nicht mehr so entscheidend, ein jedes Blümchen und Kräutchen zu kennen, das am Wegesrand wuchs. Unsere Wahrnehmung verengte sich bis auf den kleinen Orbit unseres Tagewerks. Das Wissen um die wilden, wenig ertragreichen Pflanzen, die dazu gar bitterlich schmeckten, verlor für große Teile der Menschheit immer mehr an Bedeutung, galt es doch, große süße Äpfel zu züchten und Möhren in allen Farben zu ernten. Es hätte alles so angenehm sein können, doch die Menschheit verkackte es ganz schön. Wortwörtlich, da sie die Monokulturböden mit Gülle aus der Massentierhaltung tränkt und zu allem Überfluss auch noch Pestizide auf die geschändete Erde sprüht. Die auf solchem Grund gewachsene Ernte packen wir dann auch noch gewohnheitsmäßig in Plastikfolien und sterile Supermärkte.

Das ist der Spiegel. Da die dumpfe Miene, die es aus schlichter Gewohnheit verlernt hat, über den Horizont unserer Bildschirmpixel hinauszuschauen. Ein Blick, der nichts sieht, was er nicht benennen kann, und der kaum ein natürliches Wesen beim Namen kennt. Augen, in denen sich noch nie das Licht der Sterne unserer Milchstraße, unserer kosmischen Heimat, gespiegelt hat, getrübt von der Lichtverschmutzung durch Laternen und Reklame. Lasst uns den Blick für die Schönheit der natürlichen Welt öffnen. Lasst uns nicht länger den langweiligen Beton- und Kabelwelten huldigen, sondern alle Farben des Regenbogens willkommen heißen. Lasst uns einander und uns selbst erkennen, die wir Teil der lebendigen Welt sind. Viel zu lange schon sind unsere Augen verschlossen. Es ist an der Zeit, den Mut zu haben, sie zu öffnen.

Hören wir in uns hinein, hören wir die Jingles der Werbung, die als Ohrwürmer durch unseren Schädel schallen. Wie viele dieser Melodien der Marketingpest haben wir unauslöschlich in unserem inneren Ohr gespeichert? Nun fragen wir uns, wie viele Vogelgesänge wir uns in Erinnerung rufen können? Wie absurd ist dieses Zeitalter, das eine Generation hervorgebracht hat, die Lieder über das Entkalken von Waschmaschinen in Perfektion im Chor wiedergeben kann, aber nicht in den Gesang eines Rotkehlchens einzustimmen vermag? Das Lied der Natur klopft manchmal nur im Flüsterton auf unser Trommelfell, während wir an überdrehte Stimmen gewöhnt sind, die uns dazu auffordern, jetzt zuzugreifen und zu kaufen. Wir müssen aufhören und aufhorchen, auf dass wir auch unsere Stimme finden.

Fühlen wir in uns hinein und aus uns heraus. Was ist das für eine Umgebung, in der wir tagtäglich wandeln? Fühlt sich der ergonomische Bürostuhl wirklich gut an, oder ist er nur das geringste Übel in einer Welt der Aktenordner und Plastikjalousien? Wollen unsere Füße wirklich so gerne auf Absätzen durch den Tag torkeln, oder würden wir sie nicht viel lieber in gemütliche Wollsocken hüllen? Verfügen wir tatsächlich über so eine intime Beziehung zu unserer Tastatur, oder würden wir mit unseren Fingern nicht viel lieber in der Erde oder im Sand graben, wie wir es als Kinder immer getan haben? Fühlen wir überhaupt noch, was wir verloren haben? Nichts hält uns davon ab, unsere Finger auszustrecken und das zu ertasten, was auch wir sind: lebendige Natur.

Wir können viele Gerüche unterscheiden, den Gestank von Autoabgasen vom Kerosingeruch eines Flugzeugs, den Hauch einer Schnapsfahne vom Frittenfett einer Imbissbude, den Geruch eines Mückensprays von dem eines Deodorants. Doch halt, was ist das? Ein vielerorts getragener Duft weht durch unsere Nasenflügel hinauf zum *Bulbus olfactorius*. Das ist, genau, der Sexuallockstoff einer anderen Spezies. Abgezapft und mit künstlichen Blütendüften angereichert, abgefüllt, schließlich aufgetragen auf menschliche Haut. Eau de Parfum oder Eau de Toilette, vielleicht mit Zibet aus der Analdrüse der Zibetkatze oder doch lieber Bibergeil und falscher Moschus einer Bisamratte? Was darf es sein? Vielleicht doch eher ein Kotzeimer? Denn irgendetwas an unserer Wahrnehmung von Gerüchen ist echt kaputt, wenn wir uns freiwillig mit Stoffen beduften, die aus Körpersäften anderer Spezies hergestellt werden. Im Fall von edlem Amber handelt es sich prickelnderweise um Erbrochenes oder um Kotsteine von Pottwalen, in vielen Schritten so weiterverarbeitet, dass statt Naserümpfen ein genießerisches »ahh« auf die Geruchsprobe folgt. Darüber hinaus haben wir wegen eines gestohlenen Duftstoffes so manche Art an den Rand des Aussterbens gebracht. Und all das wegen der Gier. Und wie pervers ist es, einen Sexuallockstoff für Moschushirsche auf der Haut zu tragen, wenn diese besonderen Tiere dafür vielleicht bis zum

Aussterben gejagt werden und mit ihnen der Duft für immer verschwindet?

Lasst uns die dekadenten Parfüms einer übersatten Menschheit von uns waschen. Die abenteuerliche Welt der Düfte wartet auf uns. Lasst uns die Aromen mit unseren Geruchsnerven ergreifen und genießen, die Pflanzen-, Pilz- und Tierwelt aber respektieren und wertschätzen für ihre vielfältige Schönheit. Lasst uns den Horizont unserer olfaktorischen Ästhetik erweitern und auch den sogenannten üblen Gerüchen Aufmerksamkeit schenken.

Und wo wir schon einmal dabei sind. Über Geschmack soll bekanntlich ja nicht gestritten werden. Die regelmäßige Aufnahme von Geschmacklosigkeiten wie Separatorenfleisch und anderen Fast-Food-Gerichten, eimerweise Mayonnaise und Zucker hat jedoch viele von uns ihres Geschmackssinnes beraubt. Wenn suchterzeugende Nahrungsmittel uns dazu bringen, uns so einseitig zu ernähren, dass wir unserem Körper nicht einmal mehr die Nährstoffe zuführen, die er braucht, haben wir unseren Geschmack fürs Erste verloren. Und es wird schwer werden, ihn wiederzuerlangen. Doch als Belohnung erhalten wir ein wahres Feuerwerk an Geschmackserlebnissen, die wir uns jetzt noch gar nicht träumen lassen.

Zurück zu den Sinnen

Tasten

Wir sind reif für die Transformation und bereit, unsere Sinne als Tore zur Natur erneut zu öffnen. Der erste Sinn, den wir aufs Neue entdecken wollen, hat zwei Facetten. Der Tastsinn setzt sich zusammen aus der taktilen Wahrnehmung, die uns Informationen darüber gibt, dass wir berührt werden, und der Haptik, die etwas damit zu tun hat, dass wir unsere Umwelt aktiv durch Tasten wahrnehmen.

Der Tastsinn eines Fötus entwickelt sich vermutlich irgendwann zwischen der 21. und 25. Schwangerschaftswoche. Schon im Fruchtwasser schwimmend, lutschen Föten am Daumen und ertasten ihren Körper.[46] So begann unsere Reise ins Abenteuer Leben. Dies war unser erster Schritt, als wir damit begonnen haben, uns die Welt durch den Tastsinn zu erschließen. Blöd nur, dass wir das vergessen haben. Aber keine Sorge, auch jetzt noch können wir genüsslich am Daumen lutschen, wenn uns der Sinn danach steht. Allerdings gibt es da draußen noch viel mehr als unseren Daumen zu entdecken. Obwohl wir das ja eigentlich wissen, ist eine der lebhaftesten haptischen Erfahrungen unseres Alltags oft nur das Streichen des Daumens über einen Touchscreen.

Als wir Kleinkinder waren, war das noch anders. Kaum konnten wir krabbeln, begannen wir voll Entdecker*innengeist alles anzufassen oder, zum Entsetzen unserer Eltern, in den Mund zu nehmen. Erforscht man die Welt, ohne das Erfahrbare mit Worten zu benennen, liefert das Tasten und Fühlen oft vielseitigere Informationen als die anderen Sinne. Doch dann kommen wieder diese Erwachsenen. Gerade noch hatten wir einen Durchbruch in unserer eigenen Erfahrungswelt gehabt, als wir eine Nacktschnecke streichelten, da ertönt von irgendwoher die keifende Stimme eines dieser besserwisserischen adulten Humanoiden: »Bloß nicht anfassen!« Und so kommt es, dass viele von uns Herangewachsenen nicht wissen, wie es ist, eine Nacktschnecke zu berühren oder sich gar über die Hand kriechen zu lassen. Doch noch besteht Hoffnung! Die Tür steht uns zum Rausgehen offen, und nach dem Regen bestehen gute Chancen, auch mal auf den einen oder anderen Schnegel zu treffen. Und wer die haptische Entdeckungsreise nicht gleich mit den vielen Facetten des Begriffes »schleimig« beginnen möchte, kann auch erst mal mit »flaumig-flauschig« beginnen. Auf lange Sicht sollten wir diesen künstlichen Ekel aber ablegen, denn er hält uns davon ab, die Vielfalt der Natur zu erfahren.

Wie dem auch sei, beginnen wir besser erst einmal mit »flaumig-flauschig«. Wer denkt bei dieser Beschreibung nicht sofort an Mauseöhrchen? Gemeint ist das Kleine Habichtskraut, das sich auf nährstoffarmen Ruderalflächen in großer Zahl finden lässt. Die Erfahrung beginnt damit, ein Blatt von der Blattrosette abzuzupfen. Nun kann die Untersuchung weitergehen. Streichen wir über die Blattoberseite, fühlen wir lange zarte Haare, die auf wirklich angenehme Art flauschig, weich sind. Drehen wir das Blatt nun um und streichen über die Unterseite, stellen wir fest, dass die Behaarung hier kürzer, samtiger und filziger zugleich ist. In Sachen wolliger Weichheit sind die Blätter der Königskerze jedoch kaum zu schlagen. Fühlt man sich traurig und allein, gibt es keinen besseren Trost, als an ein Blatt der Königskerze geschmiegt zu weinen.

Auch die Blätter des Huflattichs können durch ihre Weichheit punkten. Besonders, wenn wir einmal ohne Klopapier im Wald stehen und unser Enddarm Druck macht. Wächst am Wegesrand Huflattich, gilt es nur noch ein paar schöne große Blätter zu sammeln und sich gut hinter einem Baum zu verstecken. Schon kann es losgehen. Mit dem Huflattich abgewischt, ist das Popöchen glücklich und sauber. Anders wäre es, wenn wir statt zum Huflattich zu Blättern aus der Familie der Raublattgewächse gegriffen hätten.

Beinwell mag zwar super zur Behandlung von Wunden sein, doch als Hygieneartikel zur Afterreinigung taugt er mit seinen rauen Blättern wenig. Auch andere Pflanzen aus dieser Familie wie Borretsch, Natternkopf und Vergissmeinnicht eignen sich besser für eine Erkundung mit der Zunge als mit dem Hintern. Aber um den Geschmackssinn soll es erst später gehen. Bleiben wir vorerst bei der Haptik, und tasten wir uns weiter vor in ein Gebiet, in dem es rau zugeht.

Huch, da tastet ja etwas zurück. Es ist der Hopfen, der mit seinen ankerartigen Kletterhaken nach einer Rankhilfe sucht. Borstig und rau fühlt er sich an, und obwohl der wilde Hopfen optisch einen zarten Eindruck macht, erwürgt er doch erbarmungslos bei Weitem größere Pflanzen. Bevor er sich daranmacht, uns zu erdrosseln, machen wir uns doch lieber aus dem Staub.

Wer heftet sich denn nun schon wieder an unsere Fersen? Was für ein quirliger Anblick. Es ist das Klettenlabkraut, das sich mit seinen Stachelborsten an uns festhält. Glücklicherweise sind die Stacheln nicht so groß, wie der Name vermuten lässt, und mit etwas Gefriemel haben wir uns auch schon von dem Angreifer getrennt. Dabei bemerken wir, nun schon besser mit unserem haptischen Sinn vertraut, etwas Besonderes: Der Stiel der Pflanze hat vier Kanten. Nanu, wer hat da denn die rechten Winkel ausgemessen? Das kann doch nicht mit rechten Dingen zugehen? Dann schauen wir uns etwas genauer um, und uns fällt auf: Es gibt viele Pflanzen, deren Stängel nicht, wie Lai*innen vielleicht annehmen möchten, komplett rund sind, sondern mehrkantig. Besonders in der Klasse der Lippenblütler finden sich viele Beispiele für Kräuter, die 4-Kantigkeit als Merkmal haben. Der Wiesensalbei und der Gundermann, der Günsel und der Waldziest, alles Lippenblütler mit vier Ecken am Stiel und ausgezeichneten Aromen, denen wir bestimmt später in diesem Kapitel noch einmal begegnen. Doch es gibt nicht nur 4-Kanter, sondern auch 3-Kanter zu entdecken. Der Giersch zeichnet sich durch seinen dreieckigen Blattstiel aus, der gut zu seinem doppelt dreizählig gefiederten Blatt passt, und auch der Blütenstängel des Bärlauchs hat der Kanten drei.

Aber nicht nur Ecken und Kanten gibt es in der Natur zu entdecken, nein, es warten auch Dornen, Stacheln und Brennhaare darauf, uns ein haptisches Erlebnis der besonderen Art zu verschaffen. Wenn wir im Frühling die ersten kleinen Brennnesseltriebe pflücken und zu leckeren Säften oder Spinat verarbeiten, prickeln unsere Fingerspitzen teilweise die ganze Woche. Und auch wenn wir uns mal wieder mit kurzen Hosen in den Wald gewagt haben und in einem unachtsamen Moment einer Brombeere zum Opfer gefallen sind, können die Kratzer noch einige Tage fühlbar bleiben.

Für so manches Geschöpf auf unserem Erdenrund können Dornen allerdings das Ende aller Tage bedeuten. Wenn wir im Sommer an einem Schlehdorn vorbeikommen und an einem der spitzen Seitentriebe eine aufgespießte Feldmaus entdecken, sollten wir uns besser gut umsehen. Denn hier ist ein geschickter Jäger unterwegs, der seine Beute am liebsten am Spieß verzehrt: der Neuntöter. Ein von seinen Essgewohnheiten abgesehen sehr putziger, kleiner Vogel, der abhängig vom Geschlecht sehr unterschiedlich aussehen kann. Während beim Weibchen vor allem graue und hellbraune Töne dominieren, präsentiert sich das Männchen mit einem hellgrauen Oberkopf, einem rotbraunen Rücken und einer schwarzen Zorro-Maske über den Augen. Menschen packt der Neuntöter für gewöhnlich nicht mit dem Schnabel auf den Spieß, dafür zieht der schöne Vogel seine Betrachter*innen gerne in seinen Bann.

Nun geht es den meisten von uns so, dass wir nicht unbedingt große Lust darauf haben, uns aus reiner Neugier einen Stachel in die Haut zu rammen. Und das ist auch gut so. Denn obwohl wir zumindest mental gerne mit der Natur verschmelzen, ist es besser, unsere Körper von der Umwelt abzugrenzen. Die Haut übernimmt diesen Job gerne und schützt uns vor allen möglichen Gefahren wie großer Hitze oder Kälte, schädlichen Substanzen oder Keimen. Stechen wir uns in den Finger, schaffen wir nicht nur ein Eintrittsportal für ungebetene Gäste in unseren Körper, sondern es passiert auch etwas anderes: Es tut weh. Diese Empfindung übermittelt uns unsere Haut über die in ihr vorkommenden freien Nervenendigungen, die auf unterschiedliche Formen von Schmerzreizen spezialisiert sind. Im Falle eines die Haut durchdringenden spitzen Brombeerstachels würden unsere Mechano-Nozizeptoren unserem Gehirn mitteilen, dass es da echt Mist gebaut hat und wir nicht immer jede dumme Idee ausführen sollten, die uns in den Sinn kommt.

Zum Glück verfügt die Haut nicht nur über Schmerzrezeptoren. So haben wir das Vergnügen, dass wir auch Kälte und Wärme unterscheiden können. Für beide Empfindungen haben wir unterschiedliche Rezeptoren, wobei die Anzahl der Rezeptoren für Kälte bei Weitem überwiegt. Befinden wir uns nun an einem schönen Frühlingstag auf einer Wanderung und fühlen uns weder kalt noch warm, so senden unsere Rezeptoren in einer ganz regelmäßigen Spontanfrequenz ihre elektrischen Signale zum Gehirn. Treten wir dann auf eine Lichtung, und die Sonne scheint uns wärmend ins Gesicht, ändert sich alles. Mit einem Mal erhöht sich die Frequenz der Wärmerezeptorsignale, während sich die der Kälterezeptoren verringert. Bleiben wir nun bei gleichbleibender Temperatur stehen, pendeln sich die Signale wieder auf eine regelmäßige Spontanfrequenz ein.

Aber hiermit nicht genug. Unsere Haut verfügt auch über fantastische Tastrezeptoren, die uns etwas über die Oberfläche und Ausdehnung von Gegenständen verraten können. Für die Untersuchung von kleinen Pilzen sind die Meissner-Tastkörperchen im Einsatz. Sie gehören zur Gruppe der Lamellenkörperchen und können uns passenderweise etwas darüber sagen, wie sich die Lamellen eines Pilzes anfühlen. Gleiten unsere Finger über eine Struktur, die uns daran erinnert, wie es ist, getrocknetes Wachs von Teelichtern zu berühren, dann haben wir womöglich einen Schneckling in der Hand. Denn die Lamellen von Schnecklingen zeichnen sich durch diese unerwartete Tasterfahrung aus. Gleichzeitig können wir uns, wenn wir einen Schneckling in der Hand haben, nicht mehr um die Erfahrung von schleimig und schmierig herumdrücken. Denn diese Pilze tragen ihren Namen nicht ohne Grund. Sie sind wirklich extrem glitschig und flutschen uns auch gerne mal aus den Fingern. Ähnlich sieht es mit den Körnchenröhrlingen und den Goldröhrlingen aus, die zu den Schmierröhrlingen gehören. Greifen wir nach einem von den kleineren Exemplaren, um es aus der Erde zu ziehen, kann es sein, dass es uns zwischen den Fingern davonspringt. Das ist nicht nur eine interessante haptische Erfahrung für uns, sondern auch eine tolle optische – für Rehe, Uhus, Biber oder wer uns sonst beim Pilzeernten beobachtet.

Auch in der Gattung der Schmierlinge gibt es welche, die uns gerne ihre Schleimschicht ums Kuhmaul schmieren. Nein, Moment, hier ist was durcheinandergeraten. Also noch mal, in der Gattung der Schmierlinge gibt es das Kuhmaul, das trotz seiner

Schleimschicht essbar ist. Diese gilt es allerdings am besten schon im Wald zu entfernen, sonst ist das Putzen später zu Hause eine absolute Katastrophe.

Hören

Jetzt, wo wir uns ein bisschen in unsere Umgebung eingefühlt haben, können wir die Kopfhörer abnehmen und auch mal hinhorchen. Vielleicht hören wir ja ein paar Pilze. Richtig gelesen. Unserer Erfahrung nach gibt es tatsächlich Pilze, die wir nur dann finden, wenn wir auch ein bestimmtes Geräusch im Wald hören. Die Pilzart, um die es geht, ist der Schiefe Schillerporling, den viele auch unter dem Namen Chaga kennen. Wer jetzt zu dem teuren Chaga-Päckchen im Teeregal geht und ein Ohr hineinsteckt, wird allerdings nichts Besonderes hören. Zu hören bekommt man das Aufkommen des Schiefen Schillerporlings vor allem im Wald. Doch um zu verstehen, wie wir den Pilz erlauschen können, müssen wir uns mit seinem Fruchtkörper befassen. Blöd nur, dass wir den nur mit sehr viel Glück und Röntgenaugen zu sehen kriegen. Denn der Chaga-Pilz befällt am liebsten Birken und frisst sie von innen auf. In der ganzen Zeit, die das dauern kann, schon mal mehrere Jahre, fruktifiziert der Pilz nur ein einziges Mal mit einem einzigen Fruchtkörper. Und der versteckt sich dann auch noch unter der Rinde des Baumes. Das ist schon sehr ungewöhnlich. Denken wir an andere parasitäre Großpilze, die schon mal ganze Bäume verschlingen, erkennen wir einen deutlichen Unterschied in der Vermehrungsstrategie. Für gewöhnlich bilden diese Pilze nämlich jährlich viele Fruchtkörper an der Außenseite ihres Substrats (des Baumes) aus. Und egal ob Schwefelporling oder Hallimasch, ob Zunderschwamm oder Lackporling, alle bilden Fruchtkörper, die so ausgerichtet sind, dass sie möglichst viele Sporen in die Lüfte schicken können. Keiner von ihnen würde seine Sporen unter der Rinde des Wirts versauern lassen. Da ist es doch merkwürdig, dass der Chaga eine ganz andere Strategie fährt und nach jetzigem Beobachtungsstand wirklich nur einen vermehrungsfähigen Fruchtkörper unter der Rinde produziert.

In den letzten Jahren gab es aber einige interessante Beobachtungen, die Spekulationen über die Art der Vermehrung des Schiefen Schillerporlings zulassen. Kleine sechsbeinige Pilzgenießer*innen könnten der Schlüssel zu diesem Rätsel sein. Man kennt sie auch als Käfer. Immer wieder wurden sie am und im Holz von befallenen Birken gefunden und zum Teil auch gesammelt und seziert. In ihrem Verdauungstrakt fanden sich neben Pilzhyphen auch Sporen des Chaga-Pilzes. Somit wäre es möglich, dass sie bei der Verbreitung des Pilzes eine Rolle spielen.[47] Doch das Geknabber der kleinen Krabbler an den Hyphen des Schiefen Schillerporlings wird uns wohl kaum auffallen, wenn wir durchs raschelnde Laub im Wald wandern. Warum wir diesen Pilz eventuell trotzdem hören können? Die Käfer, die gerne vom Chaga naschen, stehen ganz oben auf der Speisekarte von Spechten. Finden wir nun einen Birkenwald mit vielen Spechten bei der Arbeit, ist das höchst chagaverdächtig. Und wenn wir Glück haben, werden wir fündig und können ein Sklerotium des Pilzes mit nach Hause nehmen und uns einen leckeren Tee daraus zubereiten.

Doch auch wenn wir gerade nicht auf Chaga-Jagd sind, lohnt es sich, in den Wald hineinzuhorchen. Je weiter wir die Zivilisationsgeräuschkulisse hinter uns lassen, umso besser. Endlich Ruhe. Ein warmer Sommertag. Auch die innere Stimme kann jetzt mal die Klappe halten. Zuhören, nicht denken. Da ist ja doch was. Nicht nur Stille. Klingt wie ein Vogel, der uns aus einer anderen Dimension eine Melodie zuflötet. So eine Stimme muss viel erlebt haben. Ein Lied, das so eine Resonanz im Wald, im Ohr und im tiefsten Winkel unseres Geistes erzeugt, muss von einem wahrhaft erwachten Wesen stammen. Doch bevor wir die Augen öffnen können, fliegt es schon davon. Vielleicht bekommen wir ja später noch einmal die Chance zu einer Begegnung mit diesem magischen Wesen.

Hören wir also noch einmal in die Welt der Vogelstimmen und versuchen, eine von ihnen zu erkennen. Ja, da ist es ja. Ganz deutlich. Ein mit rauer Stimme hervorgebrachter rätschender Alarmruf. »Dchää-Dchää«, klingt es durch die Baumkronen. Wer kennt sie nicht, diese Krä … Eichelhäher. Diesem Rabenvogel, dessen Ruf in uns den Wunsch weckt, ihm ein wohltuendes Halsbonbon anzubieten, haben wir viel zu verdanken. Denn viele der Bäume, die unsere Wege beschatten, wurden von Eichelhähern gepflanzt. Wie alle Rabenvögel gelten sie als sehr intelligent. Dass sie diesen Ruf nicht zu Unrecht haben, beweisen sie durch ihre nachhaltige Lebensweise. Eichelhäher pflanzen nämlich sehr gerne Bäume. Damit beginnen sie im Spätsommer und machen weiter, bis sie im nächsten Jahr keine genießbaren Eicheln und andere Nussfrüchte mehr finden können. Zugegeben, einen Teil der gepflanzten Baumsaaten verputzen sie und ihre Nachkommen in den Wintermonaten. Allerdings können sie die mehrere Tausend Nussfrüchte, die allein ein Vogel pro Jahr sammelt, im Winter nicht aufbrauchen, und so pflanzen sie immer neue Eichen und andere Bäume in ihrem Revier.[48] Künftig können dann also auch ihre Nachkommen im Oktober zehn Stunden täglich damit zubringen, Vorräte anzulegen und Bäume zu pflanzen. Ein beeindruckender Lebensstil, der in seinem Weitblick unserer menschlichen Zivilisation einiges voraushat.

Ebenfalls in der nachhaltigen Forstwirtschaft schaltet und waltet das Eichhörnchen. Und auch das Eichhörnchen spitzt die bepinselten Öhrchen und lauscht ganz genau in den Wald hinein. Hört es im Unterholz den Alarmruf eines Eichelhähers, macht es sich schnell aus dem Staub.[49] Auch die Rufe anderer Vögel lassen die Hörnchen nicht kalt. Hört das Eichhörnchen den Ruf eines Waldkauzes, ist es mit der Entspannung vorbei. Gerade noch munter Nüsse geknackt, schon heißt es Alarmstufe

Lila, schließlich möchte kein Hörnchen im Magen eines alten Kauzes landen.[50] Wir sehen also, dass die Eichhörnchen in Sachen Hören und das Gehörte Deuten uns gegenüber meist im Vorteil sind. Zugegeben, vielleicht haben sie nur einen anderen Fokus, wenn sie die Stimmen von Vögeln auseinanderhalten können, anstatt die von Popsternchen. Dringt Radiogeplärr in die Ohren der Hörnchen, müssen sie nicht lange darüber nachdenken, wer oder was den Krach nun produziert hat, sie springen einfach so lange von Baum zu Baum, bis ihre Pinselöhrchen wieder rein sind vom Schmutz der zeitgenössischen »Musik«. Wir wollen es den Eichhörnchen gleichtun und auf die Vogelstimmen lauschen und uns von ihnen durch das Jahr begleiten lassen. Denn so manches Lied begleitet uns länger, als wir vorher erwartet haben.

Anfang April erwartet uns bereits ein musikalisches Highlight: der Gesang der Nachtigall. Sprichwörtlich kennt sie vermutlich fast jede*r, doch wie der Minnegesang eines nach Liebe schmachtenden Nachtigallmännchens nun klingt, können die wenigsten sagen. Reproduzieren können wir diese magischen Laute schon gar nicht. Denn die Nachtigall ist nicht ohne Grund für ihre Singkunst bekannt. Überaus fantasievoll kombiniert sie trillernde und flötende, fröhlich gezwitscherte und lange tragende Töne zu einer immer wieder überraschenden Komposition. Das ist schon etwas komplexer als Lieder über den Straßenkampf im Koksrausch oder der schmalzige akustische Ausfluss gebrochener Kommerzherzen. Geschmäcker sind eben verschieden. Wir hatten einmal das Glück, ein Nachtigallmännchen direkt in dem Gebüsch vor unserem Fenster in Erwartung der großen Liebe singen zu hören. Das Repertoire dieses Vogels umfasst zwischen 120 und 260 unterschiedliche Strophen, mit denen der Musikant eine Vielzahl an einzigartigen Liedern komponieren kann. Nachforschungen haben ergeben, dass besonders große und fitte Männchen, die bereits früher im Jahr mit dem

Singen beginnen, über ein größeres Repertoire verfügen als die kleineren Spätankömmlinge.[51] Unser Nachtigallerich muss ein wahres Prachtkerlchen gewesen sein, denn auch wenn wir ihn nie zu Gesicht bekommen haben, haben wir über Wochen hinweg seinen wunderbar vielfältigen Gesängen gelauscht.

Ab Mitte April schallt dann der Reviergesang eines anderen Heimkehrers aus dem Süden durchs Dickicht. »Gu-kuh, Gu-kuh«, ruft's aus dem Wald, und wer ein musikalisches Ohr besitzt, hört des Kuckucks Lieblingsintervall heraus. Meistens handelt es sich dabei um eine kleine Terz zwischen erster und zweiter Silbe. Und die bleibt im Ohr. Wer schon mal eine Nacht zu treibenden Beats durch Clubs gesteppt ist, wird das Phänomen kennen: Noch Stunden nach Sonnenaufgang hören wir die Rhythmen der Nacht im Ohr. Genauso ist es, wenn wir im Frühling durch die Wälder tanzen und den ganzen Tag den Ruf des Kuckucks hören. Am Abend, fernab des Kuckucksrufs, hallt noch immer das »Gu-kuh, Gu-kuh« in unseren Ohren. Ein Echo aus der Natur, das uns auffordert, auch am nächsten Tag zum Kuckuck zu gehen.

Beim Gehen können wir dann auch mal ganz genau auf unsere Schritte horchen. Ob wir leichten Fußes und so leise wie möglich durch die Natur schleichen oder munteren Schrittes durch den Wald spazieren, es ist schön, uns der Geräusche, die wir allein durch unsere Bewegungen in den Wald hineintragen, bewusst zu werden. Ist es nicht eine Freude, beschwingt das Laub des Waldbodens beim Gehen knisternd aufzuwirbeln? Allerdings sollten wir schon achtgeben, dass wir wirklich nur Laub aufwirbeln und nicht etwa die Nester von Bodenbrütern. Am besten ist das Laubgewirbel ohnehin im Herbst, wenn die Brutzeit vorbei ist und bunte Blätter nur darauf warten, von uns in die Luft gekickt zu werden. Im Frühjahr und Sommer ist es jedoch besser, wenn wir unter Rücksichtnahme auf die gefiederten Waldbewohner besondere Vorsicht walten lassen.

Allerdings können wir dann auch mal die Schuhe auszuziehen und den Erdboden mit nackten Füßen befühlen. So lernen wir, das Hören mit dem Fühlen zu verbinden. Klingen unsere Schritte heute schon wieder nach knisternder Dürre und Trockenheit? Oder klingt unser Gang dumpf und feucht, vielleicht sogar schmatzend und matschig? Der Wald ist ein Barfußpark der synästhetischen Freuden. Fußsohlen und Ohren können hier ganz mit der Natur verschmelzen. Wenn wir gemeinsam mit geschlossenen Augen einen Waldweg im Hochsommer entlanggehen, entnehmen wir den Aufschreien unserer Begleiter*innen, ob wir uns vor Bucheckern, Kiefernzapfen oder spitzen Steinen in Acht nehmen müssen. Ein genießerisches Ausatmen lässt dann eher auf warme Erde oder weiches Moos schließen. Im Winter ist dann aber wieder Zeit, die Schuhe anzuziehen. Doch das schadet der auditiven Erfahrung keinesfalls. Wie einmalig schön ist doch das Knistern und Knacken bei Sonnenaufgang, wenn wir auf Wiesen gehen, die von Reif vereist sind. Wie angenehm klingt das Knirschen von Schnee in unseren Ohren, wenn wir ihn mit unserem Gewicht beim Gehen eindrücken. Wie mystisch ist die Stille, wenn dicker Nebel uns umfängt.

Sehen

Nun ist es endlich so weit. Wir können die Augen öffnen. Was wir sehen? Na ja. Zunächst mal vielleicht gar nicht so viel. Unsere Augen müssen erst lernen, den Horizont unserer eigenen Erwartungen zu erweitern. Aber wie sollen unsere Augen mehr sehen als das kleine bisschen Grünzeug, Gesträuch und Unkraut, das nun mal den Weg zur Arbeit etwas begrünt. Vielleicht gehen wir schon seit Jahrzehnten in Wäldern und Parks spazieren und haben dennoch nie gelernt, die Bäume zu sehen. Doch warum können wir nicht sehen, was wir direkt vor Augen haben? Es fehlen uns die Begriffe, das zu benennen, was uns begegnet. Wenn wir die Kräuter am Wegesrand nicht beim Namen kennen, wirken sie von oben herab betrachtet wie ein diffuses grünes Gewirr. Ein Pilz, der tödlich giftig ist, kann einem Speisepilz zum Verwechseln ähnlich sehen, wenn unsere Augen nicht gelernt haben, auf die Merkmale zu achten, die beide Pilze voneinander unterscheiden.

Sehen und Benennen, diese Skills liefert uns die Artenkenntnis. Und je größer unsere Artenkenntnis wird, desto mehr bekannte Wesen begegnen uns in der Welt. Aber zugleich wird uns auch immer mehr bewusst, wie wenig wir über das wissen, was wir vor Augen haben. Haben wir einmal einige Pflanzen und Pilze kennengelernt, so fallen uns umso mehr Arten auf, die wir noch nicht kennen. Und kennen wir uns in diesem Feld bereits gut aus, fällt unser Blick vielleicht eines Tages auf das fluffige Moosbett, aus dem der Steinpilz wächst. Und wir fragen uns, wie es kommt, dass wir nicht ein einziges Moos beim Namen kennen. Dabei gibt es im deutschsprachigen Raum weit über 1000 Arten.[52] Allerdings sind bereits 39 Moosarten Deutschlands ausgestorben oder verschollen, und beinahe die Hälfte aller Moose gilt als gefährdet.[53] Und obwohl wir alle bei dem Begriff Moos ein ungefähres Bild von einem grünen, weichen Gewächs vor unserem inneren Auge haben, können nur sehr wenige von uns die Moose vor ihrer Haustür beim Namen nennen. So kommt es, dass, obwohl Moose schon seit circa 350 Millionen Jahren[54] auf unserem Planeten gedeihen, das Aussterben einzelner Arten nur von wenigen bemerkt wird und kaum mediale Aufmerksamkeit erhält. Die Zerstörung der Biodiversität wird unsichtbar, weil wir noch nicht einmal wissen, was wir zu verlieren haben.

Wie die Welt der Moose verbergen sich viele faszinierende Lebensformen tagtäglich vor unserer Wahrnehmung, weil wir mit dem Kopf woanders sind. Warum sollten wir die kleinen fragilen Grünspanbecherlinge bewundern, wenn wir uns stattdessen Gedanken über unseren Strandkörper für den nächsten Sommer machen sollen? Wann haben wir schon die Zeit, uns die grazilen Flechten auf den Apfelbäumen in unserem Garten anzuschauen, wenn doch ein riesiger Berg unerledigter Aufgaben auf unserer To-do-Liste steht? Wie sollen wir überhaupt Zeit für etwas finden, das sich für uns finanziell nicht auszahlt? So bleiben unsere Augen vor dem Hier und Jetzt verschlossen. Und die Vielfalt stirbt ohne Trauergäste.

Dabei gibt es so viel zu entdecken, dass wir eigentlich permanent mit vor Erstaunen aufgerissenen Augen durch die Gegend schlappen müssten. Die abgespacte Farbpalette und die wilden Muster der Natur können uns ganz schön aus den Latschen hauen. Besonders die Blütenpflanzen kennen wir für ihre Vielfalt und Farbenpracht. Ein ganz besonderer Zauber geht im Frühling vom Gefleckten Lungenkraut aus. Die Pflanze mit den weichen Blättern, die zu den Raublattgewächsen gehört, blüht von März bis Mai. Dabei geschieht etwas Magisches. Die Blüten, die sich ganz allmählich eine nach der anderen öffnen, erblühen zunächst in einem leuchtenden Rosarot. Nach einigen Tagen werden sie dann aber bläulich-violett. So kommt es, dass wir beim Gefleckten Lungenkraut oft mehrere Blüten mit unterschiedlichen Farben an einer Pflanze finden. Was für ein Zauber ist da am Werke? Farbgebend für die Blüte vom Gefleckten Lungenkraut sind sogenannte Anthocyane. Dabei handelt es sich um Farbstoffe, die in sehr vielen Pflanzen vorkommen. Diese Anthocyane haben die magische Eigenschaft, ihre Farbe abhängig vom pH-Wert zu ändern.

Das kennen wir zum Beispiel aus der Küche, wenn wir Blaukraut oder Rotkohl zubereiten. Für beide Gerichte raspeln wir vom gleichen Rotkohl-Kohlkopf. Allerdings gibt es bei der Zubereitung einen Unterschied. Während in der Blaukraut-Variante basisches Natron hinzugegeben wird, werden zur Zubereitung von Rotkohl Säure in Form von Essig oder Apfelstückchen zum Gericht hinzugefügt. Die Anthocyane im Rotkraut verändern nun die Farbe und umfassen hier ein Spektrum von Burgunderrot bis Dunkelviolett. Wie beim Rotkohl findet auch in den Blüten des Gefleckten Lungenkrauts eine Änderung des pH-Werts statt, wodurch die jungen rosafarbenen Blüten nach einigen Tagen violett werden.[55] Damit geht im Frühling eine ganz besondere Magie vom Lungenkraut aus. Allerdings wirkt dieser Zauber nicht nur auf uns Menschen betörend, sondern er macht auch besonderen Eindruck auf die Insekten, die gerne vom Lungenkraut naschen und es dabei bestäuben. Während die Blüten aus der Ferne gesehen in gleicher Weise attraktiv auf Insekten wirken, kommen aus der Nähe gesehen die rosafarbenen Blüten bei den Bestäubern besonders gut an. Und tatsächlich haben die jungen rosafarbenen Blüten meistens mehr Nektar zu bieten als die älteren bläulich-violetten. Die Farbänderung der Blüten findet jedoch unabhängig von der Bestäubung auf jeden Fall nach einigen Tagen statt.[56]

Doch nicht nur die Blüten des Lungenkrauts können uns durch ihre Farbenzauberei begeistern, auch der Kriechende Günsel knausert nicht mit wilder Farbenpracht und zeigt sich meist in einem tiefen Dunkelblau. Wer Glück hat, findet ihn jedoch auch mit rosafarbenen Blüten, und mit noch einer Extramegaportion Glück treffen wir vielleicht auch mal auf ein Albino-Exemplar, das gänzlich weiße Blüten hat.

Besonders schön in Sachen Farben treibt es auch die Nachtkerze. Diese Pflanze kennen die meisten von uns aufgrund ihrer leuchtend gelben Blüten, die sich am Abend so schnell öffnen, dass wir tatsächlich dabei zuschauen können. Doch nicht nur mit der Pracht ihrer Blüten, die in erster Linie dazu dient, Nachtfalter zu verzücken und zur Bestäubung einzuladen, bekennt die Nachtkerze Farbe. Auch ihre Blattrosetten, die von tiefgrüner Farbe sind und oft rote Tupfer aufweisen, verbergen einen ungeahnten, unterirdischen Reichtum. Denn die Wurzeln der Nachtkerze begeistern durch ihre oft beim Anschnitt konzentrischen Muster aus Weiß und Fuchsia, die sich auch auf dem Rohkostteller hervorragend machen.

Oh, da ist er wieder, dieser wundervolle Gesang aus einer anderen Welt. Jetzt wollen wir uns aber mal umschauen, wer da so wunderbare Lieder singt. Da oben in den Baumkronen bewegt sich wer. Ja, ganz deutlich, es ist ein Vogel. Es ist der Pirol. Und dieser edle Vogel hat nicht nur eine aufsehenerregende Stimme, sondern auch ein Äußeres, das sich sehen lässt. Das Pirolmännchen trägt nämlich ein leuchtend gelbes Federkleid mit einem schwarzen Sakko. Die Dame kleidet sich dagegen etwas dezenter in ein mattes Grüngelb mit grauen Elementen.

Der Sexualdimorphismus ist in der Welt der Vögel sehr verbreitet, und es gibt etliche Beispiele für Vögel, bei denen es möglich ist, mit einem kurzen Blick das Geschlecht zu erkennen. Die Gimpel sind hier auf jeden Fall zu nennen. Diese Vögel treffen wir meistens in den Wintermonaten an, da sie dann besonders gut zu beobachten sind. Die Männchen ziehen mit ihren leuchtend roten Bäuchen und den schwarzen Köpfchen unseren Blick auf sich, und schon sehen wir auch die Weibchen. Meist erblicken wir sie beim Essen. Sie haben eine Vorliebe für Samen von Brennnesseln und anderen Wildkräutern, außerdem snacken sie auch gerne Baumknospen.

Nicht nur bei uns Menschen gibt es mehr als zwei Geschlechter. Bei Vögeln und einigen Insekten kann hin und wieder ein Phänomen beobachtet werden, das es beim Menschen so nicht gibt. Beim Gynandromorphismus ist eine Körperhälfte typisch männlich ausgeprägt, wohingegen die andere Körperhälfte typisch weibliche Merkmale aufweist. Wer das Glück hat, einmal einem Gynander zu begegnen, kann sich freuen, denn so einen besonders schönen Anblick bekommt man nicht alle Tage zu sehen.

Doch im Reich der Natur gibt es nicht nur einen geschlechtsspezifischen Unterschied im Aussehen zu beobachten. Bei vielen Vögeln, wie beispielsweise dem Haubentaucher, sehen sich beide Geschlechter für Laien zum Verwechseln ähnlich. Allerdings haben diese Vögel ein anderes Ass im Ärmel, um Verwirrung zu stiften. Wollen sie untertauchen, müssen sie nicht unbedingt unter die Wasseroberfläche verschwinden. Sie können auch einfach den Herbst abwarten und von ihrem auffälligen bunten Prachtkleid in ihr graues Schlichtkleid wechseln. In dieser Aufmachung könnte man die Entenvögel mit den spitzen Schnäbeln beinahe für eine andere Art halten. Die Daunenküken der Haubentaucher haben übrigens ein Muster, das an Schneetiger erinnert, und lassen sich gerne von ihren Eltern im Gefieder versteckt umherschwimmen.

Aber auch im Reich der Pilze gibt es wahre Farbspektakel zu bewundern. Denn hier gibt es einige Kandidat*innen, die mit wahrhaft leuchtenden Erscheinungen aufwarten können. Insbesondere die strahlend roten Prachtbecherlinge, die sehr früh im Jahr, meistens im Februar, auf Totholz zu finden sind, sind eine echte Überraschung für die Augen, die nach dem Winter noch nicht so recht auf knallige Farbtöne eingestellt sind.

Wobei es auch im tiefsten Winter knallige Farben in der Welt der Pilze zu sehen gibt. Die Rede ist natürlich vom Goldgelben Zitterling. Diesem glibberigen Pilz macht in Sachen Gelb so leicht niemand etwas vor. Nun ja, außer vielleicht der Gold-Mistpilz. Oder der Leuchtendgelbe Klumpfuß. Oder die Gelbe Lohblüte. Zugegeben, die gehört eigentlich zu den Schleimpilzen und nicht zu den Pilzen, fällt jedoch im Wald durch ihre intensive Färbung auf jeden Fall ins Auge. Wer jetzt nicht direkt ein Bild vor Augen hat, stelle sich schreiend gelbe, schaumige Gebilde vor, die bisweilen auch ästig wirken können und insgesamt einen schmierigen Look haben.

Wenn wir statt auf Gelb doch mehr Appetit auf Orange haben, können wir uns nach leckeren Edelreizkern umschauen. Diese

Pilze haben nicht nur ein oranges Äußeres, ihr Blut ist außerdem von einem Orangeton, der Orangen blass aussehen lässt. Allerdings kann nach einer Mahlzeit mit dem Edelreizker eine Überraschung auf dem stillen Örtchen auf uns warten. Denn beim Verzehr großer Mengen des Reizkers kommt es schon mal vor, dass sich das Pipi rot verfärbt.

Wer statt auf rote mehr auf blaue Verfärbungen steht, dem sind womöglich Pilze aus der Gattung Psilocybe nicht unbekannt. Zur Wirkung dieser kleinen Farbenmonster soll an späterer Stelle noch mehr gesagt werden. Hier wollen wir nur einmal kurz das Phänomen erwähnen, das womöglich schon so einigen Student*innen der Psychonautik das Leben gerettet hat. Psilocybinhaltige Pilze, wie beispielsweise der Spitzkeglige Kahlkopf, haben nämlich das Merkmal, dass sie sich auf Druck stark blau verfärben. Doch damit sind sie nicht allein. Auch andere Pilze, wie beispielsweise der Maronenröhrling, verfärben sich bei Verletzungen bläulich. Darum gilt der Merkspruch: Nicht alles, was bläut, tript auch.

Die Funga kennt alle Farben des Regenbogens, und ob Violetter Rötelritterling oder Perlpilz, ob Grünling oder Blauer Träuschling, die Farbe allein sagt nichts darüber aus, ob ein Pilz uns in den Gourmethimmel oder ins Grab schickt. Darum sollten wir neben den Farben der Pilze auch auf andere Merkmale achten, bei denen uns unsere anderen Sinne weiterhelfen können.

Riechen

Jetzt, wo wir uns die Sache schon mal ein bisschen angeschaut haben, können wir auch mal die Nase hineinstecken. Doch Achtung: Die Natur hält viele Gerüche für uns bereit, und nicht jeder von ihnen schmeichelt unserem *Bulbus olfactorius*. Wer beispielsweise mit der Erwartung in die Welt stiefelt, dass alle Blumen nach süßem Nektar und Honig riechen, den*die wird ein Schnuppern an der Bocksriemenzunge ganz schön überraschen. Diese seltene heimische Orchidee duftet tatsächlich nach Ziegenbock. Zugegeben, nach einem Hippie-Ziegenbock mit Blumen im Haar, aber definitiv nach Ziege. Mit ihrem speziellen Aroma ist sie übrigens auch nicht allein in der Natur. Der Bocksdickfuß hat ebenfalls einen deutlichen Ziegenbocksgeruch. Allerdings handelt es sich bei diesem Aroma nicht um den Duft einer mit Blumen bekränzten wohlgepflegten Ziege, sondern eher um den Gestank eines Bocks, an dessen Fell sich ein ganzes Dorf die Schweißfüße abgerieben hat. Wer jetzt richtig Bock bekommen hat, die Welt der Düfte in der Natur zu entdecken, wird nicht enttäuscht werden. Tatsächlich ist das Bankett so reich gedeckt, dass wir gar nicht wissen, wo wir zuerst dran riechen sollen.

Während unsere heimische Stinkmorchel durch ihren Aasgeruch nicht gerade zum ausgiebigen Schnüffeln einlädt, macht ihre Verwandte, die Tropische Schleierdame (*Phallus indusiatus*), da schon Lust auf mehr. Tatsächlich erlebte bei einem Experiment mit freiwilligen Teilnehmerinnen fast die Hälfte der Frauen allein durch das Riechen des Pilzes einen spontanen Orgasmus.[57]

Und wo wir schon mal beim Thema Sexualität und Düfte sind, müssen wir auch über die Risspilze sprechen. Denn wer einmal an einem Risspilz geschnuppert hat, wird das Odeur kaum vergessen. Es kann nämlich sein, dass wir schnell die Nase voll haben von diesem muffigen Geruch, der allgemein als spermatisch beschrieben wird.

Ein anderer Pilz überrascht uns vor allem dadurch, dass er genauso riecht, wie er aussieht: der Schwefelritterling. Der Name deutet es ja schon an: Der Pilz hat eine schwefelgelbe Farbe und riecht nach Schwefel.

Eher unvorbereitet erwischt uns eine andere Duftnote. Wer sich noch nie mit Pilzen befasst hat, wird wohl kaum davon ausgehen, dass es unter ihnen welche gibt, die nach nassem Mehl riechen. Wem bei dieser Umschreibung jetzt nicht wie guten

Müllersleuten direkt der Geruch in der Nase liegt, der*die braucht nur in den Wald zu gehen und sich nach dem Mehlräsling umzuschauen. Einmal richtig an den Lamellen geschnuppert und der Geruch feucht-mehlig ist wieder in der Nase resettet. Allerdings sollte der Pilz bei der Ernte nicht verletzt werden. Sonst riecht er mehr gurkig als mehlig. Ganz ähnlich und doch anders entfaltet der Voreilende Ackerling, dessen unverletzte Fruchtkörper nach Kakao duften, seine gurkig muffige Mehligkeit erst nach Verletzung. Überhaupt gibt es einige Pilze, die sowohl gurkig als auch mehlig anmuten können. Der Maipilz zum Beispiel wird sowohl mit dem einen als auch mit dem anderen Geruch in Verbindung gebracht. Allerdings schmecken weder der Maipilz noch der Mehlräsling nach der Zubereitung nach Mehl oder Gurke, sondern beide gelten als ausgezeichnete Speisepilze mit einem angenehm pilzigen Aroma. Doch nicht alles, was nach feuchtem Mehl riecht, sollte in die Pfanne kommen. Gerade der Riesenrötling, der dem Maipilz sehr ähnlich sehen kann und auch schon mal im Frühjahr fruktifiziert, hat einen Geruch, der irgendwie mehlig und etwas säuerlich ist.

Auch der Gifthäubling kann ein mehliges Aroma verströmen und ist bereits beim Verzehr von zwölf kleinen Fruchtkörpern potenziell tödlich. Da er sehr leicht mit dem Stockschwämmchen verwechselt werden kann, ist hier große Vorsicht geboten. Das wichtigste Unterscheidungsmerkmal ist allerdings nicht der Geruch, der beim Stockschwämmchen pilzig aromatisch ist, sondern es sind die Schüppchen am Stiel, ohne die kein potenzielles Stockschwämmchen im Korb zu landen hat. Doch auch wenn der Geruch nicht das entscheidendste Merkmal bei der Bestimmung des Gifthäublings ist, lohnt es sich doch, mal hier und da an einem Exemplar zu riechen. Denn sie haben nicht alle den gleichen Duft. Während manche eine deutliche Mehligkeit aufweisen, riechen andere ganz muffig, nach Keller oder verrottendem Holz, und andere wieder leicht nach Rettich.

Die **Stinkmorchel** (*Phallus impudicus*) und ihr Hexenei. Während die erwachsene Stinkmorchel nach Aaß stinkt und Fliegen anlockt, ist das Hexenei ein Genuss.

Der **Krokodilritterling** (*Tricholoma matsutake*) kommt wie ein Reptil daher und schmeckt nach Zimt. In Japan einer der begehrtesten Pilze, in Mitteleuropa eine Seltenheit.

Sehr häufig im Frühjahr anzutreffen ist der **Schuppige Porling** (*Cerioporus squamosus*). Mit seinem Geschmack nach Gurke, Melone und Mehl ist er ein wahrer Geheimtipp.

Der **Samtfußrübling** (*Flammulina velutipes*) liebt die kalten Wintermonate und wärmt mit seinem exzellenten Geschmack den Gaumen. Zusammen mit der NASA reiste er sogar schon in den Weltraum.

Der Herbst ist nicht nur bunt wegen des Laubs, sondern auch wegen der Pilze. Eine besonders farbenprächtige Art ist der **Violette Lacktrichterling** (*Laccaria amethystina*).

Schnee und Eis trotzend wächst der **Austernseitling** (*Pleurotus ostreatus*).

Der **Schwefelporling** (*Laetiporus sulphureus*) heißt auch Chicken of the woods, und das nicht ohne Grund.

Besonders imposant und elegant ist der **Ästige Stachelbart** (*Hericium coralloides*). Leider ist er sehr selten, mit mehr naturnahen Buchenurwäldern wäre das anders.

Die **Puppenkernkeule** (*Cordyceps militaris*) gilt als einer der besten Vitalpilze.

Flockenstielige Hexenröhrlinge (*Neoboletus erythropus*) sind eine farbenfrohe Delikatesse.

Pfifferlinge (*Cantharellus cibarius*) enthalten besonders viel Vitamin D.

Zaubert nicht nur im Märchen: Der **Fliegenpilz** (*Amanita muscaria*).

Dieses Moos rettet die Welt: Das **Torfmoos** (*Sphagnum*).

Die Wurzeln der **Großen Klette** (*Arctium lappa*) sind ein hervorragendes und gesundes Wildgemüse, das in Vergessenheit geraten ist.

So bunt ist der Frühling in einem naturnahen Auwald.

Vogelmiere (*Stellaria media*) ist ein tolles Wildkraut für Salate, das nach Erbse schmeckt und fast das ganz Jahr lang wächst.

Die **Bocksriemenzunge** (*Himantoglossum hircinum*) ist eine bezaubernde Orchidee, die duftet wie ein blumiger Ziegenbock.

Der **Braune Bär** (*Arctia caja*) steht auf die 80er und dunkle Nächte.

Weil es mitten im Hochmoor sonst nicht so viel zu futtern gibt, verspeist der **Rundblättrige Sonnentau** (*Drosera rotundifolia*) zum Frühstück ein paar Insekten.

Der psychoaktive **Gemeine Stechapfel** (*Datura stramonium*) verströmt bei Nacht einen betörenden Duft.

Beim **Gewöhnlichen Baumbart** (*Usnea filipendula*) ist der Name Programm.

Die Früchte des Frühlings: Ein Korb voller **Morchelbecherlinge** (*Disciotis venosa*) und Wildkräuter.

Diese Pilze machen manisch: Die **Speisemorcheln** (*Morchella esculenta*).

Und Rettich ist das Stichwort. Denn es gibt doch einige Pilze, die diesen Duft sehr intensiv verströmen. Besonders schön ist der Rosa Rettichhelmling, den wir im Herbst in Massen finden können. Sind wir zu dieser Zeit in Begleitung einer nicht pilzkundigen Person unterwegs, können wir diese mit dem Geruch ganz schön überraschen, wenn wir ihr einen Fruchtkörper unter die Nase halten. Auch der violette Gemeine Rettichhelmling verströmt eine deutliche Rettichnote, während der Geruch vom Violetten Dufthelmling an Tabak und Weihrauch erinnert. Obwohl diese Aromen vielleicht ganz angenehm klingen, die Pilze enthalten den Giftstoff Muscarin und sollten darum nicht gegessen werden.

Auch nach Chlor müffelnde Morchelbecherlinge und nach Hering miefende Milchbrätlinge warten nur darauf, uns ihre besonderen Ausdünstungen vorzuführen. Der Spechttintling klopft auch nicht vorher an, um uns seinen Teergeruch in die Nasenhöhlen zu schicken. Vielmehr hat er ein so faszinierendes Äußeres, dass wir einfach nicht anders können, als ihn uns ganz aus der Nähe anzuschauen. Im Gegensatz dazu erscheint der Unverschämte Ritterling auf den ersten Blick harmlos und unauffällig. Halten wir jedoch ein Nasenloch an diesen Pilz, riecht dieser zunächst penetrant nach Flieder. Lassen wir ihn noch ein Weilchen liegen und schnüffeln erneut daran, dringt ein Geruch in den Riechkolben, der sich nicht gewaschen hat. Manche Autor*innen betiteln diese Duftnote mit »Bahnhofsklo«.

Die Welt der Pilze kennt allerdings auch Gerüche, die allgemein mehr Begeisterung hervorrufen als die bereits genannten Aromen. So brillieren manche Arten durch ihre fruchtigen Duftnoten. Gerade der Violette Rötelritterling hat es in Sachen Fruchtigkeit richtig drauf, denn seine Fruchtkörper riechen ganz deutlich nach Multivitaminsaft. Andere Pilze bleiben bei einer Art Obst. Der giftige Birnen-Risspilz ist so ein Kandidat. Wonach der riecht, ist vermutlich leicht zu erraten. Auch der Stachelbeer-Täubling trägt seine Duftnote bereits im Namen. Der Elfenbeinschneckling riecht leicht zitrisch nach Mandarine, während der Gelbstielige Trompetenpfifferling einen Aprikosenduft verströmt, der uns das Wasser im Munde zusammenlaufen lässt. Beim Schuppigen Porling gehen die Meinungen auseinander. Während manche in fester Überzeugung von einem Honigmelonenduft berichten, behaupten andere, hier handle es sich um einen mehligen oder gar gurkigen Geruch.

Ach je, da ist doch beim hastigen Schreiben das Tintenfass umgekippt. Nun heißt es erst einmal Tinte aufwischen. Der Geruch, der jetzt in der Luft liegt, erinnert auch an einen Pilz, den Champignonsammler*innen gut kennen sollten. Der Karbolegerling, der sich unter anderem an seiner unangenehm karboligen, also tintigen Geruchsnote erkennen lässt, kann auch anhand seiner stark gilbenden Stielspitze bestimmt werden.

Damit es hier nicht weiter so übel riecht, legen wir wohl besser eine Anistramete als Raumduft neben Papier und Feder. Das Parfüm »Anis« tragen auch noch andere Pilze im Namen und in ihrem Odeur. Diese Pilze lassen sich im Wald oft schon anhand ihres Geruches finden. Wenn uns im Herbst etwas intensiv süßlich Anisartiges in die Nase zieht, sollten wir uns gut umschauen. Die Grünblauen Anistrichterlinge, die wirklich hervorragend schmecken, könnten in der Nähe zu finden sein. Oder aber der Aniszähling, der so intensiv riecht, dass es, hat man diesen Pilz im Sammelkorb mit dabei, kaum möglich ist, noch irgendetwas anderes im Wald zu riechen.

Die Ausnahme machen die Knoblauchschwindlinge. Diese Pilze werden von geübten Pilzsammler*innen durch jede Anisduftwolke hindurch erschnüffelt. Gerade der Langstielige Knoblauchschwindling tritt oft in Massen auf und kann einen Spaziergang im Herbstwald in einen Spaziergang durch eine Knoblauchzehe verwandeln. Was sonst noch so Knoblaucharomen ausdünstet und dazu noch danach schmeckt, das schauen wir uns später noch einmal an.

Manchmal können uns bestimmte Gerüche auch ganz schön zum Narren halten. Ein Beispiel dafür ist der Duft der Krausen Glucke. Dieser Pilz ist nicht nur eine kulinarische Sensation, sondern auch eine olfaktorische. Finden wir eine schöne Fette Henne, wie sie auch genannt wird, stecken wir nach der Ernte erst einmal unsere Nase in die Windungen des blumenkohlartigen Pilzes. Das muss einfach sein. Denn dieser Pilz hat ein hervorragendes Aroma. Würzig, waldig, wunderbar und wie so oft eine Herausforderung für unseren Wortschatz. Wenn wir im Herbst durch den Wald gehen, ist es auch schon vorgekommen, dass wir eine Glucke hinter einem Baum erschnüffelt haben. Das klappt allerdings nicht immer, und sehr oft umrunden wir Kiefer um Kiefer, nur um festzustellen, dass uns der waldige Kiefernduft in Kombination mit dem herbstlichen Duft verrottenden Laubes nach dem Regen wieder mal hinters Licht geführt hat.

Dass nicht nur Pilze, sondern auch Pflanzen wunderbare Düfte verströmen können, ist allgemein bekannt. Doch auch hier gibt es Duftnoten, die vielleicht zu Unrecht größere Popularität genießen als andere. Während jede zweite Seife nach Rosen duftet, wird jene wunderbare honigsüße, vanillige Lustbarkeit, die den Blüten vom Mädesüß entströmt, nicht von aller Welt geschätzt. Wer träumt schon von dem erhebenden Nektararoma des Honigsteinklees, der in seiner Note dem Waldmeister so ähnelt? Und wer kennt überhaupt den Duft der Blüten des Waldmeisters selbst? Und wer weiß schon noch, dass das Kraut erst nach dem Antrocknen sein volles Aroma verströmt?

Viele Kräuter, die unsere Geruchsrezeptoren mit ihren Ausdünstungen gerne erfreuen würden, verdorren ungerochen am Wegesrand. Bekannte Küchenkräuter wie Oregano und Thymian lassen sich auf unseren Wanderwegen oft leicht finden und wer-

den zugleich doch nicht erkannt. Das Runterbücken zum Be-
schnüffeln der Pflanze ist dann doch zu beschwerlich.

An dieser Stelle muss auch eine Lobpreisung des Feld-Stein-
quendels stehen. Dieses Kraut hat einen der wohl besten Gerüche unter der Sonne. Eine Nase wird erst wirklich zur Nase,
wenn sie diese ätherisch-fruchtigen Duftsphären gekostet hat.

Auch Flieder und Apfelbaum, Schneeball und Blauregen sind
Jahr um Jahr im Rennen um einen Podiumsplatz in der Welt der
Gerüche. Denn es sind gerade die Blüten der Bäume und Sträucher, die uns vom Frühling bis in den Sommer und Herbst hinein
Woche um Woche in neue außerordentliche Duftwolken hüllen.
Der Weißdorn ist einer der ersten Frühlingsboten, der mit seinen
weißen bis rosafarbenen Blüten die Parks und Waldränder be-
duftet. Nur wenige Meter entfernt haben wir schon den Frühling
in der Nase und spüren die Geburt einer Jahreszeit.

Für ein kurzes Zeitfenster im Mai ist ein anderer Baum total
am Eskalieren: die Robinie. Sie erblüht im Frühsommer von Mai
bis Juni und kann uns mit ihrem wunderbaren Duft die Sinne
ganz schön vernebeln. Allerdings regnet es in der Blütezeit der
Robinie auch öfters mal, und da die Blüten sehr empfindlich auf
Regen reagieren, ist es dann bald aus mit dem Fest der Nasenflügel. Darum sollten wir uns, wenn wir das Aroma einmal in
der Luft wahrnehmen, die Zeit nehmen, diese Besonderheit
wirklich zu genießen.

Herrlicher Duft erfüllt dann schon Mitte Juni die Straßen und
Plätze der Großstädte, wenn die Sommerlinden in voller Blüte
stehen und ihren Nektar auf die parkenden Autos herabregnen
lassen. Kaum sind sie verblüht, trumpfen auch schon die Win-
terlinden mit ihrer Blüte Ende Juni auf.

So zelebrieren die Bäume und Sträucher jedes Jahr aufs Neue
die Freude am Leben, und Jahr für Jahr geben sie uns die Chance,
allein durch die Bewunderung ihrer Schönheit und ihrer Wohl-
gerüche den Zauber im Alltäglichen zu erkennen. Die Magie des

Lebens ist nur eine Nasenlänge von uns entfernt, und sie wartet direkt vor unserer Haustür darauf, von uns wahrgenommen zu werden.

Schmecken

Zu guter Letzt können wir nun auch unseren Geschmackssinn wiederentdecken, denn die Cuisine der Natur bietet eine größere Vielfalt an Aromen als jedes Sternerestaurant. Für Anfänger*innen empfiehlt sich ein Blick in den Teil der Speisekarte mit der Überschrift »Mild«. Hier werden frische Kräuter und Pilze gelistet, die durch ihren weder besonders bitteren noch besonders sauren Geschmack ungeübte Gaumen nicht verschrecken. Ganzjährig wird hier ein Salat aus Vogelmiere empfohlen. Wobei dieser im Frühjahr gerne durch die feinen Triebe des Hain-Efeu-ehrenpreises erweitert werden kann. Im Herbst lässt sich der Salat auch sehr gut mit Fleischroten Speisetäublingen garnieren. Diese schmecken zwar mild, allerdings kann es bei der Bestimmung dieser Sprödblättler durchaus zu anderen Geschmackserfahrungen kommen, die nicht ohne sind. Denn für die Bestimmung von Sprödblättlern ist der Geschmackssinn ein wichtiges Werkzeug.

Finden wir einen Pilz, den wir der Kategorie Sprödblättler zuordnen wollen, gilt es zunächst, haptisch die Konsistenz des Stiels zu überprüfen. Dabei ist zu beachten, dass der Pilz nicht alt und gammelig sein sollte, denn sonst könnte es hier zu Verwechslungen kommen. Wir ernten den Fruchtkörper des Pilzes ganz und stellen so sicher, dass wir keine Knolle im Boden vergessen. Dann überprüfen wir, ob der Pilz keinen Ring hat. Ohne Ring und Knolle kommt er als Sprödblättler infrage. Nun gilt es festzustellen, ob der Pilz wirklich ein Sprödblättler ist. Dafür testen wir die Sprödigkeit des Stiels. Dieser zerbröselt beim Abbrechen immer in unregelmäßige Stücke, während die Stiele von Blätterpilzen im Gegensatz dazu längsfasern. Moment mal, aber warum heißen die Guten dann Sprödblättler? Sollten dann nicht die Lamellen spröde sein? Das stimmt. Wenn wir mit einem Finger über die Lamellen fahren, können wir sie zum Splittern bringen, und kleine Lamellenstückchen fliegen überall herum. Allerdings gibt es hier Ausnahmen. Die Lamellen vom Frauentäubling splittern beispielsweise nicht.

Während wir nun die Sprödblättrigkeit eines Pilzfruchtkörpers zweifelsfrei festgestellt haben, ist uns eventuell eine Milch aufgefallen, die aus dem Stiel des Pilzes ausgetreten ist. Diese Milch verrät uns die Zugehörigkeit zur Gattung der Milchlinge. Wie bei der Gattung der Täublinge gibt es auch für diese Sprödblättlergattung die Möglichkeit, die Essbarkeit des Pilzes mithilfe des Geschmackssinnes zu überprüfen. Doch wer das ausprobieren möchte, sollte nicht zu zartbesaitet sein. Greifen wir im Wald beispielsweise zum Roten Speitäubling statt zum Fleischroten Speisetäubling, könnte der Name bei einem empfindlichen Magen schon mal Programm sein. Darum am besten nicht gleich den ganzen Pilzhut in den Mund stecken, sondern nur ein ganz kleines Pilzhutfitzelchen abmachen und etwa eine Minute im Mund behalten und gut durchkauen. Teilweise kann es durchaus lange dauern, bis sich die Giftigkeit des Pilzes durch einen intensiven Geschmack zeigt. Im Falle der Speitäublinge vergeht allerdings nicht viel Zeit, bis sich ein intensives Brennen bemerkbar macht, das gerne auch noch bis zu einer Stunde auf der Zunge zu spüren bleibt. Das ist natürlich blöd, wenn wir weitere Täublinge testen wollen.

Der Bitterste Täubling, der seinem Namen alle Ehre macht, würde uns wahrscheinlich trotz der Speitäublingsbetäubung nicht entgehen, allerdings könnten uns Besonderheiten, wie etwa das Aroma des Zinnoberroten Täublings, verborgen bleiben. Kauen wir diesen Pilz lange genug, werden unter Umständen Erinnerungen aus der Schulzeit getriggert, und wir fühlen uns wieder wie einst in der Latein-Klausur. Damals, als wir in der

Übersetzungsaufgabe erfolglos mit einem Satzungetüm gerungen und zu guter Letzt aufgegeben haben, um stattdessen ins Leere zu starren und gedankenverloren auf dem Bleistift herumzukauen. Der Geschmack von Bleistiftholz, von Zedernholz, dieser Geschmack breitet sich nämlich bei längerem Kauen auf dem Zinnoberroten Täubling im Mund aus. Aber eben nur, wenn wir unseren Geschmackssinn nicht zuvor mit einem scharfen Täubling verdorben haben. Das ist zwar nicht schlimm, denn der Zinnoberrote Täubling ist ein guter Speisepilz, der den holzigen Geschmack beim Kochen verliert. Dennoch ist es schade, diese Erfahrung zu verpassen.

Genug der Sprödblättler. Viele andere Geschmackserfahrungen warten nur darauf, von uns entdeckt zu werden. Und viele von ihnen sind so einzigartig in ihrem Aroma, dass es kaum vergleichbare Geschmackserlebnisse gibt. Im Gegensatz zu dem Bereich des Sehens und der Farben, wo wir uns immerhin so ungefähr auf eine Farbpalette einigen können und es lediglich in Grenzfällen zu Streitigkeiten kommt, man denke nur an Petrol, ist die Klassifizierung von Düften und den oft mit ihnen verbundenen Geschmacksempfindungen zu keinem für alle nachvollziehbaren Standard vereinheitlicht worden. Dennoch ist es ein Frevel, die geschmackliche Vielfalt der Natur einfach zu übersehen.

Für ein erfrischtes Mundgefühl können wir zunächst noch einen kleinen Ausflug zum*zur Zahnärzt*in, ähm, zum Mädesüß machen. Die Blätter vom Mädesüß erinnern geschmacklich an Zahnbehandlung und Zahnpasta. Wer das probieren möchte, sollte allerdings auch wissen, dass Mädesüß Salicylate enthält, und die Pflanze nur dann zu sich nehmen, wenn es keine medizinischen Kontraindikationen gibt.

Auch die Minzen sind für ihre erfrischende Wirkung im Mund bekannt. Allerdings ist der erstmalige Genuss eines Rossminzen-Tees dann doch vielleicht eine Überraschung, wenn sich ein minziger Petroleumgeschmack im Mund ausbreitet. Ein anderer Wow-Moment kommt zustande, wenn wir das erste Mal Ackerminze im Teeglas haben und den Geschmack ausgiebig kosten. Diese wild vorkommende Minze überrascht uns nämlich durch eine bananige Geschmacksnote. Darum wird sie teilweise auch Bananenminze genannt.

Wem diese Geschmacksnoten noch nicht exotisch genug sind und wer den innigen Wunsch hegt, in einen Parfüm-Flakon zu beißen, der*die sei beruhigt. Denn auch für diesen ausgefallenen Wunsch hat die Natur vorgesorgt. Dazu ist es lediglich notwendig, den Kupferroten Gelbfuß zu finden. Einen Speisepilz, der durch seine exklusive Geschmacksnote und sein Farbspiel eine wirkliche Besonderheit ist. Denn dieser Pilz wird beim Anbraten violett und schmeckt intensiv parfümiert.

Eine ganz andere geschmackliche Überraschung hält der Eichen-Lebererreischling für uns bereit, der als Schwächeparasit gerne alte Eichen befällt und sie von innen heraus aufzufressen beginnt. Das schadet dem Baum zunächst nicht viel, denn das Kernholz von alten Eichen ist ohnehin tot. Die Fruchtkörper, die zunächst wie orangefarbene Zungen in der Rinde auftauchen, wachsen zu flachen Konsolen heran, an denen der*die aufmerksame Betrachter*in den einen oder anderen roten Tropfen wahrzunehmen vermag. Schneiden wir ein Stück des Fruchtkörpers oder den ganzen Fruchtkörper ab, dann beginnt das Blutbad. Denn der Eichen-Lebererreischling blutet. Außerdem hat er ein Fleisch, das durch sein rot-weißes Muster stark an einen Schwarzwälder Schinken erinnert. Aufgrund seines fleischigen Looks ist er auch als »Poor Men's Beefsteak« bekannt und wird dementsprechend zubereitet. Allerdings schmeckt er nicht so, wie es bei seinem Äußeren zu erwarten wäre, denn der Pilz schmeckt sauer. Das rührt daher, dass er der Eiche, die er verdaut, ihre Gerbsäure entzieht. Der Pilz kann roh gekostet werden, doch wer auf das saure Aroma, das uns schon mal auf den

Magen schlagen kann, verzichten möchte, kann dünne Scheiben des Pilzes auch auskochen und danach wie Carpaccio anrichten.

Ein weiterer Parasit auf der Eiche, der ebenfalls die Gerbsäuren des Baumes entziehen kann, ist der Schwefelporling. Während er häufig ein sehr hühnchenartiges Aroma annimmt, kann auch er, wenn er auf der Eiche parasitiert, sauer schmecken. Dennoch lohnt es sich, kreativ mit diesem Aroma umzugehen und in der Küche damit zu experimentieren. Der Schwefelporling darf jedoch nicht roh verzehrt werden, weil es dabei zu Vergiftungserscheinungen kommen kann.

Weil sauer lieber lustig machen sollte statt tot, genießen wir gerade im Frühling immer mal wieder eine leckere Nascherei der Wiese: den Sauerampfer. Doch zu viel des Guten kann auch hier zum Schlechten ausschlagen, denn zu viel Oxalsäure erschwert unserem Körper die Eisenaufnahme. Da Eisen das Zentralatom unserer roten Blutkörperchen und dementsprechend nicht ganz unwichtig für unsere Blutbildung ist, sollten wir nicht übertreiben. Ähnlich ist es mit dem Japanischen Staudenknöterich, der im Frühjahr austreibt. Diese Pflanze ist leider sehr invasiv auf dem Vormarsch und verdrängt viele einheimische Pflanzen. Wir können versuchen, diesem Neophyten Einhalt zu gebieten, indem wir ihn beziehungsweise seine Triebspitzen aufessen, die wie Spargel aussehen. Allerdings enthalten auch diese Triebe sehr viel Oxalsäure und sollten darum nicht in großen Mengen roh verzehrt werden. Besser bekömmlich sind sie, wenn wir sie abkochen und ähnlich wie Rhabarber süß zubereiten. Auch der Sauerklee hält, was er mit seinem Namen verspricht, dank der Oxalsäure. In kleinen Mengen eignet er sich besonders im Frühjahr bis in den Herbst als Zutat für Wildkräutersalate.

Obwohl ein Biss in den sauren Apfel bestimmt nichts Schlechtes ist, lieben wir doch die süßen Früchte, die wir in der Natur finden können. Gerade die süßen Walderdbeeren sind in ihrem Geschmack unvergleichlich. Schade nur, dass viele von uns zum letzten Mal in ihrer Kindheit von diesen Geschenken des Waldes genascht haben. Ebenso ergeht es uns mit den wilden Blaubeeren, den Brom- und Himbeeren. Auch die leuchtend roten Früchte der Eibe werden von den wenigsten von uns Möchtegerns gegessen, obwohl gerade in den Städten die Parks randvoll mit ihnen sind. Zugegeben, die Dinger sind ganz schön schleimig und der Kern darin ist giftig, aber trotzdem: besser ein süßer Tod als ein ungelebtes Leben.

Gurken-Freund*innen, aufgepasst! Denn neben den Gurken, die ihr von eurem Frühstücksteller kennt, warten noch ganz andere Gurken da draußen auf euch. Gurken in Form von Wildkräutern, die einen gurkigen Geschmack haben. Also los, lasst uns das Haus verlassen und hin zu den wilden Wiesen eilen. Das Gefleckte Lungenkraut wartet auf uns. Ist das etwa noch Schlafsand da in unserem Auge? Der gehört weggewischt, denn der Frühling ist da, wenn wir uns das erste flauschige und weiß gefleckte Blatt dieses Raublattgewächses in den Mund stecken. Juhu! Gurkig. Wie es sein muss. Doch nicht nur im Frühling können wir Gurken in Krautform zu uns zu nehmen. Auch im Sommer, Herbst und Winter gurkt so manches Grünzeug auf den Wiesen herum. Ebenfalls ein Raublattgewächs und von gurkigem Geschmack ist der Borretsch. Der durch seine großen, essbaren, blauen Blüten zudem noch ein echter Augenschmaus ist. Der kleine Wiesenknopf ist eher unauffällig unterwegs. Seine Blüten sind sehr klein. Schaut man sie sich jedoch genauer an, sieht man, dass auch sie sehr besonders aussehen mit ihren pinken Puscheln. Die gefiederten Blättchen können praktisch das ganze Jahr gesammelt werden und lassen es auch ohne Gurke nach Gurke schmecken.

Wem jetzt der Klecks Senf auf dem Teller fehlt, soll nicht enttäuscht werden. Denn mit Senfölglykosiden hat die Natur nicht gegeizt, und wir können Pflanzen mit diesen Inhaltsstoffen praktisch das ganze Jahr sammeln und verspeisen. Diese Inhaltsstoffe können jedoch eine breite Vielfalt von Geschmacks-erfahrungen bewirken. Während uns die Brunnenkresse im Winter durch ihr frisches, scharfes Aroma das Wasser im Munde zusammenlaufen lässt, reinigt der Bärlauch mit seiner knob-lauchigen Schärfe roh verzehrt auch noch den letzten Winkel unserer Nebenhöhlen. Das Wiesenschaumkraut mit seinen zar-ten Stängeln und Blättern, die eine tolle Basis für den Salat sind, schmeckt mild senfig, während wiederum die Knoblauchsrauke ganz tief in die Knoblauchstrickkiste greift und ungeniert bit-ter-knoblauchig schmeckt. Dem gegenüber steht wiederum die Weg-Rauke, die in ihrem Geschmack dem Senf sehr ähnelt und eine schöne Würze in Mischsalate geben kann. Doch auch der Schmalblättrige Doppelsame, den viele auch als Rucola kennen, kann mit einem ganz individuellen Aroma auftrumpfen. Die Zwiebelzahnwurz hat kleine braun-violette Brutknospen, die unterwegs als kleiner senfiger Snack gegessen werden, während man den Meerrettich, scharf, wie er ist, am besten bei offenem Fenster reibt, weil sonst Tränenbäche vorprogrammiert sind. Die Vielfalt von senfig bis kressig und knoblauchig ist wirklich groß. Aus der Welt der Pilze sollte an dieser Stelle auf jeden Fall noch der Echte Knoblauchsschwindling genannt werden. Der hat neben der würzigen Knoblauchnote auch noch einen süßen Blütenhauch im Geschmack und ist damit unvergleichbar deli-kat. Es lohnt sich, auf diesem Pilz auch mal im Wald ein biss-chen herumzukauen, denn roh entfaltet sich das Aroma des Pilzes in Phasen und schickt uns so auf eine knoblauchig-scharfe Blumenreise.

Aber nicht nur senfig und knoblauchig kann scharf sein. Auch der Schwarze Mauerpfeffer ist von feuriger Natur. Allerdings sollte er nur sparsam als Gewürz eingesetzt und nicht in großen Mengen verzehrt werden, da er auch zu Vergiftungen führen kann. Geschmacklich erinnert dieses Dickblattgewächs an Pfef-fer und Paprika, vielleicht auch an Gurke, aber insgesamt handelt es sich um eine scharfe Angelegenheit, die nicht im Übermaß verwendet werden sollte. Die mit dem Mauerpfeffer verwandte Fetthenne lässt sich ebenfalls in kleinen Mengen verspeisen. Sie ist milder im Geschmack und bringt ein frisches Aroma in Mischsalate. Da sie ebenfalls giftige Alkaloide enthält, ist auch bei ihr vom Verzehr von zu großen Mengen abzuraten. Zum Glück hält die Natur noch viele weitere Delikatessen für uns bereit.

Apropos Delikatesse. Knackige angebratene Perlpilze, frisch und ohne Maden. Ein Geschmack, der durch seine Pilzigkeit, aber auch durch die nussige Note überzeugt. Und wo wir schon mal bei Nüssen sind, sollten wir neben all den Nüssen, die wir im Herbst sammeln können, auch an die Kiefernpollen denken, die uns mit ihrem nussig-herben Aroma ganz besonders gut in Pfannkuchen oder im Müsli schmecken. Die Ernte mag etwas beschwerlich sein, kann aber auch Spaß machen, wenn man nicht allergisch ist. Ansonsten ist es die Hölle auf Erden. Auch das Johanniskraut, das sich zur Sommersonnenwende besonders an Waldrändern gut finden lässt, ist so ein*e Kandidat*in, der*die was an der Nuss hat. Zumindest geschmacklich. Die Blüten in Öl eingelegt und über mehrere Wochen in die Sonne gestellt – schon ist für gute Laune im Winter gesorgt. Allerdings kann das Johanniskraut auch die Wirkung verschiedener Medikamente beeinflussen, darum sollte die Verwendung dieses Krautes mit dem*der Hausärzt*in abgeklärt werden.

Kommen wir zum bitteren Ende dieser Abhandlung über die Wiedererlangung unseres Geschmackssinnes. Es wird Zeit, sich dem Geschmack von »bitter« zu stellen, denn tatsächlich verbirgt sich eine gewaltige Vielfalt hinter diesem Begriff, der viel zu oft figurativ im Sinne von unangenehm genutzt wird. Dass bitter aber gar nicht unangenehm sein muss und dass es unglaublich viele Facetten von bitter gibt, sollte vor lauter Bitterernst nicht vergessen werden.

Dennoch, als Bitterstoffanfänger*innen sollten wir nicht gleich zu heftig einsteigen und uns direkt vornehmen, von einem Tag auf den anderen nur noch Wermuttee zu trinken. Denn zu viel des Guten beziehungsweise Bitteren verdirbt dann auch die Lust darauf, diese Geschmacksrichtung wirklich zu erforschen.

Für Neulinge in den bitteren Landen wird darum zunächst ein Salat mit Löwenzahnblättern gereicht. Diese können für unge-übte Gaumen bereits sehr bitter schmecken. Mit etwas Übung und Gewohnheit bemerken wir jedoch auch die Süße in diesem Kraut. Und wenn im Salat dann auch noch ein paar Löwenzahn-blüten sind, gewöhnen wir uns ganz sanft an die Bitterstoffe.

Ebenfalls für Einsteiger*innen geeignet ist der Gundermann. Das leicht bittere Kraut besticht vor allem durch die ätherischen Öle, die einen einmaligen Geschmack verströmen. Die Bitter-stoffe untermalen diese ätherischen Höhenflüge und erden das Geschmackserlebnis. In der Familie der Lippenblütler, zu denen der Gundermann gehört, gibt es so einige Pflanzen, die mit ihren starken Aromen punkten können. Zerreiben wir beispielsweise den Waldziest, so entwickelt sich dabei ein wirklich wundervol-ler intensiver Duft, der sich jedoch beim Kochen verflüchtigt. Zurück bleibt dann ein Aroma, das an Pilze erinnert. Die Bitter-stoffe in dieser Pflanze sind wirklich dezent. Im Gegensatz dazu ist der Kriechende Günsel, ebenfalls ein Lippenblütler, in Sachen Bitterstoffe bei Weitem heftiger aufgestellt. Dennoch macht er sich klein gehackt und vorsichtig dosiert sehr gut als Gewürz und kann nach und nach in größeren Mengen verzehrt werden.

Das Bittere Schaumkraut ist auch so ein Kandidat. Da es op-tisch sehr leicht mit der Brunnenkresse verwechselt werden kann, kommt es da auch schon mal zu Überraschungen. Unter-scheiden lassen sich die Blüten der beiden Pflanzen anhand der Staubgefäße. Während die Staubgefäße des Bitteren Schaum-krautes violett sind, sind die der Brunnenkresse gelb. An sich ist eine Verwechslung unproblematisch, aber wer bisher wenig bitter gekostet hat, den*die wird es große Überwindung kosten, Nudeln mit einem Pesto aus Bitterem Schaumkraut komplett aufzufuttern. Von den Vitaminen her lohnt es sich auf jeden Fall.

Ist man jedoch schon ein bisschen geübter mit den Bitterstoffen, klappt das schon besser. Dann können wir auch die Bachbunge und das Milzkraut auf dem Teller haben und uns die verschiedenen Abstufungen von bitter sowohl roh als auch gekocht schmecken lassen. Dazu einen leckeren Tee mit Schafgarbe, die auch bitter, aber doch ganz anders schmeckt und auch im Wildkräutersalat durch ihre angenehme Bitternote gut zur Geltung kommt.

Und wenn wir es dann wirklich wissen wollen, kann es statt des milderen Beifußtees eben auch der Wermuttee sein, der ordentlich in sich hat, was die Bitterstoffe angeht.

Und nach und nach wird uns klar, wie viel wir uns haben entgehen lassen, als wir die Bitterstoffe als Geschmacksnote verpönt haben. Je mehr wir sie kennenlernen, desto besser schmecken sie uns, und wir können frohen Mutes in die Wildkräuter gehen und mit einem »Bitte bitter!« beherzt zugreifen.

Anekdote »Sinne«

*Vor einigen Jahren ergab es sich, dass wir in einer Pflegeeinrichtung ein Unterhaltungsprogramm für Demenzkranke auf die Beine stellten. Das Projekt hatte den Titel »Wildkräuterzirkus« und verband dilettantische Akrobatik, Jonglage und Pantomime mit einer Comedy-Show, mit der wir jeden Cringe-Award hätten abräumen können. Dementsprechend lachte auch keine*r, und es herrschte eine betroffene Stille.*

Glücklicherweise rettete uns unser letzter Programmpunkt. Wir hatten ein Wildpflanzenquiz vorbereitet und dazu vorab

verschiedene Kräuter frisch gesammelt. Unser Sortiment umfasste Knoblauchsrauke, Giersch, Gundermann, Brennnessel,
Gänseblümchen, Löwenzahn und andere Pflanzen, an die wir
uns auch nicht mehr so genau erinnern. So gingen wir durchs
Publikum und zeigten allen Anwesenden die Exponate und
stellten ihnen die Quizfrage, welches Kraut wir ihnen gerade
zeigten. Sie hatten die Möglichkeit, die Pflanzen mit allen Sinnen zu untersuchen. Im Voraus hatten wir überlegt, welche der
Pflanzen wohl von den meisten der Teilnehmer*innen erkannt
werden würde, und waren zu dem Schluss gekommen, dass es
wohl insbesondere der Löwenzahn und der Giersch sein müssten, die mit ihrem starken Duft Erinnerungen aus alten Zeiten
wachrufen würden.

Als wir nun Runde um Runde die Kräuter vorführten, wurden wir überrascht. Weder Knoblauchsrauke noch Gundermann konnten sich mit ihren starken Aromen durchsetzen,
tatsächlich konnte keine*r der rund zwanzig Anwesenden sie
benennen. Der Löwenzahn wurde dann doch von mehreren erkannt, die ihn ganz richtig als »Bettseicher« bestimmten. Eine
der Anwesenden erkannte auch den »Geißfuß«, wie der Giersch
hier regional genannt wird. Die für die meisten unvergessenen
Kräuter waren das Gänseblümchen und vor allem die Brennnessel. Denn kam auch der Name der Kräuter nicht jedem*jeder
direkt in den Sinn, so wussten doch noch viele um die Tradition
des »er liebt mich, er liebt mich nicht«. Bei der Brennnessel kam
keine*r auf die Idee, sie anzufassen. Die Erinnerung war tief
genug verwurzelt.

TEIL 3

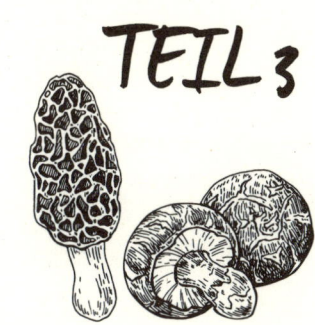

Verschmelzung
mit dem Draußen

Was gibt's zu futtern?

Wer jetzt Hunger bekommen hat und fragt: »Wann gibt's zu futtern?«, der*die fragt schon ganz richtig. Denn wenn wir uns vom Speisebuffet der Natur bedienen wollen, dann ist es nicht ganz unwichtig, wann im Jahreskreis wir uns befinden.

Beginnen wir also im Frühling, sagen wir mal, im März. Wenn die ersten Kräuter uns saftig grün vom Boden her entgegenleuchten. Hier können wir munter zugreifen, und schwupps haben wir mit ein wenig Glück schon etwas Essbares in der Hand.

FRÜHLING

Eines der ersten Kräuter, welches wir in milden Jahren mitunter schon im Januar finden können, taucht spätestens im März auf nährstoffreichen Wiesen auf: der Feldsalat. Diese Pflanze kennen viele von uns leider nur aus dem Supermarkt und in Plastik verschweißt, obwohl es sie in der Übergangzeit von Winter zu Frühling vielerorts kostenlos zu pflücken gibt. Die Rapunzel, wie der wilde Feldsalat auch genannt wird, enthält besonders viel Vitamin C, fast dreimal so viel wie Kopfsalat.[58] Obwohl es derzeit keinen wissenschaftlichen Konsens darüber gibt, wie viel Vitamin C der Körper benötigt, können wir uns doch einig sein, dass wir keinen Bock darauf haben, dass uns die Haare oder Zähne ausfallen, unser Zahnfleisch wuchert, unsere Muskeln schwinden oder unsere Knochen schmerzen. Diese und weitere Symptome können bei der Vitamin-C-Mangelerkrankung Skorbut auftreten. Allerdings reichen bereits 10 mg Vitamin C am Tag, um diese Erkrankung zu verhindern. Dafür müssten wir nicht mal 50 g Feldsalat am Tag essen. Ob wir jedoch mit dem absoluten Minimum an Vitamin C glücklich durch die Wälder hüpfen können, ist fraglich. Die deutsche Gesellschaft für Ernährung empfiehlt 95 bis 155 mg Vitamin C pro Tag für Erwachsene, abhängig vom Geschlecht, ob eine Schwangerschaft besteht und ob die Person Raucher*in ist.

Doch wir müssen jetzt nicht den Taschenrechner und Nährwerttabellen zücken, um genau auszurechnen, wie viel Vitamin C in unserer Nahrung steckt. Bis zu 1 g Vitamin C pro Tag gilt nämlich als unbedenklich, da das Vitamin wasserlöslich ist und über die Nieren einfach wieder ausgeschieden werden kann. Um diesen Wert zu überschreiten, müssten wir über 2,5 kg Feldsalat am Tag essen. Wer keine Vorerkrankungen hat, kann auch bis zu 4 g Vitamin C verspeisen und muss als Folge höchstens mit vorübergehendem Durchfall rechnen. Der Feldsalat enthält zudem noch einen ordentlichen Batzen Folsäure. Dieses wasserlösliche Vitamin ist besonders in der Schwangerschaft wichtig, da ein Folsäuremangel schwere Folgen für die Entwicklung des Fötus haben kann. Kein Wunder also, dass Rapunzels Mutter in der Schwangerschaft solchen Heißhunger auf Rapunzeln gehabt hatte, dass der Vater des Kindes sich schließlich entschloss, bei der Hexe klauen zu gehen.

Der Giersch, der leider viel zu oft gejätet statt geerntet wird, enthält zwar weniger Folsäure als die Rapunzel, dafür sogar noch mehr Vitamin C. Dieses Superfood trumpft mit sage und schreibe 200 mg Vitamin C pro 100 g Kraut auf.[59] Und das ist noch längst nicht alles, was dieser leckere Doldenblütler zu bieten hat. Der Giersch enthält außerdem nicht unerhebliche Mengen an Eisen und Kupfer. Diese Spurenelemente sind für Menschen überlebenswichtig und können mit dem Giersch vom Salatteller in den Magen wandern. 100 g Giersch mit 3 mg Eisen decken circa ein Viertel des Tagesbedarfs eines erwachsenen Individuums, der bei 10 bis 15 mg liegt.[60] Mit dem Kupfergehalt von 2 mg decken 100 g Giersch zudem locker den Tagesbedarf[61] an diesem Spurenelement.

Doch im Frühjahr wachsen noch viele weitere tolle Wildkräuter, die sich hervorragend auf einem bunten Salatteller machen. Ob Hain-Efeuehrenpreis oder Wiesenlabkraut, ob Taubnessel, Märzveilchen oder Hirtentäschel – viele Kräuter des Frühjahrs schmecken einfach köstlich als Salat.

Wer nicht so der Salat-Typ ist, muss nicht traurig sein, denn wir können die Nährstoffe dieser leckeren Pflanzen beispielsweise auch als Saft zu uns nehmen. Dafür benötigen wir einen guten Entsafter, der uns den grünen Genuss aus dem Kraut herauspresst. Für diese Zubereitung eignet sich besonders die Brennnessel sehr gut. Während wir eher davor zurückschrecken, dieses Kraut als Salat zu verspeisen, können wir vom Geschmack eines Brennnessel-Apfelsafts gar nicht genug bekommen. Die Liste der Inhaltsstoffe der Brennnessel liest sich für Ernährungsberater*innen vermutlich wie ein Erotikroman. Denn neben den 333 mg Vitamin C enthalten 100 g Brennnessel auch *seufz* 800 µg Vitamin E, *sabber* 200 µg Vitamin B1 und *stöhn* 713 mg Calcium.[62] Aber Moment mal, 713 mg Calcium? Wie passt das zu der seit Jahrzehnten gepredigten Ansicht, wir müssten viel Milch trinken, um unseren Calciumbedarf zu decken, unsere Knochen zu stärken und groß und stark zu werden? Milch enthält gerade mal läppische 125 mg Calcium pro 100 g und ist damit was für Luschen und Leute, die gerne welche werden wollen. Wer wirklich was für die Knochengesundheit tun möchte, sollte sich an die Brennnessel halten. Dieses Kraut ist gerade im Frühjahr besonders schmackhaft und kann dann auch als Spinat zubereitet werden. Doch wie sieht es mit Eiweiß aus? Wo bekommen wir im Frühjahr Proteine her? Auch hier kann die Brennnessel punkten. 100 g Brennnessel enthalten zwischen 7 und 8 g Protein.[63] Damit lässt sich bereits ein Teil unseres täglichen Bedarfs decken. Brennnesselsamen, die wir im Herbst ernten können, schlagen mit 30 g Protein pro 100 g zu Buche. Nicht schlecht, Frau Specht.

Ergänzen können wir eine Brennnessel-Mahlzeit dann durch leckere Speisemorcheln, wenn wir denn das Glück haben, sie zu finden. Diese Frühlingspilze haben zwar »nur« circa 3 g Protein auf 100 g, aber das verzeihen wir ihnen bei ihrem leckeren Aroma. In Sachen Eisen, wir erinnern uns, dieses superwichtige Atom für unser Blut, sind die Speisemorcheln nämlich kaum zu schlagen. Mit sage und schreibe 12 mg Eisen pro 100 g frische Morcheln könnten uns diese Delikatessen beinahe aus einer Eisenmangelanämie katapultieren.[64] Wenn wir sie denn nur täglich finden würden … Und mindestens 100 g oder mehr verspeisen würden … Und das Ganze über Wochen hinweg … Das wird wohl leider nur in unseren Träumen passieren … Dennoch, der hohe Eisengehalt dieser leckeren Speisepilze ist wirklich bemerkenswert.

Wer nicht das Glück hat, ständig in Morchelbächen zu schwimmen, und irgendwann auch keinen Brennnesselspinat oder Saft mehr zu sich nehmen möchte, kann die Wildkräuter auch zu gekauftem Protein dazugeben. Sprich, zu Linsen. Mit Linsen und ein, zwei Händen bunter Wildkräuter lassen sich nicht nur tolle Suppen kochen, sondern auch wunderbar schmackhafte Brotaufstriche herstellen.

Doch apropos Linse, wo wir schon einmal beim Thema sind, sollten wir nicht die Wasserlinse vergessen, die allgemein den wenig kleidsamen Namen »Entengrütze« trägt. Diese Pflanze lässt sich von Frühjahr bis fast in den Herbst hinein sammeln und stellt eine ausgezeichnete Proteinquelle dar. Wasserlinsen enthalten im Trockengewicht circa 35 Prozent Protein[65] und schmecken dazu noch absolut lecker. Allerdings muss beim Sammeln darauf geachtet werden, wie sauber das Gewässer ist, aus dem die kleinen grünen Pflänzchen geerntet werden. Abwässer der industriellen Landwirtschaft sind ganz im Allgemeinen denkbar schlechte Sammelorte für Wildpflanzen.

Möchten wir dazu ein erfrischendes Getränk, können wir im April, bevor die Birke austreibt, Birkenwasser zapfen. Dazu können wir zum Beispiel einen Ast beschneiden und die abgekappte Spitze des Astes in eine Flasche hängen. Diese Methode ist für den Baum schonender, als den Stamm anzubohren, da so weniger Parasiten in das Holz eindringen können. Möchten wir den Saft dennoch direkt vom Stamm zapfen, sollten wir das Bohrloch später mit Baumwachs verschließen, damit der Baum nicht ausblutet.

Im April ist auch die Zeit, in der wir praktisch täglich Lauch zu uns nehmen können. Im Berliner Raum finden wir besonders den Wunderlauch in großen Mengen. In anderen Regionen sprießt der Bärlauch, der größere Blätter und ein etwas blumigeres Aroma hat. Beide Arten eignen sich hervorragend zur Herstellung von Pestos, die einfach köstlich schmecken. Darüber hinaus lässt sich der Bärlauch auch haltbar machen, indem wir ihn fermentieren. Ähnlich wie Sauerkraut wird der Lauch mit Salz und eventuell etwas zusätzlichem Wasser eingelegt und nach einigen Wochen der Fermentation püriert. Die so gewonnene Soße schmeckt wunderbar lauchig und hält sich im Kühlschrank ewig. Das Beste daran ist, dass uns auch der Bärlauch, ähnlich wie die zuvor genannten Wildpflanzen, mit ordentlich Vitamin C, vielen B-Vitaminen und sowohl Vitamin A als auch E versorgt. Eine andere Möglichkeit, die Lauchigkeit zu konservieren, ist die Herstellung eines Bärlauchsalzes beziehungsweise eines Kräutersalzes, wenn wir nicht ausschließlich Bärlauch verwenden möchten. Dazu vermengen wir einen Teil pürierten Bärlauch mit fünf Teilen Salz und verteilen die so entstandene feuchte grüne Pampe auf einem Backpapier. Das Backblech mitsamt der ganzen Matsche kommt dann bei 50 °C in den Ofen und muss hin und wieder mit einer Gabel aufgebrochen und etwas verrieben werden. Heraus kommt nach einigen Stunden ein grünes Salz, das uns den Geschmack des Frühlings das ganze Jahr über erhält. Gratis dazu gibt's einen lauchigen, leckeren Duft, der wunderbar appetitlich durch die Räume zieht und uns motiviert, wieder in den Wald zu gehen und mehr Lauch zu ernten.

Wie schön ist doch die Zeit, wenn die Bäume ihre Blätter austreiben. Allein beim Gedanken daran läuft uns das Wasser im Munde zusammen. Wer noch nie Baumblätter gegessen hat, sollte sich diese Geschmackserfahrung beim nächsten Frühlingserwachen nicht entgehen lassen. Besonders zu empfehlen sind die jungen Blättchen der Buche. Diese sind nach dem Austrieb im April besonders köstlich und leicht säuerlich. Später im Jahr sind die Blätter eher zäh und eignen sich dann nicht mehr so gut zum Snacken. Auch die etwas herberen Blätter der Hainbuche taugen hervorragend zum Direktverzehr, aber auch als Beigabe in Mischsalaten, zum Entsaften oder für den grünen Smoothie. Eine Köstlichkeit unter den essbaren Baumblättern sollten wir uns aber unter keinen Umständen entgehen lassen: die herzförmigen Blätter der Linde. Gerade die Blätter der Sommerlinde bleiben auch im ausgewachsenen Zustand noch wunderbar zart und schmackhaft. Damit sind sie ein schöner Einstieg in die Welt des wilden Grüns, denn Bitterstoffmuffel haben bei einem Salat mit Lindenblättern keinen Anlass, sich zu beklagen. Der Geschmack dieser samtig weichen Blätter ist angenehm blumig und leicht süß.

Neben den Blättern vieler Bäume lassen sich auch die Blüten einiger Gehölze wunderbar in der Küche verwenden. So zum Beispiel die herrlich frisch grün leuchtenden Blütenstände des Spitzahorns. Diese mild schmeckenden Blüten treiben bereits vor den Blättern aus und sind ein echter Hingucker auf süßen, aber auch herzhaften Speisen. Im Juni beginnt dann die Lindenblüte und damit eines der besten Spektakel des Jahres. Frischer Lindenblütentee ist ein geschmacklich kaum zu übertreffendes Getränk, und auch das Sammeln der süßen Blüten macht einfach glücklich.

Apropos süß. Die Schleckermäuler unter uns sollen auch einmal das bekommen, wonach sie lechzen. Ganz besonders zu empfehlen ist es, Schokocrossies mit Gundelrebe herzustellen. Dank der ätherischen Öle in der Gundelrebe schmecken diese kleinen knusprigen Leckereien besonders raffiniert. Am besten experimentieren wir bei der Zubereitung ein bisschen herum, bis wir das richtige Verhältnis von Kraut zu Bitterschokoladenkuvertüre, zu Kakaobutter, zu Mandelsplitter und zu Cornflakes finden, das unserem Geschmack entspricht. Das Schöne ist auch, dass wir die Gundelrebe an feuchten Standorten fast das ganze Jahr über finden können und somit immer für Nachschub gesorgt ist.

Wer keine Schokolade mag, sondern eher auf süße Teigwaren abfährt, sollte später im Jahr einmal versuchen, Holunderblüten in Pfannkuchenteig einzurühren. Mit Löwenzahnhonig gesüßt, ergibt das ein superleckeres, blumiges Gericht, von dem Naschkatzen gar nicht genug bekommen können.

Doch der Löwenzahn ist nicht die einzige Pflanze, die sich für das Einkochen eines süßen Honigs eignet. Auch mit angetrockneten Waldmeisterpflanzen können wir einen aromatischen Sirup gewinnen. Wollen wir es noch waldiger krachen lassen, sind auch die Maitriebe vieler Nadelbäume hervorragend fürs Einkochen zu Sirup geeignet. Dabei gilt es allerdings darauf zu achten, dass kein Eibentrieb mit in den Siruptopf kommt, sonst käme der Genuss eines Löffelchens in Begleitung von Erbrechen und einem süßen Tod. Ein Sud aus den Trieben von Tanne, Fichte oder Douglasie ist hingegen eine fantastische Grundlage für einen leckeren Sirup. Möchten wir lieber ein Würzpulver herstellen, können wir das tun, indem wir beispielsweise die Maitriebe der Douglasie rösten und im Anschluss pulverisieren. Das auf diesem Wege hergestellte Gewürz schmeckt intensiv nach Orangenschale und kann sowohl für deftige als auch für süße Speisen verwendet werden. Ein weiteres Highlight ist die Zubereitung von Eiscreme mit Fichtentrieben. Als Basis für das Eis können gefrorene Bananenstückchen genutzt werden. Dazu eine gute Handvoll Maitriebe und eventuell noch etwas Fichten- spitzenhonig zum Nachsüßen. Alles zusammen in den Mixer, und schon kann das Eisschlemmen losgehen. Die Nadelbaum- triebe eignen sich allerdings auch wunderbar für den erfrischen- den Direktverzehr im Wald oder als zitrische Beigabe in Wild- kräutersalaten.

Aber wo wir schon von Wildkräutersalaten sprechen: Was soll denn nun hinein in die Salatschüssel? Neben Giersch, Gundel- rebe, Fichtenspitzen und Baumblättern können viele Wiesen- blumen den Wildsalat optisch zu wahrer Pracht führen. Dazu kommt, dass Blütenpflanzen sich in der Blüte oft sehr leicht be- stimmen lassen und somit einen guten Einstieg in die Welt der Wildkräuter darstellen. Rotklee und Weißklee haben nicht nur hübsche Puschelblüten, sondern auch optisch ansprechende Blätter, und die zarte Schönheit des Gänseblümchens erkennen wahrscheinlich die meisten von uns auf den ersten Blick. Der schon zur Sprache gekommene Löwenzahn kann mit Blatt und Blüte verzehrt werden, und das senfige Wiesenschaumkraut sieht, wenn es vorsichtig geerntet und transportiert wird, mit sei- nen blassrosa Blüten wunderbar auf einem Wildkräutersalat aus. Daneben machen sich die Blütenstände der Rapunzel im Mai ebenfalls besonders gut, denn auch dieses Wildkraut ist zur Blü- tezeit ein echtes Highlight. Die winzig kleinen Blüten, die an die von Baldrian erinnern, haben einen leichten Hauch von Blau und schmecken nussig-blumig. Wenn es genug geregnet hat, sind auch die Stängel hervorragend knackig und schmackhaft.

Wie schön ist es doch, nach dem Regen über wilde Wiesen zu spazieren und die Pflanzen im Sonnenlicht strahlen zu sehen. Dieses leuchtende Grün, voller Frühling und Lebenskraft, ist eine unvergleichliche Nahrungsquelle. Und schon allein der Weg, auf dem wir unsere wilde Kost besorgen, macht uns den Kopf frei. In der Natur stehen keine Preisschilder und locken keine Angebote, alles wächst dem Sonnenlicht entgegen und lebt in Symbiose. Wir werden das meiste, was sich unter unseren Füßen abspielt, vermutlich nie richtig verstehen. Die quirlige Welt der Wurzeln und Myzelien, der Mikroorganismen und Regenwürmer funktioniert ganz wunderbar, auch ohne dass wir sie verstehen. Und je weniger wir uns einmischen, umso mehr Wunder bringt sie hervor. Doch es ist schön zu wissen, woher die Nahrung stammt, die für unsere Körper lebensnotwendig ist. Es ist ein guter Gedanke, dass die Pflanzen, die wir in Form von Nahrung zu uns nehmen, aus einem lebendigen Ökosystem stammen und Sonne und Regen gekannt haben. Ist es nicht ein Hochgenuss, beim Trinken eines Schafgarbentees nicht nur das Aroma der Pflanze zu schmecken, sondern im gleichen Moment auch die Sommerwiese, auf der dieses Kraut gewachsen ist, vor unserem inneren Auge zu sehen? Die Wildblumenwiese, auf der sich die Schmetterlinge fröhlich tummeln und im Sonnenlicht munter durch die Lüfte tanzen wie unsterbliche Gött*innen. Welche Pracht und welch unübertroffener Quell der Freude!

Wie groß ist doch der Kontrast zur Nahrung aus dem Supermarkt. Wer denkt schon gerne an den Ausflug mit dem Einkaufswagen durch mit Kunstlicht beleuchtete Gänge? An die Tomaten, die im Regal so rot und prall aussehen und sich zu Hause als unreif erweisen?

Doch zurück auf die Wildblumenwiese. Da lässt es sich vortrefflich leben und nicht nur vegetieren. Zu jeder Jahreszeit gibt es hier irgendein frisches Grün zu holen. Und diese Lebensmittel haben alle eine Gemeinsamkeit: Ballaststoffe. Ballaststoff klingt erst einmal nach etwas, das uns runterzieht und verlangsamt. Tatsächlich helfen uns diese Stoffe aber, ordentlich Ballast abzuwerfen, denn sie sind das, was den Stuhlgang richtig schön flutschen lässt. Aber der Reihe nach. Was genau tun diese Ballaststoffe denn nun? Zunächst einmal sind sie größtenteils unverdaulich. Das heißt, aus diesen Stoffen können wir auf dem üblichen Weg keine Energie gewinnen. Allerdings macht das die Ballaststoffe nicht unnütz. Gerade in Regionen der Welt, die mehr Probleme mit Über- als mit Unterernährung haben, können Ballaststoffe uns helfen, unseren Appetit ein wenig runterzufahren. Denn auch wenn wir es gewohnt sind, mit hochkalorischer Nahrung unseren Appetit und unsere innere Leere zu bekämpfen, tun wir unserem Körper mit diesem Verhalten oft keinen Gefallen. Laut dem Robert Koch-Institut sind zwei Drittel der Männer und die Hälfte der Frauen in Deutschland übergewichtig, und circa ein Viertel der Bevölkerung ist adipös.[66] Auch wenn wir die Gründe für deutliches Übergewicht nicht über einen Kamm scheren können, sehen wir anhand dieser Zahlen doch, dass es vielen von uns misslingt, den Körper bedarfsgerecht zu ernähren. Ein Grund, warum uns das so schwerfällt, könnte der allgemeine Mangel an Ballaststoffen in unserer Ernährung sein. Denn Ballaststoffe haben die nützliche Eigenschaft, im Magen ihr Volumen zu vergrößern, ohne dabei den Energiegehalt des Gegessenen zu steigern. Außerdem sorgen sie dafür, dass der Speisebrei länger im Magen bleibt und wir uns somit auch länger satt fühlen. Viele beliebte Lebensmittel wie Weißbrot, Nudeln, Kartoffeln, Eier, Milchprodukte, Bananen, Gurken und Tomaten enthalten nur wenige Ballaststoffe und haben somit nicht die Eigenschaft, im Magen zu quellen. Sie machen uns nicht so satt, wie es Ballaststoffe tun, die wir mit genügend Flüssigkeit zu uns genommen haben. Die meisten Wildkräuter hingegen haben große Mengen an Ballaststoffen und können uns helfen, nicht über unseren Energiebedarf hinaus zu essen.

Doch im Magen ist die Reise der Ballaststoffe in unserem Körper noch nicht vorbei. Auch im Darm hat das größere Volumen ballaststoffreicher Kost einen Effekt. Hier drehen sich die Uhren allerdings schneller. Während der Magen sich noch gemütlich Zeit genommen hat, die Ballaststoffe hin und her zu wenden, um sie schließlich doch unverdaut weiterzuschicken, ist der Darm durch den Druck auf die Darmwand richtig motiviert. Mit ordentlich Peristaltik geht es nun nämlich weiter. Im Dickdarm macht sich dann unser Mikrobiom ans Werk. Die fleißige Genossenschaft aus Darmbakterien krempelt die Ärmel hoch, um die löslichen Ballaststoffe zu kurzkettigen Fettsäuren und Gasen abzubauen. Wie sie das macht? Mit Fermentation. Einfach magisch. Die unlöslichen Ballaststoffe lassen sich chemisch nicht weiter zerlegen, aber sie helfen dabei, dass die Klositzung ein Erfolg wird und wir uns keine Hämorrhoiden rauspressen müssen. Denn auch Verstopfung kann oft durch eine ballaststoffreiche Ernährung vermieden werden.

Doch nicht nur für den Darm sind Ballaststoffe hervorragende Helferlein. Auch für das Herz-Kreislauf-System können sie unterstützend wirken. Und zwar indem sie Gallensäuren binden und so im Endeffekt dafür sorgen, dass diese Säuren in der Schüssel landen, statt von unserem Körper rückresorbiert zu werden. Das hilft unserem Herz-Kreislauf-System, da bei der Bildung von neuen Gallensäuren Cholesterin verbraucht wird. Übertreiben sollten wir es mit den Ballaststoffen natürlich auch nicht, aber wenn wir uns regelmäßig Wildkräuter einverleiben und leckere Pilze futtern, die ja auch zur Stabilisierung ihrer Zellwände über ordentlich Ballaststoffe in Form von Chitin verfügen, kommt schon eine gute Menge davon zusammen.

Womit wir in unserem Jahreskreis der Ernährung mal ein bisschen in die Welt der Pilze blicken wollen. Wir haben uns ja schon die Morcheln im April ins Körbchen gepackt. Zwei andere Pilze sollten wir im Frühjahr aber auf jeden Fall auch nicht übersehen: den Sklerotienporling und den Schuppigen Porling. Manche Autor*innen weisen diesen Pilzen keinen hohen Speisewert zu, doch dem möchte die Autor*innen dieses Buches deutlich widersprechen. Der Sklerotienporling ist meistens ein saprobiontischer Holzbewohner, der Laubholz durch Weißfäule zersetzt. Der Pilz kann ein Sklerotium, eine verhärtete Kugel, bilden, aus dem auch nach langer Zeit noch Fruchtkörper gedeihen können. Das soll sich schon im alten Rom zunutze gemacht worden sein, um diesen aromatisch würzigen Pilz zu kultivieren. Wir empfehlen, besonders junge Fruchtkörper klein geschnitten in Cashew-Sahnesoßen zu geben. Eventuell mit etwas Lorbeer und Muskatnuss abschmecken. Bon appétit!

Den Schuppigen Porling, der dem Sklerotienporling äußerlich sehr ähnelt, haben wir ja noch in der Nase. Zur Erinnerung, dieser ebenfalls die Weißfäule auslösende Pilz hat einen Duft, der an Honigmelone erinnert. Ähnlich wie beim Sklerotienstielporling ist für den Verzehr zu beachten, dass die Fruchtkörper jung und zart sein sollten. Wenn der Fruchtkörper sich bei der Ernte zäh wie Schuhsohlen schneidet, ist er nichts mehr für den Kochtopf. Wenn er aber weich ist und unser Messer ganz geschmeidig und ohne wirklichen Widerstand einen Lappen abtrennt, dann können wir den Pilz gut verzehren, auch wenn der Fruchtkörper bereits einen halben Meter misst. Besonders nach einem ausgiebigen Regen können wir solche Prachtexemplare im Frühjahr finden. Für diesen Pilz hat sich für uns eine von der italienischen Küche inspirierte Zubereitung bewährt. Basilikum, Oregano und Thymian vom Fensterbrett, dazu angebratene Zwiebeln und gehackte Tomaten. Einfach köstlich.

SOMMER

Doch der Frühling währt nicht ewig, und wir wollen nun endlich mehr über die Speisekarte der Sommermonate wissen. Denn nun finden wir Thymian und Oregano nicht nur auf dem Fensterbrett, sondern auch auf den Wiesen und auf Waldwegen, an feuchten Standorten und an sonnigen. Damit kommt eine aromatische Würze auf den Teller, doch was gibt es dazu?

Vielleicht sollten wir ein bisschen Staub fressen. Am besten richtig ordentlichen Power-Protein-Aminosäuren-Superstaub, auch bekannt als Kiefernpollen, oder eben für Superfoodies: Pine Pollen. Dieser Staub, der Allergiker*innen jedes Jahr in Scharen in den Wahnsinn treibt, hat es energetisch echt in sich. Denn das Kieferngold steckt randvoll mit Proteinen und prollt zusätzlich mit allen essenziellen Aminosäuren rum. Das ist wirklich gar nicht so übel, denn Aminosäuren sind für unseren Körper Bauklötzchen zur Herstellung von Proteinen. Da Körper von Erwachsenen zu 14 bis 18 Prozent aus Proteinen bestehen,[67] sind sowohl die Eiweiße selbst als auch die Aminosäuren für unsere Ernährung nicht ganz unerheblich. Somit lohnt es sich, im Frühsommer auf die Pirsch zu gehen und ordentlich Pine Pollen zu sammeln. Dazu ernten wir zunächst die männlichen Blüten der Waldkiefer in ein Gefäß, geben sie anschließend in ein feines Sieb, und los geht's mit dem Rütteln und Schütteln. Mit etwas Geduld kommen wir so an das Kieferngold, ein feines gelbgoldenes Pulver, das wir auf verschiedenste Weise verwenden können. Der Geschmack ist nussig aromatisch mit einer waldigen Note und eignet sich hervorragend für Süßspeisen oder als Beigabe ins Müsli. Aber auch die Verwendung in deftigen Speisen ist denkbar. Da lohnt es sich, ein bisschen zu experimentieren. Allerdings lässt sich das feine Pulver nur bei Sonnenschein gut ernten.

Doch auch Regen soll uns nicht verzagen lassen, denn gerade in schön verregneten Sommern können wir in nährstoffarmen

Laub- und Nadelwäldern richtig viele Pfifferlinge finden. Diese Pilze enthalten nicht nur Betacarotine, die als Vorstufe von Vitamin A fungieren und somit der Vitamin-A-Mangelerscheinung Nachtblindheit vorbeugen können, sondern sind auch echte Ergocalciferol-Bomben. Wem das jetzt nichts sagt, der*die kann vielleicht mehr mit der Bezeichnung Vitamin D2 anfangen. Vitamin D2 wird genau wie Vitamin D3 im Körper zu der aktiven Form Calcitriol umgewandelt, die insbesondere für den Calciumhaushalt im Körper sehr wichtig ist. Bereits weniger als 50 g frische Pfifferlinge reichen aus, um den Tagesbedarf an Vitamin D2 zu decken,[68] und das Grandiose dabei ist, dass das Vitamin auch nach dem Trocknen in den Pilzen erhalten bleibt. Noch besser ist es, dass sich bereits in einer placebokontrollierten Studie an Menschen gezeigt hat, dass das Vitamin D2 aus den Pilzen bioverfügbar ist und Vitamin D2 aus Champignons, die zusätzlich mit UVB-Licht behandelt worden waren, helfen konnte, den Vitamin-D2-Status zu verbessern.[69] Wenn wir also im Sommer fleißig Pfifferlinge sammeln und bestenfalls noch in der Sonne trocknen, können wir uns die Sonne in den Winter mitnehmen.

Und wo wir schon mal dabei sind, Sonnenlicht für die kalte Jahreszeit zu konservieren, sollten wir uns unbedingt nach dem Johanniskraut umsehen. Dieses strahlend gelb blühende Kraut finden wir häufig an Waldrändern und Waldlichtungen. Seine nicht großen eiförmigen Blättchen haben winzige Öldrüsen, die, gegen das Sonnenlicht gehalten, wie kleine Löcher aussehen. Zur Sommersonnenwende, der Zeit des höchsten Sonnenstandes, ernten wir das Johanniskraut. Dazu zupfen wir mit etwas Feingefühl Blüten und Knospen der Pflanzen ab und sammeln sie in einem großen Einmachglas. Wenn wir dabei eine der gelben Blütenknospen zerdrücken, erleben wir ein überraschendes Farbspiel, denn die Pflanze scheidet dann einen tiefviolett-roten Farbstoff aus. Haben wir ausreichend Johanniskraut gesammelt, füllen wir das Einmachglas mit Olivenöl auf und verschließen es gut. Dann muss das Öl in die Sonne. Nun können wir über einen Zeitraum von Wochen beobachten, wie sich das Öl tiefrot verfärbt.

Nach einigen Wochen können wir das Rotöl dann filtern und in eine Flasche abfüllen. Dabei muss unbedingt beachtet werden, dass wir das Pflanzenmaterial nicht quetschen, um mehr Öl daraus zu gewinnen, auch wenn es uns rein intuitiv danach verlangt. Denn wenn wir das tun, quetschen wir auch das Wasser aus den Pflanzenteilen, unser Öl wird dadurch verunreinigt und neigt später im Jahr zur Schimmelbildung. Dieser Fehler hat uns mehrere Jahre begleitet, bis wir das Thema durch eine Internetsuchmaschine gejagt haben – mit Erfolg. Wenn wir uns aber zurückhalten und unser Öl ganz gemächlich von den Pflanzenresten tropfen lassen und alles Pflanzenmaterial geduldig aussieben, erhalten wir ein wunderschönes rotes Öl, das einen hervorragend nussigen Geschmack hat und vor allem in den Wintermonaten eine wirklich feine Sache ist. Allerdings sollten wir das Licht aus der Ölflasche nicht mit ausgiebigem Sonnenbaden oder Solariumbesuchen kombinieren. In kleinen Mengen ist der Verzehr von einigen Blüten und Blättchen vom Johanniskraut auch im Sommer kein Problem, doch die Inhaltsstoffe von Kraut und Öl können zusammen mit zu hoher Lichtexposition auch mal zu phototoxischen Hautreaktionen führen, die nicht unbedingt angenehm sind.

Noch drastischer können solche Reaktionen bei Berührung des Riesen-Bärenklaus ausfallen. Dieser mitunter über drei Meter hohe Doldenblütler kann uns im Sommer mit seinen Furocumarinen heftige Verbrennungen der Haut zufügen. Und auch sein kleiner Verwandter, der leckere Wiesenbärenklau, dessen aromatische Samen wir im Sommer gerne sammeln, sollte nur mit Vorsicht berührt werden. Am besten halten wir die Staude am Stängel mit einem Taschentuch fest, während wir die doldenförmigen Samenstände mit der anderen Hand abzupfen.

Denn das Risiko lohnt sich. Mit den unreifen, im August geernteten Samen können Soßen von einem ganz besonderen Aroma kreiert werden. Das Blattgrün ist zu dieser Jahreszeit nicht mehr so knackig und darf auf der Wiese verbleiben.

Knackig und frisch sind im Sommer hingegen viele Minzen. Und damit machen sie auch heiße Hochsommertage erträglich. Egal ob wir nun zur Rossminze greifen und uns Petroleumgeschmack in die Teetasse geben, oder zur frisch saftigen Apfelminze, ob wir die Wasserminze in Salate und Teekannen schnippeln oder die nach Banane schmeckende Ackerminze, es gibt für jeden Geschmack die richtige Minze.

An feuchten Standorten, wo wir gerade die Ackerminze oft finden können, treffen wir des Öfteren auch auf ein fast vergessenes Gewürz: den Wasserpfeffer. Auch diese Pflanze bleibt im Sommer oft saftig grün und kann, wenn man scharfe Speisen mag, sehr vorsichtig dosiert gegessen werden. Die Geschmacksnote ist, wie der Name es schon verrät, pfeffrig, jedoch deutlich schärfer als so manch herkömmlicher Pfeffer. Es ist schon sonderbar, dass jeder Haushalt Pfeffer kennt und wir Tag für Tag mit ihm würzen, obwohl er hier gar nicht wächst. Gleichzeitig übersehen wir den wilden Pfeffer in unseren Wäldern und schließen ihn aus unserer Speisekultur aus. Ist es nicht gut, zu wissen, dass wir es gar nicht so weit haben, um dahin zu gehen, wo der Pfeffer wächst?

Der Sommer ist auch die Zeit der Beerenfrüchte, und auch wenn Klugscheißer*innen immer wieder anmerken möchten, dass Erdbeeren Nüsse sind, wollen wir als erste Sommerbeere auf jeden Fall die Walderdbeere nennen. Diese süßen kleinen Leckereien eignen sich kaum zur Mitnahme nach Hause, aber sie versüßen uns jeden Marsch in sengender Hitze. Auch die Brombeeren, die an nährstoffreichen Standorten ebenso wie Himbeeren unsere Wege säumen, schmecken so vortrefflich, dass wir uns wagemutig ihren Dornen entgegenwerfen, um ihre reifen Früchte zu ergattern. Und obwohl die Beeren hervorragend süß und lecker schmecken, haben sie doch im Vergleich zu vielen anderen Früchten wenig Zucker. Auf 100 g Himbeeren kommen 4,42 g Zucker, und 100 g Brombeeren enthalten auch nur 4,88 g Zucker.[70] Im Vergleich dazu sind Bananen mit 12,23 g Zucker[71] pro 100 g echte Zuckerbomben. Auch die Johannisbeere und die Blaubeere können uns den Sommer mit reicher Ernte versüßen. Oft hängen diese Sträucher so voll, dass es möglich ist, für den Winter vorzusorgen und leckere Marmeladen einzukochen. Die Maulbeere, die wir im Hochsommer in Parks und an Wegesrändern finden können, trägt ebenfalls wunderbar süße Früchte, die denen der Brombeere sehr ähneln, jedoch geschmacklich eher an Feigen erinnern. Außerdem enthalten die getrockneten Maulbeeren eine nicht unerhebliche Menge pflanzlichen Proteins und 17 verschiedene Aminosäuren – wir erinnern uns an die Bauklötzchen.

Doch auch auf frische Salatkräuter müssen wir im Sommer nicht verzichten. An nährstoffreichen, feuchten Standorten können wir im Hochsommer die Kleine Braunelle noch und nöcher finden. Diese Pflanze schmeckt sehr gut und verleiht jedem Gericht eine besondere optische Note durch ihre tiefvioletten Lippenblüten. Auch das Knopfkraut ist ein Hingucker auf dem Teller und ein Hinschmecker auf der Zunge. Dieses leckere Salatkraut, das ebenfalls auf nährstoffreichem Boden zu finden ist, erkennen wir anhand der weniger als einen Zentimeter kleinen Blüten sehr gut. Der Gewöhnliche Gilbweiderich blüht ebenfalls im Hochsommer, und auch seine Blüten mit ihrem säuerlichen Aroma sind ein echtes Highlight dieser Jahreszeit. Im schönen Kontrast dazu können die Blüten von Kornblume und Blutweiderich den sommerlichen Salatteller schmücken.

HERBST / WINTER

Mit den Sonnnenstunden werden auch die Blüten an den Pflanzen weniger. Doch das muss uns nicht betrüben, denn dort, wo es zuvor geblüht hat, können wir später im Jahr oft andere Leckereien ernten. Wenn wir nachhaltig gesammelt haben, versteht sich. Dann können wir uns am Wegesrand über die Samen vom Breitwegerich hermachen, der mit dem uns oft bekannteren Flohsamen verwandt ist und ergo ordentlich Ballaststoffe zu bieten hat. Frohes Scheißen!

Die Nachtkerze, die Zier der Abendstunden im Sommer, hat auch Samen zu bieten, die in grünen Kapselfrüchten heranreifen. Für die Ernte dieser Samen ist es sinnvoll, nicht jede Kapselfrucht mühsam aufzupulen, sondern die geschlossenen Kapseln in einem Gefäß trocknen zu lassen. Sie öffnen sich beim Trocknen, und die Samen können ganz einfach rausgeschüttelt werden. Ein Sieg für die Arbeitsscheuen und Zeitgewinn für Müßiggänger*innen. In der so gewonnenen Zeit lässt sich beispielsweise rausfinden, was an den Nachtkerzensamen so Famoses dran ist. Und ja, da gibt es einiges. Denn das Öl, das aus Nachtkerzensamen gewonnen wird, enthält 70 bis 74 Prozent Linolsäure und acht bis zehn Prozent Gamma-Linolensäure.[72] Linolsäure ist eine zweifach ungesättigte Omega-6-Fettsäure und ein essenzieller Nährstoff. Das heißt, dass diese Fettsäure nicht vom Körper selbst synthetisiert werden kann, sondern über die Nahrung aufgenommen werden muss. Allerdings findet sich die Linolsäure in vielen Speiseölen wie Traubenkernöl, Distelöl, Sonnenblumenöl, Kürbiskernöl und Rapsöl. Gamma-Linolensäure findet sich in weit weniger Lebensmitteln. Außer im Nachtkerzenöl lässt sich die dreifach ungesättigte Omega-6-Fettsäure auch in Hanföl und in den Ölen verschiedener Raublattgewächse finden, so zum Beispiel im Borretsch.[73] Der Körper kann Gamma-Linolensäure direkt aus der Nahrung resorbieren. Wenn wir nicht genug von dieser wertvollen Fettsäure essen, synthetisiert der Körper sie aus

Linolsäure. Damit ist Gamma-Linolensäure zwar keine essenzielle Fettsäure, aber sie ist dennoch an vielen Prozessen im Körper beteiligt, und wir können froh sein, durch ein paar leckere Nachtkerzensamen im Brötchenteig eine kleine Menge an Gamma-Linolensäure aufnehmen zu können.

Auch die Springkräuter ballern im Herbst ordentlich mit Samen um sich. Also wortwörtlich. Denn wenn wir im Herbstwald eine Pflanze des Indischen Springkrauts berühren, dann fliegt wirklich alles in die Luft. Das Indische Springkraut ist inzwischen häufiger zu finden als das einheimische Rührmichnichtan. Beide Pflanzen, sowie das kleine Springkraut, bieten jedoch durch ihre Geschosse, die sie bei Berührung aus ihren Samenkapseln katapultieren, eine leckere Nahrungsquelle, denn die Samen aller Springkräuter schmecken angenehm nussig und eignen sich geröstet auf Wildkräutersalaten oder eingebacken in Brot.

Ebenfalls mit nussigem Aroma hervorragend für die Herbstküche geeignet sind Nüsse. Auch diese kleinen Energielieferant*innen können mit ordentlich Fett punkten. Walnüsse enthalten besonders viel Alpha-Linolensäure, eine essenzielle dreifach gesättigte Omega-3-Fettsäure. Auch Haselnüsse sind richtige Fettpakete und können uns, falls der Bedarf besteht, mit 61 Prozent Fettgehalt helfen, ein bisschen Winterspeck anzufuttern. Die Früchte der Esskastanie haben hingegen einen relativ niedrigen Fettgehalt. Allerdings sind die enthaltenen Fette größtenteils von der guten Sorte.

Eine andere Nuss, die selten gesammelt wird, ist die Buchecker. Wenn kaum eine*r die Haselnüsse aus dem eigenen Garten erntet, weil man da doch ernsthaft die Schale knacken muss, während die Supermarkthaselnüsse sauber ohne Nussknacker verzehrfertig ihrer Plastikverpackung entnommen werden können, wie realitätsfern ist dann die Idee, Bucheckern aus dem Wald zu ernten, was kein so leichtes Unterfangen ist. Denn ja, Bucheckern machen Arbeit. Zunächst muss sich viel gebückt werden, um an die kleinen Schätze ranzukommen. Dann machen sich Kenner*innen bereits daran, die kleinen inneren Früchte der Bucheckern zu knacken. Machen wir das nicht, erwartet uns zu Hause eine böse Überraschung. Denn oft ist ein großer Teil der Bucheckern bereits verdorben. Es lohnt also, sich direkt im Wald die Zeit zu nehmen, die Spreu vom Weizen zu trennen. Dieses Gepule braucht Übung, und so kann das Schälen der ersten Buchecker schon mal eine Minute oder länger dauern. Haben wir erst mal den Dreh raus, geht es schon etwas schneller, aber wir dürfen nicht enttäuscht sein, wenn wir nach einer Stunde Sammeln und Pulen nicht mehr als eine Handvoll Nüsse zusammenhaben. Dann sollten wir die Guten auch noch rösten, denn roh sind die Bucheckern leicht giftig. Alles in allem also viel zu anstrengend für unsere schnelllebige Zeit, oder etwa doch nicht?

Wenn das noch nicht genug Arbeitsschritte sind, um mit dem Gefühl, wirklich etwas geleistet zu haben, am Ende des Tages zufrieden in die Kissen zu sinken, dann können wir uns daranmachen, Eicheln zu sammeln. Denn aus diesen Nüssen lässt sich ein glutenfreies Mehl herstellen, das vielseitig eingesetzt werden kann. Dafür müssen die Eicheln erst einmal geröstet werden. Im Ofen, bei 200 Grad und zehn Minuten lang. Danach entfernen wir die Schalen und legen die Nüsse in Wasser, um die Gerbstoffe auszuschwemmen. Das sehen wir daran, dass sich das Wasser trübt. Jetzt geht der Spaß erst richtig los. Alle paar Stunden wechseln wir das Einweichwasser, und erst wenn kaum mehr Gerbstoffe austreten, gehen wir zum nächsten Arbeitsschritt über. Jetzt können die Eicheln getrocknet und im Anschluss gemahlen beziehungsweise ganz unromantisch im Mixer zerhäckselt werden. Im Grunde genommen gar nicht so schwer.

Wollen wir trotzdem ruhig schlafen, müssen wir im Herbst noch mehr tun. Wir müssen ab in die Pilze. Streifen wir nach einem schönen Oktoberregen durch die Wälder, umgibt uns eine bunte Vielfalt. Doch wo sollen wir zugreifen? Das kommt ganz auf unseren Kenntnisstand an. Als Pilzneulinge sollten wir uns langsam mit den Arten vertraut machen und zunächst erst mal die Röhrlinge unter die Lupe nehmen. Steinpilz und Marone lassen sich schnell erkennen, wobei wir natürlich nicht auf die bitteren Gallenröhrlinge hereinfallen sollten. Auch die Flockenstieligen Hexenröhrlinge sind gut bestimmbar, wobei wir den Satansröhrling im Hinterkopf behalten sollten. Insgesamt gibt es in der Röhrlingsfamilie aber sehr wenige Giftpilze, weshalb wir hier auch anhand des Ausschlussverfahrens gut vorankommen. Sind wir mit den Röhrlingen schon ein bisschen vertraut, können wir uns den Sprödblättlern widmen. Auch der eine oder andere Blätterpilz lässt sich von Anfänger*innen gut bestimmen. Wir sollten uns aber auch zügeln, wenn wir uns unserer Sache nicht sicher sind, und lieber einen Pilz mehr im Wald lassen, als den Tod in die heimische Suppenschüssel mitzunehmen. Nach und nach begegnen uns dann aber immer mehr Speisepilze in allen Farben.

Ein besonders farbenfrohes Exemplar ist der Dunkelviolette Schleierling, der in einem wirklich besonders schönen Violett erstrahlt. Dieser Pilz ist sehr schwer zu bestimmen und definitiv nichts für Pilzneulinge, denn gerade unter den Schleierlingen gibt es viele tödlich giftige Hutträger*innen. Allerdings hat dieser ohnehin als nicht sehr schmackhaft geltende Pilz eine Besonderheit: Er enthält sehr viel Eisen. Mit 740 mg auf 100 g Pilz hat er den höchsten Eisengehalt aller bekannten Pilze, und diese Eisenionen sind es auch, die ihm die besondere Farbe verleihen.[74] Mit 100 g Pilzmahlzeit kämen wir also auf circa 7000 Prozent unseres Tagesbedarfs an Eisen.

Doch wenn wir lila Pilze verspeisen wollen, können wir auch zu den Violetten Lacktrichterlingen greifen, die im Herbst oft massenhaft auf den Waldböden zu finden sind. Auch der sehr schmackhafte Violette Rötelritterling kann in den Korb wandern. Dazu vielleicht ein paar Blaue Träuschlinge, einige Blutreizker und – wenn wir sie denn sicher bestimmen können – ein Büschel Stockschwämmchen, und schon erstrahlt eine bunte Farbenpracht im Sammelkörbchen.

Haltbar machen lassen sich viele Pilze dann durch Trocknung. Manche Pilze entwickeln beim Trocknen sogar ein noch intensiveres Aroma, wie beispielsweise der Sandröhrling. Auch die Leistlinge, wie die Totentrompeten, werden von manchen Sammler*innen zunächst gerne getrocknet, um ihr ganzes fantastisches Aroma herauszukitzeln. Neben dieser spitzenmäßigen Form der Konservierbarkeit haben Leistenpilze auch noch einen anderen Trumpf in der Tasche. Diese Pilze widerlegen nämlich den weitverbreiteten Irrglauben, dass Vitamin B12 nur in tierischen Produkten vorkommt. Tatsächlich enthalten Totentrompeten und Echte Pfifferlinge eine nicht unerhebliche Menge an Vitamin B12, und zwar 1,09 bis 2,65 µg pro 100 g Trockengewicht.[75] Das reicht zwar nicht unbedingt, um den Tagesbedarf an diesem Vitamin zu decken, zumal wir die Pilze nicht das ganze Jahr ernten können, aber es ist auch nicht zu vernachlässigen.

Doch nicht nur B12 lässt sich in Pilzen finden, auch andere B-Vitamine sind in der Funga keine Seltenheit. Der Schopftintling, der mancherorts in Massen auftritt, enthält pro 100 g Frischpilz so viel B1, B2 und B3, dass wir mit dem Verzehr bereits unseren Tagesbedarf an diesen Vitaminen decken können.[76]

Das Größte für Pilzsammler*innen, die auf ordentlich Eiweiß stehen, ist der Riesenbovist. Dieser Pilz kann durch seine beachtliche Größe nicht nur eine Großfamilie satt machen, sondern enthält auch verhältnismäßig viel Protein. Wie viel genau, ist jedoch nicht ganz klar, da sich in verschiedenen Untersuchungen Werte zwischen 13 und 50 g pro 100 g[77] gezeigt haben. In

Scheiben geschnitten, paniert und in die Pfanne geworfen, ist dieser Pilz ein unschlagbares veganes Schnitzel.

Wie wir sehen, eröffnet uns die Kenntnis der Funga unzählige kulinarische Möglichkeiten. Doch wie können wir die Pilze haltbar machen? Neben der Trocknung steht uns auch die Möglichkeit offen, Pilzgerichte einzufrieren. Wenn wir beispielweise eine leckere Pilzsoße zubereitet haben, aber nichts mehr in unseren Bauch reinbekommen, lassen sich die Reste gut einfrieren. Bekommen wir Heißhunger auf Pilze, können wir alles wieder erhitzen und erneut schlemmen. Außerdem eignen sich viele Pilze auch zum sauren Einlegen. Da kann dann der Kreativität freien Lauf gelassen werden, und wilde Experimente mit verschiedenen Gewürzen führen oft zu fantastischen Kreationen.

Neben der Pilzzeit beginnt im Herbst auch die Zeit der wilden Wurzelgemüse. Viele Pflanzen, die schmackhafte und nahrhafte Wurzeln haben, sind schon beinahe in Vergessenheit geraten und werden kaum noch verwendet. Wie schade. Denn während unsere orangen Kulturmöhren sicherlich lecker aussehen und auch ein gutes Aroma haben, können sie es geschmacklich nicht mit wilden Möhren aufnehmen. Die sind zwar weiß und meistens auch kleiner, dafür aber einfach noch viel möhriger im Geschmack.

Während jedoch die Wilde Möhre noch einigermaßen bekannt ist, sind die Wurzeln der Großen Klette und ihr hervorragendes Aroma größtenteils in Vergessenheit geraten. Dabei ist sie sehr verbreitet und bleibt mit ihren reifen Fruchtständen nicht nur im Gedächtnis hängen. In Japan, Taiwan und Korea werden die Wurzeln auch heutzutage noch gerne verspeist. Für die Ernährung sind diese Wurzeln auch insofern wertvoll, als sie ungefähr 50 Prozent Inulin und andere Fructane enthalten.[78] Diese Mehrfachzucker helfen Pflanzen, Dürrezeiten besser durchzustehen. Bei uns Menschen lassen sie die Darmbakterien wahre Fermentationsfeste feiern, bei denen gute Bakterienstämme wachsen und gedeihen und pathogene Bakterien abgewehrt werden. So können Infektionen verhindert und das Immunsystem aufgepäppelt werden. Außerdem scheint Inulin eine blutzuckerstabilisierende Wirkung zu haben, was sowohl für Menschen mit einem drohenden Diabetes als auch für bereits daran erkrankte Personen von Vorteil sein kann.[79] Darüber hinaus kann Inulin als Stärkeersatz dienen, da es mangels Inulinase im menschlichen Verdauungstrakt nicht resorbiert werden kann. Zudem könnte es sogar sein, dass sich Inulin bei Heißhungerattacken als hilfreich[80] erweist. Gar nicht schlecht also, dieses Inulin.

Und die Große Klette enthält nicht als einzige wilde Wurzel Inulin. Auch die Wurzelknöllchen von Topinambur enthalten circa 18 Prozent Inulin.[81] Dadurch schmecken die Knollen angenehm süßlich. Sie können ebenso wie die Wurzeln der Großen Klette roh in Salate gegeben werden, schmecken aber auch gegart als Ofen- oder Pfannengemüse ganz wunderbar.

Die Wegwarte enthält ebenfalls reichlich Inulin in ihren Wurzeln. Bei dieser Pflanze wird sich das Inulin traditionell auf etwas andere Weise zunutze gemacht, und zwar zur Herstellung von Muckefuck. Dabei handelt es sich um einen Kaffeeersatz, der durch Trocknen, Rösten und Mahlen der Wegwartenwurzel hergestellt wird. Bei diesem Verarbeitungsprozess wird ein Teil des enthaltenen Inulins zu Oxymethylfurfurol umgewandelt, das beim Aufbrühen des Getränks ein kaffeeähnliches Aroma entfaltet.

Doch die wilde Wurzelwelt hält noch viele weitere unvergleichliche Würzelein für uns bereit. Die Engelwurz lässt ja schon durch ihren Namen verlauten, dass der Genuss ihrer Wurzel uns in himmlische Gefilde emporheben kann. Die Ährige Teufelskralle holt uns mit ihrer leicht scharfen Wurzel auf den Boden der Tatsachen, und die Nachtkerzenwurzel kann für uns nicht nur ein Licht in dunklen Zeiten, sondern zudem ein Wurzelgemüse von erlesenem Geschmack sein. Auch die Wurzeln des Löwenzahns sind vom Herbst bis ins Frühjahr hinein zur Ernte bereit, und wenn wir uns noch mehr Wurzeln einverleiben wollen, sollten wir beherzt nach den Rhizomen des Sumpfziests oder nach den Würzelchen der Knoblauchsrauke graben. Dabei können wir uns dann auch mal wieder die Finger schmutzig machen und uns an unsere Kindheit erinnern. Buddeln hat doch schon immer Spaß gemacht, vorausgesetzt natürlich, die Erde ist nicht gefroren. Und wenn der Winter erst mal so richtig zuschlägt, macht das Buddeln nicht mehr so viel Freude.

Dann ist eine gute Zeit, um auf die Pirsch nach Früchten zu gehen. Ja, richtig gelesen. Früchte. Zum Beispiel nach den Vitamin-C-reichen Hagebutten, die an der Hundsrose wachsen. Sowohl frisch verzehrt als auch eingekocht als Mus schmecken diese leuchtend roten Früchte einfach hervorragend.

Auch die säuerlich-frischen Früchte der Berberitze sind im Winter, wenn der Boden von einer dicken Schneedecke verhüllt ist, reif zur Ernte. Besonders gut kommt ihr Aroma nach persischer Rezeptur mit Reis und Safran zur Geltung. Aber auch frisch vom Strauch oder im Salat machen sie was her.

Die Welt der Pilze ist im Winter ebenfalls nicht ganz untätig, und wir können in der kalten Jahreszeit reiche Ernten einfahren. Ob es nun kiloweise Austernseitlinge oder Samtfußrüblinge sind, die Pilze des Winters lassen sich oft in großer Zahl finden und gehören zu den schmackhaftesten Pilzen überhaupt. Gerade das Judasohr, nach dem wir uns beim Holunder umhören sollten, ist zu Recht sehr beliebt in Winterpilzgerichten. So lässt sich die kalte Zeit schon aushalten.

Allerdings wäre es besonders schön, wenn es dazu auch noch einen warmen Tee gäbe. Und den gibt es. Denn gerade im Winter, wenn die Bäume ihr Laub abgeworfen haben, können wir einen ausgesprochen schmackhaften Teepilz sehr gut finden: den Schiefen Schillerporling, auch Chaga genannt. Eigentlich finden und ernten wir natürlich weder Pilzmyzel noch Fruchtkörper, sondern das Sklerotium dieses Parasiten. Der Tee aus ein paar kleinen Bröckelchen des schwarzen Sklerotiums ist tiefschwarz und wärmt ganz herrlich von innen. Wirklich wunderbar.

Und auch an Kräutern soll es uns in der kalten Jahreszeit nicht fehlen, denn so manches Kraut gedeiht auch bei Minusgraden und kann sogar unterm Schnee gefunden werden. Besonders die Vogelmiere kann uns im Winter vielerorts mit ihrem frischen Grün aufwarten. Sie hat ein mildes Aroma und ist eine tolle Salatgrundlage. Dazu können wir einige Blätter des Scharbockskrauts geben, das sich gerade in milden Wintern schon früh im Jahr zeigt. Diese glänzenden Blättchen haben ein köstliches leicht scharfes Aroma und veredeln jeden anständigen Wildkräutersalat im Februar. Auch die scharfe Brunnenkresse und der Weinbergslauch können den ganzen Winter über gefunden werden. Sie putzen unsere Nebenhöhlen gründlich durch und würzen unsere Salate und Brotaufstriche.

Der Kreis schließt sich, und wie wir sehen konnten, bietet jede Jahreszeit eine große Vielfalt an leckerer wilder Nahrung, wobei hier nur eine kleine Auswahl überhaupt genannt werden konnte. Kräuter und Pilze versorgen uns mit den Vitaminen, Spurenelementen, Mineralstoffen und Nährstoffen, die unsere Körper benötigen. Sie lassen uns kulinarische Höhenflüge erleben und bieten uns darüber hinaus das Abenteuer, die Natur zu erkunden. Damit nähren sie nicht nur unseren Körper, sondern auch unseren Geist. Und eingedenk all dieser Geschenke, die uns das Leben jeden Tag überreicht, im Angesicht der Schönheit, die wir immer wieder erfahren dürfen, im Bewusstsein der Vielfalt und Verwobenheit aller Lebensformen der Natur, wird unser Herz groß, und Dankbarkeit nährt unser Selbst.

Die Unterholzapotheke

Wilde Nahrung ist oft Medizin und wilde Medizin zugleich auch Nahrung. Ob nun Wildpflanzen oder Pilze, viele der Schätze, die unseren Sammelkorb bereichern, können uns in unserer alltäglichen Ernährung sehr zuträglich sein. Nicht nur, da sie, wie wir im letzten Kapitel bereits erfahren haben, einen nicht unerheblichen Teil der benötigten Nährstoffe, Vitamine, Mineralien und Spurenelemente liefern und damit konventionelle Nahrung meist bei Weitem übertrumpfen. Wilde Nahrung enthält zudem unzählige andere Stoffe, die sowohl unser allgemeines Wohlbefinden als auch unsere körperliche und geistige Leistungsfähigkeit steigern können. Außerdem finden wir in diesen Lebensmitteln Substanzen, die präventiv gegen verschiedenste Erkrankungen wirken und bereits bestehende akute oder chronische Erkrankungen lindern und bisweilen sogar heilen können.

In den letzten Jahren kommt die Erforschung der medizinischen Wirkung von Pilzen immer mehr in Fahrt. Eine sehr gute Entwicklung, denn entsprechende Studien machen immer mehr verblüffende Entdeckungen, was die Heilwirkungen von Pilzen angeht. Die Erforschung von Heilpflanzen ist nicht so sehr im Trend, was schade ist. Allgemein fehlen sowohl bei den meisten Pilzen als auch Pflanzen oft aussagekräftige Studien am Menschen, und die meisten Versuche finden im Reagenzglas oder an Tieren statt. So sind wir zwar in der Lage, dass wir zu den Wirkungen mancher Pilze oder Pflanzen Hunderte von Studien mit positiven Ergebnissen lesen können, die entdeckten Wirkungen aber, mangels klinischer Studien, noch nicht auf den Menschen übertragbar sind. Die Erforschung der Heilwirkungen von Pflanzen und Pilzen sollte darum intensiviert werden, da uns sonst vermutlich reihenweise die Medikamente der Zukunft entgehen. Denn viele der Medikamente, die wir heute einsetzen, werden zwar synthetisch hergestellt, haben ihre geschichtlichen Wurzeln aber in Wirkstoffen, die in Pflanzen und Pilzen entdeckt wurden. In diesem Kapitel wollen wir einen Blick in die Naturapotheke werfen und uns anhand von ein paar Beispielen die mannigfaltigen Heilkräfte der Natur anschauen.

Eine Wirkstoffgruppe, auf die wir besonders häufig bei Pflanzen treffen, sind Alkaloide. Alkaloide sind Stickstoffverbindungen, die oft sehr gut vom Menschen resorbiert werden können. Die meisten Alkaloide sind bitter und giftig, weshalb wir sie idealerweise nicht in unserem Wildkräutersalat finden. Das Taxin der Eibe und das Colchicin der Herbstzeitlosen sind Alkaloide, die diese Pflanzen so giftig machen, dass sie uns sogar töten können. Alkaloidhaltige Pflanzen finden wir zwar oft unter der Rubrik Giftpflanzen, aber viele von ihnen gehören zugleich zu den bedeutendsten Heilpflanzen der Geschichte. Eine von ihnen, die wir mit etwas Glück auch wild in der Natur finden können, ist der Schlafmohn. Er enthält das Alkaloid Morphin, welches die Grundlage für unzählige Schmerzmittel der Pharmazie ist und schon viele Leben gerettet hat. Zugleich hat der Stoff als stark suchterzeugendes Rauschmittel schon viele Menschen ins Jenseits befördert. Die meisten Alkaloide finden wir zwar in Pflanzen, aber auch in Pilzen können wir fündig werden. Der berühmte Mutterkornpilz enthält das Alkaloid Ergotamin, welches der Basisstoff zur Synthese von LSD ist. Alkaloide dienen wahrscheinlich dazu, Fressfeind*innen abzuwehren, was durch den bitteren Geschmack und die oft vorhandene Giftwirkung auch glückt.

Eine andere Wirkstoffgruppe, die wir manchmal schon aus der Entfernung mit unseren Sinnen aufspüren können, sind ätherische Öle. Bei vielen Pflanzen bedarf es keiner chemischen Analyse, um das Vorhandensein dieser Stoffe festzustellen, sondern einfach nur einer funktionierenden Nase. Die ätherischen Öle geben vielen Kräutern ihr Aroma und eröffnen uns ganze Welten an kulinarischen Möglichkeiten. Zugleich besitzen sie potente Heilkräfte. Das Menthol, welches wir in vielen Minzen finden, wird besonders gerne zur Schleimlösung verwendet. Die ätherischen Öle des Kümmels werden zur Entkrampfung des Magen-Darm-Traktes genutzt, die der Kamille wiederum gegen Entzündungen. Viele ätherische Öle sind nicht nur schleimlösend, entkrampfend oder entzündungshemmend, sondern zugleich sehr gut wirksam gegen allerlei Viren, Bakterien, Pilze oder Parasiten. Inhaliert wirken sich viele ätherische Öle positiv auf die Psyche aus, manche belebend, andere beruhigend. Die Welt der ätherischen Öle ist so faszinierend wie sinnlich, so heilsam wie aromatisch.

Natürlich riecht nicht alles, was ätherische Öle enthält, gleich nach einem Ausflug ins Duftparadies. Für viele Pflanzen trifft das zwar tatsächlich zu, doch es gibt schon die eine oder andere Ausnahme. Eine besonders anmutige Ausnahme ist die Knotige Braunwurz. Wir finden sie vor allem an feuchten Stellen in Wäldern. Ihre kleinen Blüten fallen kaum auf, doch bei genauerem Hinsehen zeigt sich ihre Schönheit. Winzig kleine weinrote Blüten, die wie Tore zu magischen Welten wirken. Doch diese in der Geschichte sehr geschätzte Heilpflanze hat einen Haken: ihren Geruch. Schon beim Vorbeigehen lässt sich manchmal der muffige, moderige Geruch wahrnehmen. Nicht umsonst wird die Pflanze im Englischen auch manchmal »Stinking Christopher« genannt.

Ob in Löwenzahn oder Wegwarte, in Milzkraut oder Wermut, in vielen Wildpflanzen finden wir die köstliche Bitterkeit in

Form von Bitterstoffen. Während sie in der konventionellen Nahrung oft weggezüchtet worden sind, finden wir sie in der Natur noch in allen Abstufungen. Die Bitterstoffe treffen im Mund auf die Bitterstoffrezeptoren. Diese wiederum stoßen die Produktion von Speichel und Verdauungssäften an. So wird der Appetit angeregt und die Verdauung gleich mit. Sowohl Magen als auch Darm und Galle kommen mit Bitterstoffen richtig in die Gänge. Da die Forschung in den letzten Jahren immer mehr entdeckt, wie wichtig das Mikrobiom für unsere Gesundheit ist, könnten auch Bitterstoffe in Zukunft wieder ein Revival erleben. Da ist es praktisch, dass jeder Flecken Natur, von unserer Haustür bis in den tiefsten Wald hinein, jede Menge Bitterstoffe zu bieten hat. Wie wir sehen, gibt es also gutes Bitter und schlechtes Bitter. Denn während uns einige bitter schmeckende Alkaloide die Pforten unter die Erde öffnen, sind andere Bitterstoffe der Gesundheit zuträglich und ein Balsam für unseren Verdauungstrakt.

Jetzt wird's bunt. Eine weitere Wirkstoffgruppe, der wir in der Natur begegnen, sind die Flavonoide. Sie sind es, die den Blüten ihre Farbe geben, damit die Pflanzen ihre Bestäuber*innen anlocken können. Zusätzlich bieten sie den Pflanzen einen UV-Schutz, schützen vor Fraßfeinden, Viren, Bakterien und Pilzen und tun noch vieles Nützliche mehr. Die Liste der Aufgaben der Flavonoide ist sehr lang. Nicht ganz so lang allerdings wie die Liste der verschiedenen Flavonoide, denn es gibt über 6000 Flavonoide.[82] Eine nicht mehr so leicht überschaubare Anzahl. Es wäre schon ein visionäres Ansinnen, sie alle zu erforschen. Denn wie es scheint, gehen sie nicht einfach nur tatenlos durch unseren Organismus, sondern haben einiges auf dem Kasten. Insgesamt gibt es immer mehr Studien, die zeigen, dass ein hoher Flavonoidkonsum eine präventive Wirkung für die Gesundheit hat. So zeigten sich bereits vorbeugende Wirkungen gegen Herz-Kreislauf-Erkrankungen, Krebs, Diabetes und kognitive Erkrankungen.[83]

Oft ist die Studienlage noch recht dünn, aber es sieht sehr vielversprechend aus. Insbesondere Wildpflanzen und -früchte enthalten oft besonders viele Flavonoide, sie sprudeln förmlich über vor ihnen. Der hohe Gehalt an Flavonoiden und die große vorhandene Vielfalt sind wohl Hauptgründe, die für eine Ernährung sprechen, welche wilde Nahrung miteinbezieht.

Natürlich sind längst nicht alle Flavonoide abschließend erforscht. Einige hingegen schon besser. Der Weißdorn zum Beispiel ist eine Pflanze, die schon seit jeher als Heilpflanze für die Herzgesundheit verwendet wird. Weißdorn ist in der Lage, die Kontraktionskraft des Herzens zu stärken, und gleichzeitig erweitert er die Herzkranzgefäße. Die vielseitigen Wirkungen des Weißdorns, die in den letzten Jahrtausenden die Lebensqualität vieler Menschen verbessert haben, verdanken wir vor allen Dingen oligomeren Proanthocyanidinen, die zu den Flavonoiden gehören.[84]

Wenn wir uns an dieser Stelle in Erinnerung rufen, wie weitverbreitet Flavonoide in Pflanzen sind und dass es weit über 6000 verschiedene gibt, ahnen wir so langsam, was die Flavonoide für ein Fass der Vitalität aufmachen. Als die Flavonoide in den 30ern entdeckt wurden, nannte man sie zunächst Vitamin P und ahnte wohl noch nicht, was für eine Welt an Wirkstoffen sich über die nächsten Jahre offenbaren würde. Mittlerweile sind Flavonoide aus der Forschung nicht mehr wegzudenken. Quercetin beispielsweise, welches wir unter anderem in Holunderblüten, Kleinem Wiesenknopf, Birken oder auch Stiefmütterchen finden, hat sich bei Sportler*innen als ein wirksames Mittel gegen Muskelkater erwiesen.[85] Linarin hingegen hat eine sedierende Wirkung und kommt vor allem im Echten Baldrian vor. Mit der sedierenden Wirkung haben viele von uns bereits Bekanntschaft machen können, doch derzeit wird zudem eine mögliche Anwendung gegen Alzheimer untersucht.[86] Die Welt der Flavonoide ist so facettenreich wie die Natur selbst, und es wäre nicht verwunderlich, wenn mehr wissenschaftliche Erkenntnisse über sie dazu führten, dass sie eine immer wichtigere Rolle in der Ernährung und Medizin spielen.

Iridoide sind eine Wirkstoffgruppe, mit der sich Pflanzen vor allem davor schützen, gefressen zu werden. Doch manche von ihnen können wir Menschen uns zunutze machen. Das Iridoid Aucubin ist besonders bekannt. Es wirkt antibiotisch und entzündungshemmend. Wir finden es beispielsweise im Spitzwegerich. Das Aucubin ist der Grund, warum es hilft, Spitzwegerichblätter auf Insektenstiche zu reiben, oder auch, warum Spitzwegerichextrakte in Hustensäften und Ähnlichem zum Einsatz kommen. Apropos Hustensaft – viele Pflanzen enthalten Schleimstoffe. Diese können gereizte Schleimhäute beschleimen und damit ihr Leiden lindern. Praktischerweise finden wir im Spitzwegerich solche Schleimstoffe, aber auch in vielen anderen Pflanzen kommen sie vor, zum Beispiel in Lindenblüten oder in den köstlichen Wilden Malven.

Ganz anders als die Schleimstoffe handhaben es die Saponine. Wenn sie mit Wasser zusammenkommen, bilden sie keine schleimigen Gele, sondern seifigen Schaum. Aus ihnen lässt sich Seife herstellen, aber sie haben auch medizinische Eigenschaften: Sie wirken entzündungshemmend, harntreibend, schleimlösend, antibiotisch und vieles mehr. Wer jetzt gleich zur Spritze greift und denkt, sich Saponine intravenös ballern zu müssen, sei jedoch gewarnt: Richtig dosiert und oral aufgenommen, mögen sie vielleicht eine Vielzahl an heilsamen Wirkungen haben, gelangen sie jedoch ins Blut, lösen sie eine Hämolyse aus. Unsere roten Blutkörperchen beißen also lieber ins Gras, anstatt sich mal richtig zu waschen. Die haben nämlich ein akutes Problem mit Seife, diese alten Stinker.

Nun haben wir ein paar Wirkstoffgruppen der Pflanzen kennengelernt. Es sind bei Weitem noch nicht alle. Hinzu kommt die Vielfalt all der unterschiedlichen Wirkstoffe innerhalb dieser

Gruppen, und schwupps sind wir erschlagen von dieser geballten Masse an Heilkräften. Es ist, als würde uns eine ganze Bibliothek auf den Kopf fallen. Doch was ist zu tun, falls genau das mal passiert und wir schwer verletzt am Boden liegen? Natürlich, wir schauen uns um und erblicken, wie durch ein Wunder, den Beinwell. Im Beinwell finden wir einen ganz besonderen Wirkstoff, nämlich Allantoin. Dieser wundervolle Stoff unterstützt unseren Körper dabei, neue Zellen aufzubauen und zu bilden beziehungsweise geschädigte zu regenerieren. Damit fördert Allantoin ganz wunderbar die Wundheilung.[87] Da unsere Vorfahr*innen nicht alle auf den Kopf gefallen waren, galt der Beinwell seit langer Zeit als eines der besten Heilmittel bei Knochenbrüchen und offenen Wunden, ganz ohne Studien oder die Kenntnis des Allantoins.

Wenn gegen Knochenbrüche vorgesorgt werden soll, ist es wichtig, sich mit entsprechenden Vitaminen und Mineralstoffen zu versorgen. Wie wir im letzten Kapitel schon erfahren haben, ist das insbesondere mit wilder Nahrung gar nicht so schwer. Doch ein Spurenelement, das bisher für den Menschen nicht als essenziell gilt, auch wenn die Forderung danach hin und wieder geäußert wird, ist Silizium. Dabei geht es meist nicht darum, sich vor herabstürzenden Bibliotheken zu schützen, sondern darum, Osteoporose vorzubeugen. Silizium kommt in vielen Pflanzen in Form von Kieselsäure vor. So manches Gewächs wäre ziemlich schlaff ohne sie, denn sie verleiht ihm seine Stabilität und Glorie. Wer hat sich nicht schon mal gewundert, warum der Schachtelhalm so kräftig dasteht wie ein*e Held*in aus einem Epos? Das Geheimnis seiner Kraft ist die Kieselsäure, denn sie verleiht ihm Festigkeit und Elastizität. Dass Kieselsäure für uns Menschen essenziell sein könnte, Osteoporose vorbeugt, die Haut strafft sowie Haare, Nägel und Bindegewebe stärkt, wird oft behauptet, ist aber umstritten. Bisher mangelt es an ausreichender Evidenz, auch wenn es hier und da Hinweise darauf gibt, dass zumindest an manchen dieser Thesen etwas dran sein könnte.[88] Vorhanden ist dieses Spurenelement in unseren Körpern auf alle Fälle, und zwar in Bindegeweben wie Knochen, Knorpeln, Haut, Haaren und Nägeln. In Wildpflanzen können wir die Kieselsäure häufig finden, zum Beispiel im schon angesprochenen Schachtelhalm, in der Brennnessel und im Spitzwegerich.

Nun gut, so viel zu den Pflanzen. Schon bei ihnen zeigt sich, dass die Natur nicht nur ästhetisch ist, sinnlich und bezaubernd, sondern eben auch eine ausgesprochen experimentierfreudige Pharmazeutin, denn die vielen Stoffe, die sie allein in Pflanzen hervorgebracht hat, sind gute Gründe, für den Rest des Lebens aus dem Staunen nicht mehr rauszukommen. Doch auch bei den Pilzen geht die Post ab. Setzen wir uns lieber einen Helm auf, denn auch hier fallen ab und an mal Bibliotheken vom Himmel.

Ein besonders wichtiger Bestandteil der Zellwände von Pilzen sind Polysaccharide. Im Grunde genommen sind das viele Zucker, die sich an den Händen fassen und eine Kette bilden. Ketten, die den Pilzen mehr Street Credibility als jede Goldkette der Welt verleihen. Innerhalb dieser Polysaccharide gibt es eine bestimmte Gruppe, die in unseren Körpern Heftiges vollbringt. Alpha-Männchen sind dagegen lächerliche Waschlappen, hier geht es um wahre Stärke: Beta-Glucane. Diese Wirkstoffgruppe wirkt in unseren Körpern immunmodulierend. Wenn wir sie aufnehmen, denken unsere Immunzellen, diese »Eindringlinge« seien eine Art Erreger. Allerdings lösen sie keine Krankheitssymptome aus, sondern machen das Immunsystem nur stärker. Sie sind für das Immunsystem eine Art Boxsack, der es für die wahren Kämpfe gegen echte Krankheitserreger trainiert.[89] Das macht die Beta-Glucane nicht nur interessant, um potenziellen Krankheiten vorzubeugen, sondern insbesondere auch zur Bekämpfung von Tumoren. Darum werden Pilze immer mehr in der begleitenden Behandlung von Krebs eingesetzt und weiter erforscht. Da Beta-Glucane vor allen Dingen im Darm wirken, sind sie besonders vielversprechend für die Gesundheit des Mikrobioms. Es wird deshalb erforscht, inwiefern sie gegen Colitis Ulcerosa oder Morbus Crohn wirksam sein könnten. Die Beta-Glucane sind eines der spannendsten Felder in der Erforschung der medizinischen Wirkstoffe von Pilzen, mit einem unglaublichen Potenzial in der Behandlung vieler verbreiteter Erkrankungen.

Eine weitere Substanz, die wir häufig in Pilzen finden, ist die Aminosäure Ergothionein. Sie ist insofern schon besonders, da sie nur von bestimmten Pilzen und Bakterien hergestellt wird. Interessanterweise besitzt unser menschlicher Körper einen bestimmten Transporter, der sich sehr darauf spezialisiert hat, das Ergothionein in die Zellen zu bringen. Dieser Transporter trägt den eingängigen Namen SLC22A4. Welche Rolle Ergothionein im menschlichen Organismus spielt, ist noch weitgehend ungeklärt. Fest steht nur, dass wir es nicht selbst herstellen können, aber trotzdem kleine spezialisierte Transporter haben, die es nach der Aufnahme in unserem Körper verteilen. Einige der beliebtesten Speisepilze, wie zum Beispiel Steinpilze oder Austernseitlinge, produzieren das Ergothionein in besonders großen Mengen. In unserem Körper befindet es sich dann an Orten wie den roten Blutkörperchen, in der Augenlinse, in der Haut oder auch im Sperma. Doch wie gesagt, was es dort genau tut, ist in gewisser Weise noch ein Mysterium. Vielleicht kommt es nur zum Abhängen vorbei, vielleicht hilft es aber auch unserer Gesundheit. In kleineren In-vitro-Studien und Tierversuchen zeigte es vor allem antioxidative, entzündungshemmende und neuroprotektive Wirkungen. Es scheint also kein trojanisches Pferd zu sein, das sich da in unseren Körper einschleust, sondern schon eher etwas Gesundes.[90] Von der Wirkung auf das kardiovaskuläre

System über die Behandlung von Diabetes, Krebs und neurodegenerativen Erkrankungen: Erste Versuche legen nahe, dass diese Substanz echt cool drauf ist. Klinische Studien stehen leider noch aus. Aber was nicht ist, kann ja noch werden. Es wäre zumindest verwunderlich, wenn unsere Körper ohne irgendeinen egoistischen Grund ein so spezialisiertes Transportsystem entwickelt hätten. Das Leben mag vielleicht absurd sein, doch der Körper macht die meisten Dinge nicht ohne einen gewissen Eigennutz.

Nachdem wir uns nun zwei bei Pilzen verbreitete Wirkstoffe angeschaut haben, die im Übrigen nur eine kleine Auswahl aus einer gewaltigen Vielfalt an spannenden Stoffen sind, die in Pilzen vorkommen, wollen wir uns nun mal ein paar spezifischere Wirkstoffe anschauen, die wir nur in bestimmten Pilzarten finden.

Eine ganz besondere Gruppe von Pilzen, die wir im Kapitel über die Parasiten schon kennengelernt haben, sind die Kernkeulen. Als Beispiel picken wir uns die Puppenkernkeule heraus, da diese und viele andere Kernkeulen Nukleoside produzieren. Eines dieser Nukleoside finden wir auch im menschlichen Körper, und zwar Adenosin. Adenosin ist ein wichtiger Bestandteil der RNA. Doch die Puppenkernkeule produziert darüber hinaus auch andere Nukleoside, wie zum Beispiel Cordycepin. Das Cordycepin ist dem Adenosin vom Aufbau her sehr ähnlich. So ähnlich, dass unser Körper es anstelle von Adenosin mit in die RNA verbastelt. Moment mal, waren es nicht die Kernkeulen, welche die Kontrolle über Insekten übernehmen, um diese zu töten und sich selbst zu vermehren? Was zur Hölle haben sie dann in unserer RNA verloren? Zugegebenermaßen klingt die Idee, sich jetzt absichtlich diese Pilze zuzuführen, nach der schlechtesten Idee seit der Erfindung von Pestiziden. Doch keine Sorge, es ist alles nur halb so wild. Das Cordycepin greift in die Zellteilung und das Kopieren von Erbinformationen ein. Das macht es insbesondere dahin gehend interessant, dass es beispielsweise die Zellteilung von Viren und Tumoren unterbinden kann. Als wäre das noch nicht genug, hat Cordycepin in Tierversuchen auch noch anti-depressive Wirkungen gezeigt. Auch hier braucht es, wie so oft, noch viel mehr Forschung. Auf alle Fälle handelt es sich um einen hochinteressanten Stoff.

Traditionell wird Cordyceps als ganzer Pilz außerdem auch zur Steigerung der körperlichen Leistungsfähigkeit eingesetzt. In kleineren Studien bestätigt sich das mittlerweile auch immer wieder. Wie es scheint, kann der Pilz für mehr Ausdauer und Energie sorgen. Unter anderem dadurch, dass die Sauerstoffkapazität des Blutes erhöht wird. Hinzu kommt, dass Cordyceps in verschiedensten Tierversuchsstudien auch äußerst hilfreich für die Behandlung sexueller Dysfunktionen war. Es ist schon verblüffend, was für ein Labor in so einem kleinen Pilz stecken kann, das viele potenzielle Lösungsansätze für menschliche Probleme bietet. Selbst die leistungssteigernden Eigenschaften könnten nicht nur für Freizeitselbstoptimierer*innen interessant sein, sondern potenziell auch zur Behandlung einer immer verbreiteteren Erkrankung dienen: dem chronischen Erschöpfungssyndrom.

Nachdem wir uns einen Pilz angeschaut haben, der vor allem auf die körperliche Leistungsfähigkeit einwirken kann, wollen wir uns nun mit Pilzen für die geistige Leistungsfähigkeit beschäftigen. Die Topadresse fürs Gehirn im Land der Pilze sind Stachelbärte. Besonders hervorzuheben sind hier der Igelstachelbart und der Ästige Stachelbart. Beides sind Pilze, die wir auch im Wald finden können. Dank unserer mehr als zweifelhaften Vorgehensweisen im Umgang mit Wäldern sind die Lebensräume dieser beiden Pilze aber bedroht. Denn sie verspeisen gerne das Totholz von sehr alten Laubbäumen. Damit entspricht ihr bevorzugter Lebensraum genau dem Gegenteil von dem, was wir heute in unseren Wäldern vorfinden. Glücklicherweise können wir beide Pilze auch anbauen. Der Igelstachelbart enthält Hericenone und Erinacine. Diese Stoffe lösen die Synthese von NGF in Nervenzellen aus. NGF, die Abkürzung für Nerve Growth Factor, ist ein Protein, welches das Wachstum und die Erneuerung von Nervenzellen fördert.[91] In mehreren klinischen Studien mit dem Igelstachelbart hat sich gezeigt, dass die Einnahme die geistige Leistungsfähigkeit bei Menschen mit neurodegenerativen Erkrankungen erhöht. In einer weiteren klinischen Studie hat sich selbst bei gesunden Menschen eine kognitive Leistungssteigerung gezeigt.[92] Weitere Studien an Tieren legen nahe, dass der Igelstachelbart nebenbei auch gegen Angststörungen, Depressionen, Magengeschwüre, Diabetes und Entzündungen helfen kann und zusätzlich noch die Herzgesundheit und das Immunsystem unterstützt.

Alles in allem sind aber besonders die kognitiven Wirkungen von großem Interesse, da dieser Pilz schon bald eine entscheidende Rolle in der Behandlung von Demenz und ähnlichen Erkrankungen spielen könnte. Auch im Ästigen Stachelbart konnten ähnliche Substanzen wie im Igelstachelbart gefunden werden, allerdings ist dieser Pilz noch nicht so gut untersucht. Anscheinend sind es aber nicht nur diese beiden Pilze, die gut für das Gehirn sind, sondern Pilze im Allgemeinen. In einer Studie in Singapur hat sich gezeigt, dass Menschen, die mehr als zwei Mal pro Woche verschiedene Sorten Pilze konsumieren, ein signifikant niedrigeres Risiko haben, an kognitiven Störungen zu erkranken, als Menschen, die Pilze nur einmal pro Woche oder seltener konsumieren.[93] Sage und schreibe 50 Prozent niedriger. Das ist zwar nur eine Studie, und die Auswahl an Pilzsorten ist in den Supermärkten Singapurs deutlich diverser aufgestellt als im durchschnittlichen mitteleuropäischen Handel, aber wir können erahnen, dass da was im Busch ist.

Wir haben nun einen klitzekleinen Ausflug in die Naturapotheke unternommen und einige Wirkstoffe aus Pilzen und Pflanzen, die uns auf unseren Reisen in die Natur umgeben, kennengelernt. Vielleicht steckt in einem unserer Lieblingspilze ein großer medizinischer Durchbruch der Zukunft. Vielleicht aber auch in dem Strauch, der neben unserer Haustür wächst. Fest steht, viele Pflanzen und Pilze sind noch äußerst unerforscht, und es ist spannend, zu beobachten, was die Zukunft bringt. Jeder Gang in die Natur gleicht einem Ausflug in ein blühendes Pharmazielabor. So facettenreich und divers wie die Natur selbst sind auch ihre Wirkstoffe.

Wir müssen über den Tod reden

Nicht nur das Leben, auch der Tod ist schön und verdient unsere Anerkennung im Kreislauf der Natur. Wie wir insbesondere im Kapitel über Pilze erfahren haben, ist der Tod eine Notwendigkeit für die Entstehung von neuem Leben. Dennoch ist Verwesung im Allgemeinen kein beliebtes Thema für eine Konversation bei Tische. Dabei könnten wir uns ohne den Tod sowohl Tische als auch die Streuselschnecken darauf abschminken.

In der Natur können wir den Tod nicht so einfach übergehen, da hier nämlich niemand die Leichen wegräumt. Außer den Totengräberkäfern. Aber die machen das nicht etwa, weil es ihnen vor ihrer eigenen Sterblichkeit graust, sondern weil sie die Kadaver toter Tiere einfach ausgesprochen geil finden. Wir begegnen vielen Facetten des Sterbens und des Todes bei unseren Ausflügen ins Grüne. Ob wir einem verletzten Tier begegnen, das bald schon einem anderen als Nahrung dienen wird, oder an Blut und Federn den Schauplatz eines Massakers erkennen, ob wir über ein halb verwestes Wildschwein stolpern oder ein weißer Fuchsschädel uns aus dem Unterholz angrinst, der Tod hat viele Gesichter. Doch keine Sorge, solange wir die Kadaver nicht anfassen, können sie uns nichts antun. Zombies gibt es in den Wäldern keine, außer den von Cordyceps gesteuerten, und wer tot ist, der bleibt auch tot. Und wo wer tot war, blüht auch bald schon wieder ein Veilchen oder ein Vergissmeinnicht. Bevor es aber so weit ist, kann es gut sein, dass wir am Ort des Geschehens einen sehr seltenen Pilz finden, der genau wie der Totengräberkäfer eine Vorliebe fürs Morbide hat. Ob er der beste Tatortreiniger ist, ist fraglich, aber zumindest verströmt er einen Duft nach Seife: der Seifen-Fälbling. Dieser Pilz kann auch als Zeigerpilz für Kadaver und verbuddelte Leichen verwendet werden. So macht die Natur lesen lernen erst richtig Spaß. Im Englischen wird dieser Pilz darum auch passenderweise »Corpse Finder« genannt.

Damit wir uns nicht vorzeitig zu den Kadavern unter die Erde gesellen, sollten wir uns die Präsenz des Todes in der Natur vergegenwärtigen. Und das ist auch nicht unbedingt schwer. Während sich humanoide Mörder*innen im Allgemeinen eher bedeckt halten, handhaben es die Killer der Flora und Funga etwas anders. Teilweise leuchten sie richtig aus dem Unterholz heraus, so als würde ein Bestattungsgeschäft mit riesigen, blinkenden Neonbuchstaben Werbung fürs Sterben machen. In einem dunklen Wald kann so ein hell erstrahlender Kegelhütiger Knollenblätterpilz einen derart imposanten Auftritt hinlegen, dass er jeden Erzengel in den Schatten stellt. Nicht umsonst wird er auch »Destroying Angel« genannt. Der Konsum dieses Pilzes führt jedoch nicht zu einem imposanten Auftritt, sondern zu einem gar nicht glanzvollen Abtritt. Durch das enthaltene Gift kommt es zunächst zu Flitzekacke und Erbrechen, dann klingen die Symptome jedoch für ein paar Tage ab. Allerdings hat der Pilz noch ein Todesass im Ärmel, denn nach vier bis sieben Tagen macht sein Gift dann die Leber platt. Von diesem Zeitpunkt an ist es nur noch ein Katzensprung bis zum Multiorganversagen und Tod.

Wer jetzt denkt, das sei hinterhältig, der*die hat wohl noch nie vom Spitzgebuckelten Raukopf gehört. Dieser Pilz und viele andere seiner Verwandten lösen das sogenannte Orellanus-Syndrom aus. Dabei können zwischen dem Verzehr des Pilzes und dem Auftreten der ersten Symptome schon mal vierzehn Tage ins Land ziehen. Dann aber geht es schnell. Wenn keine intensivmedizinische Behandlung erfolgt, sind Nierenversagen und Exitus nicht unwahrscheinlich.

Doch auch andere Pilze sind tödlich gerissen. Manchmal beginnt eine Odyssee ins Totenreich schon bei der Zubereitung der Pilze. Das Gift der Frühjahrs-Giftlorchel, Gyromitrin, hat recht ähnliche Wirkungen wie das Gift des Knollenblätterpilzes. Allerdings kann es beim Erhitzen der Pilze verdampfen, sodass erste Vergiftungserscheinungen schon auftreten können, während wir noch den Kochlöffel schwingen und eine kräftige Nase vom Giftpilzgericht nehmen. Besser also, wir werfen Morcheln statt Lorcheln in die Pfanne.

Doch nicht nur im Reich der Pilze können wir zu unserer Henkersmahlzeit verführt werden. Auch in der Pflanzenwelt gibt es so einige spannende Gifte. Das Maiglöckchen lässt uns die Totenglocken hören, wenn wir beim Bärlauchsammeln nicht achtsam vorgehen. Denn auf den ersten Blick sehen sich die Blätter der beiden sehr ähnlich. Während der Bärlauch unserem Körper eine Frühjahrskur inklusive Bluthochdruckbehandlung verpassen kann, stoppt das Maiglöckchen den Blutfluss unter Umständen gleich ganz. Herz aus, Affe tot. Das war es dann mit den Frühlingsgefühlen.

Auch Fingerhut tut Herz nicht gut. Zumindest nicht im Salat. Der Digitaliswirkstoff kann zwar durchaus bei Herzinsuffizienz medizinisch zum Einsatz kommen, allerdings als genau dosiertes Präparat. In der Wildkräuterküche ist der Fingerhut lediglich ein mit hübschen Blüten bekränzter Sensenmann.

An heißen Sommertagen kann ein ganz bestimmter Doldenblütler uns eine Abkühlung verschaffen. Allerdings kommt mit der Kühle, die von den Füßen langsam unseren Leib hinaufsteigt, auch der Tod. Die Mörderpflanze erkennt man daran, dass sie die Blutflecken ihrer letzten Opfer an ihrem Stängel zur Schau trägt. Die Rede ist vom Gefleckten Schierling. Wer sich weder von dem grausigen Äußeren noch von dem Geruch nach Mäuse-Urin und dem brennenden Mundgefühl abschrecken lässt, schreitet schnellen Schrittes in jenseitige Gefilde.

Aber wie das immer so ist, kaum unter der Erde, fällt uns ein, dass wir noch etwas sagen wollten. Da es leider kein Dosentelefon aus dem Totenreich gibt, müssen sich Verblichene seit jeher anders behelfen. Die Stinkmorchel ist ihnen gern zu Diensten, denn in Form ihres Fruchtkörpers erheben die Toten ihren warnenden Zeigefinger. So sagt es jedenfalls die Legende. Darum wird die Stinkmorchel umgangssprachlich auch als Leichenfinger bezeichnet. Doch sie ist nicht der einzige Pilz, der diesen Namen trägt. Die Vielgestaltige Holzkeule wird im Englischen auch als »Dead Man's Fingers« bezeichnet. Oft passt dieser umschreibende Name optisch sehr gut.

Doch der Tod liegt nicht nur in Form von toten Tieren, tödlichen Gewächsen und symbolträchtigen Pilzen im Wald herum. Auch das verrottende Laub, das unter unseren Füßen raschelt, flüstert uns leise die Botschaft der Endlichkeit allen Daseins zu. Die Pilze, die Laub und Totholz zersetzen, feiern mit ihren farbenfrohen Fruchtkörpern rauschende Beerdigungsfeste. Das ist der Tod in seiner natürlichen Form: die Grundlage für neues Leben. Wir brauchen uns nicht vor Väterchen Tod zu fürchten, weil er uns ohnehin früher oder später in seine knorrigen alten Finger kriegt. Hahaha.

Wirklich grauenerregend wird der Tod erst durch die menschliche Kultur. Während wir den natürlichen Tod aus dem Alltagsleben gänzlich gestrichen haben, ist der abscheulichste aller Tode überall sichtbar. Er trägt den Namen Monokultur. Während der natürliche Tod lediglich die Grundlage für die Entstehung neuen Lebens ist, ist der Monotontod die finale Vernichtung von Artenvielfalt und Lebensräumen. Diese erbarmungslose Umgangsform mit unserem Planeten ist so allgegenwärtig, dass wir aus

Gewohnheit fast verlernt haben, Abscheu vor ihr zu empfinden. Aber nur fast. Denn wenn wir sehen, wie sie Lebensformen aller Art, egal ob Vogel, Insekt, Pflanze oder Pilz, gewissenlos aussterben lässt und dabei nur toten, unfruchtbaren Boden hinterlässt, können wir manchmal nicht anders: Wir ekeln uns vor uns selbst, da wir der menschlichen Spezies angehören und damit mit den Giftmischer*innen und Urheber*innen all dieser Zerstörung verwandt sind. Pfui!

Der echte Tod ist etwas Schönes, denn er ist Teil des Kreislaufs des Lebens. Sorgen wir dafür, dass ihm wieder Achtung widerfährt und er das Scheusal der Monokultur für alle Zeit ins Jenseits befördert.

Anekdote »Tod«

*An dieser Stelle möchten wir euch eine Geschichte erzählen, die wir letztes Jahr im Sommer erlebt haben. Seit Wochen hatte es nicht geregnet, aber als passionierte Pilzsammler*innen wollten wir dennoch unser Glück versuchen und das Unterholz unsicher machen. Doch damit waren wir nicht allein. Denn auch der Wind war an jenem Tag unterwegs. Viele Stunden wanderten wir über staubende Waldwege, und doch hatten wir bis auf einen halb vertrockneten Sprödblättler keinen Pilz in unserem Körbchen. Wären wir an jenem Tage nicht durch einen dichten Laubwald gewandert, hätten wir vermutlich mehr Pilze gefunden. Allerdings wären diese Pilze dann allesamt von der Art Dehydrantus fatamorganis gewesen. Das Blätterdach schützte uns vor den unerbittlichen Sonnenstrahlen, und zum Glück war da auch diese angenehme Brise, die uns erfrischend ins Gesicht blies, aber zugleich auch den einen oder anderen Baum mit einem »Rums« niederstreckte. Nachdem wir bereits den zweiten*

Baum fallen gehört hatten, veränderte sich unsere Wahrnehmung der Bäume vorübergehend recht drastisch. Aus »welch ehrwürdiges altes Zauberwesen« wurde für den Rest des Tages »Hoffentlich hält die alte Krücke noch«.

Irgendwann beschlossen wir, uns auf den Heimweg zu machen. Doch leider hatten wir keinen Rückenwind, und so verpassten wir die Bahn. Da der nächste Zug erst in einer Stunde abfahren würde, entschieden wir, die verbleibende Zeit im Wald zu verbringen, anstatt sie auf einem öden Brandenburger Bahnhof totzuschlagen.

Der Weg zu einem nahen Wald war gesäumt von Daturastramonium-Sträuchern, die man auch als Stechäpfel kennt. Der Stechapfel ist eine alte Zauberpflanze, die oft mit Hexerei und Magie in Verbindung gebracht wird. Noch nie hatten wir so viele Exemplare dieser Zauberpflanze an einem Ort gesehen wie an diesem Tag. Das Merkwürdige war nur, dass alle bereits tot waren. Wie Trockenblumen mit dornigen Früchten standen sie am Wegesrand, und wir scherzten, dass dieser Ort wohl kein gewöhnlicher sein konnte. Der Schleier, der die Anderswelt verborgen hält, war hier womöglich ganz besonders dünn.

Der sonnenbeschienene Weg wandelte sich bald in einen vom dichten Laubdach der Buchen beschatteten Pfad. Dies schien ein guter Ort zu sein, um auf die Bahn zu warten. Zum einen bot der Schatten Kühle, zum andern flammte zumindest bei Norman die Hoffnung auf Pilzfunde wieder auf.

An dieser Stelle teilen sich unsere Wege. Während Norman nach Pilzen Ausschau hielt, ließ sich Vanessa mit einem Buch auf dem Waldweg nieder. Und hier erzählt nun Norman, was sich bei ihm im Folgenden zutrug:

Ich folgte dem Weg in den Buchenwald und schaute mich nach Pilzen um. Dabei kam ich nach einiger Zeit an einem Hochsitz vorbei, in dessen Nähe mir ein Geruch in die Nase stieg, den ich normalerweise von der Stinkmorchel kenne. Der

Geruch nach Aas. Doch bei dieser Trockenheit glaubte ich nicht an die Chance, eine Stinkmorchel zu finden. Dafür bot der Hochsitz hier eine viel wahrscheinlichere Erklärung für den Duft in der Luft. Bereits im Vorjahr hatten wir Innereien eines Tieres in der Nähe eines Hochsitzes gefunden. Entsprechend umsichtig setzte ich meine Schritte, um entschlossen diesen Ort hinter mir zu lassen. Ich hatte die richtige Richtung eingeschlagen, denn schon bald fand ich einen Baumstumpf mit Pilzen. Nachdem wir an diesem Tag schon fast die Hoffnung aufgegeben hatten, war ich nun hellwach. Bei den Pilzen handelte es sich um eine Art Schüppling, um welche genau, konnte ich allerdings nicht vor Ort bestimmen. Da ich nun bereits für geraume Zeit durchs Unterholz gestiefelt war, beschloss ich, den schnellsten Weg zurück querfeldein zu nehmen. Ich war erst wenige Schritte durchs raschelnde Laub gegangen, als ich doch noch einen seltsamen Fund machte: einen Rollator.

Ein Rollator im Wald ist nun wirklich kein alltäglicher Fund. Schon gar nicht, wenn er abseits der Wege zu finden ist. Andererseits taucht im Wald alles Mögliche auf, von Kühlschränken über Altkleider bis hin zu Autoteilen. In den Wäldern kommt einiges zusammen. Ich ließ meinen Blick schweifen. »Oh, hier liegt ja jemand und ruht sich aus.« Da machte es klick. Ich rannte los!

Vanessa ahnte unterdes noch nichts: Als ich Norman auf mich zurennen sah, hoffte ich zunächst auf schöne Steinpilze fürs Abendessen. Doch da sah ich, dass ihm der Schreck ins Gesicht geschrieben stand. Er sagte: »Ich glaube, ich habe gerade eine Leiche gefunden!« Da nahm ich ihn in den Arm und erwiderte einfühlsam, dass das »kein Problem« sei.

Nach einem kurzen Durchatmen beschlossen wir, den Fundort erneut zu inspizieren. Ja, das war definitiv eine Leiche. Und wir konnten ihr ansehen, dass sie dort schon einige Tage lag. Wir wählten den Notruf und landeten in der Warteschleife. Wäh-

rend wir darauf warteten, durchgestellt zu werden, behielten wir die Leiche im Auge, um sicherzugehen, dass sie nicht wieder aufstand. Zum Glück blieb sie liegen. Nachdem wir der Polizei unseren Fund gezeigt hatten, machten wir uns einigermaßen geschockt auf den Heimweg zurück nach Berlin.

»Pilzsammler finden Leiche im Wald.« Was klingt wie eine abgedroschene Schlagzeile aus der Lokalpresse, wurde an diesem Tag für uns Realität. Auf unsere nächste Leiche sind wir vorbereitet.

Entheogene Reisen

In der Natur begegnet uns vieles, das wir nicht verstehen, und vieles mehr, von dem wir noch nicht mal wissen, dass wir keine Ahnung davon haben. Alles ist verwoben und komplex, und irgendwo in dieser verwirrenden Menge an Erscheinungsformen gibt es solche, die unsere Wahrnehmung leicht bis massiv beeinflussen können. Während die beruhigende Wirkung der Kamille so subtil sein kann, dass die meisten Teegenießer*innen sie nicht mit dem Begriff psychoaktiv unter einen Hut stecken würden, gibt es andere Gewächse, die uns aus unserer Alltagsrealität herauskatapultieren können und ein dickes Fragezeichen hinter alles setzen, was wir so oft aus Bequemlichkeit als Wahrheit durchgehen lassen. Einige Pflanzen und Pilze haben es wirklich faustdick hinter den Ohren, und das soll jetzt kein flotter Spruch zu *Auricularia auricula-judae* werden.

Da wir uns der Natur unvoreingenommen nähern wollen, halten wir es für sehr wichtig, diese Gewächse sachlich zu besprechen, anstatt sie in eine dunkle Ecke mit der Überschrift »Drogen« zu verbannen, über die nur mit erhobenem Zeigefinger und hochrotem Kopf gesprochen werden darf. Leider werden bewusstseinsverändernde Pilze und Pflanzen in Naturführern und von Expert*innen viel zu oft als giftig deklariert. Dabei wird der feine Unterschied ignoriert, ob ein Pilz seine Konsument*innen mit Leberversagen in der Notaufnahme krepieren lässt oder lediglich in die bunte Farbenwelt ihres eigenen Bewusstseins auf eine mehrstündige und doch zeitlose Reise schickt. Hinzu kommt, dass bahnbrechende Erkenntnisse hoch angesehener wissenschaftlicher Institute weitgehend ignoriert werden, während jede*r eine Geschichte auf Lager hat, wie der Freund des Sohnes der Geschäftskollegin des Vaters einer Nachbarin mal auf einem Trip hängen geblieben ist und fortan dachte, er sei ein Waschtrockner. An und für sich sind uns spätestens seit der digitalen Revolution die Mittel gegeben, in einer aufgeklärteren Gesellschaft zu leben als zur Zeit der Hexenverfolgung. Wenn wir uns jedoch die Argumentationen der erhobenen Zeigefinger anhören, entsteht oft der Eindruck, wir reden hier über Hexen und Gespenster und nicht von Pflanzen und Pilzen. Naturbetrachtung macht viel mehr Spaß, wenn wir die urbanen Mythen über menschliche Waschtrockner vergessen und uns stattdessen der Natur mit offenen, wissbegierigen Augen nähern. Sollte uns dann doch einmal eine Person über den Weg laufen, die vor lauter Spülen und Abtrocknen vergessen hat, wer sie ist, sollten wir lieber versuchen, ihr zu helfen, statt über sie zu tratschen.

Das Absurdeste am zeitgenössischen Diskurs über psychoaktive Gewächse ist jedoch, dass einige dieser Drogen, wie beispielsweise Kaffee, Tee und Tabak, aus unserem Alltag kaum wegzudenken sind und darum jedes Jahr in großen Mengen importiert werden, während wiederum andere Arten, die hier natürlich wachsen könnten, wie beispielsweise der Schlafmohn oder Cannabis, verboten sind und bekämpft werden. Der Gemeine Stechapfel und die Tollkirsche hingegen sind sehr weitverbreitet und werden nicht durch Gesetze verboten, obwohl die Wirkungen dieser Gewächse durchaus nicht zu vernachlässigende Gefahren bergen. Im Folgenden wollen wir uns diese und einige andere psychoaktive Gewächse anschauen, denen wir in der Natur begegnen könn(t)en.

Bevor wir uns jetzt die Höschen nass machen, nehmen wir

lieber ein paar Baldriantropfen. Und ausatmen. Schon besser. Jetzt, wo wir schön entspannt sind, können wir uns den psychoaktiven Nachtschattengewächsen stellen. In vielen Großstädten begegnen wir besonders einer Pflanze sehr häufig, dem Stechapfel, *Datura stramonium*. Dieses Nachtschattengewächs steht auf Sonne, Schutt und Stickstoff. Mit seinen unregelmäßig spitz gelappten dunkelgrünen Blättern fällt der Stechapfel leicht ins Auge. Seine betörend duftenden weißen Blüten verzaubern in den Sommermonaten besonders Nachtschwärmer, denn tagsüber hält der Stechapfel seine gedrehten Blütentrichter verschlossen. Seinen Namen verdankt der Stechapfel seinen stacheligen Früchten, in denen sich die kleinen schwarzen Samen der Pflanze befinden. Alle Teile der Pflanze enthalten psychoaktive Inhaltsstoffe, die auf unser vegetatives Nervensystem wirken. Dieses besteht aus Parasympathikus und Sympathikus, die man sich wie die Enden eines Spektrums vorstellen kann. Ist der Parasympathikus aktiviert, können wir uns entspannt zurücklehnen, schlemmen und verdauen, denn der Parasympathikus sorgt für eine vermehrte Sekretion von Speichel und Verdauungssäften. Außerdem senkt eine parasympathische Wirkung unsere Herzfrequenz und verengt unsere Pupillen. Der Sympathikus hingegen macht das genaue Gegenteil. Er kommt zum Einsatz, wenn wir auf Krawall gebürstet sind, und lässt unser Herz ordentlich pumpen. Außerdem erweitert er unsere Pupillen, lässt uns die Haare zu Berge stehen und öffnet unsere Bronchien. Wenn wir uns in einer Kampf- oder Fluchtsituation befinden, haben wir keine Zeit für Verdauung, darum fährt der Sympathikus die Produktion der Verdauungssäfte runter.

Der Stechapfel enthält einen ganzen Cocktail aus Tropanalkaloiden, insbesondere L-Hyoscyamin, Scopolamin und Atropin. Diese Wirkstoffe zeichnen sich durch eine parasympatholytische Wirkung aus, das heißt, sie hemmen die Wirkung des Parasym-

pathikus, was dem Sympathikus Tür und Tor öffnet. Dementsprechend geht es im Körper richtig zur Sache, und das nicht
unbedingt auf angenehme Weise. Der Konsum von *Datura stramonium* führt zu Mundtrockenheit, erweiterten Pupillen, Koor-
dinationsstörungen und Problemen beim Wasserlassen. Außerdem legt die Pflanze in unserem Bewusstsein so viele Schalter
um, dass unsere Wahrnehmung der Realität für Stunden bis Tage
nur noch wenig mit der unserer Mitmenschen gemein hat. Denn
der Stechapfel kann echte Halluzinationen auslösen. Dabei handelt es sich um Trugbilder, die als vollkommen real und glaub-
würdig wahrgenommen werden, wobei die Erinnerung an die
Einnahme einer Substanz komplett in Vergessenheit gerät. Das
kann ziemlich scheiße sein.

Ein fiktives Beispiel: Eine gute Freundin kommt zu Besuch.
Es werden Zigaretten geraucht und es wird über Stunden geplau-
dert. Plötzlich ist die Person weg. Dafür spricht der Tisch munter weiter. Zunächst ist der Tisch recht sympathisch, irgendwann
zeigt er jedoch sein wahres Wesen. Er kennt alle unsere Gedanken, und er kann in die Zukunft blicken. Er berichtet uns von
unserem nahenden qualvollen Tod. Er weiß alles. Er kennt alle
Lügen, die wir uns selbst erzählen. Voller Angst sitzen wir tage-
lang auf unserem Stuhl, der bösartig vor sich hin kichert, und
können uns nicht rühren. Bis schließlich der Tisch endlich Ruhe
gibt und aufhört zu sprechen. Nur langsam, nach mehreren
Tagen des Psychoterrors, wird uns allmählich bewusst, dass die
gute Freundin nie zu Besuch war und auch der Tisch nie sprechen konnte. Unser Erlebnis war eine tagelange Halluzination,
die wir währenddessen nie infrage gestellt haben. Sie erschien
uns durchweg normal und real. Solche Erfahrungen können
noch lange nachwirken und die Konsument*innen vom Gemeinen Stechapfel verfolgen. Nicht immer geht es um sprechende
Tische, die Trugbilder können auch göttliche Visionen beinhal-
ten oder aber den Trip in die persönliche Hölle bedeuten.

Dennoch hat der Stechapfel in der Geschichte bereits unterschiedliche Formen der Nutzung erfahren. Wegen seiner Erweiterungswirkung auf die Bronchien fand er beispielsweise Verwendung in Asthmazigaretten. Außerdem war er auch ein bisweilen beliebtes Aphrodisiakum und wurde vor dem Liebesakt verräuchert, geraucht oder sogar in kleinen Dosen oral konsumiert. Da der Wirkstoffgehalt der Pflanze stark schwanken kann, ist insbesondere der orale Konsum hochgefährlich und die Schwelle vom Aphrodisiakum zu einem Kaffeekränzchen mit sabbernden Dämonen und dem Tod nicht weit. Bereits 4 bis 5 g getrocknetes Pflanzenmaterial können tödlich sein.[94] Die Tollkirsche und das Schwarze Bilsenkraut, die ebenfalls wild vorkommen, können ähnliche Wirkungen wie der Stechapfel hervorrufen. Doch auch bei diesen Pflanzen ist nicht alles schwarz und weiß, denn trotz der potenziellen Gefahr ihrer Nutzung wurden sie in der Geschichte bereits zur Schmerzlinderung, als Narkotikum und als Antiasthmatikum verwendet. In seltenen Fällen wurden sie auch als Stimulanz genutzt.

Vor fast 28 Millionen Jahren geschah in Tibet etwas, was unser Leben auch heute noch beeinflusst. Cannabis und Humulus erblickten das Licht der Welt. Diese beiden Gewächse, Hanf und Hopfen, haben nämlich einen gemeinsamen Ursprung und gingen fortan getrennte Wege in der Evolution,[95] zumindest wenn es nach der molekularen Uhr dieser Pflanzen geht. Der älteste Cannabispollen ist fast 20 Millionen Jahre alt und stammt aus dem Nordwesten Chinas. 27 200 000 Jahre, nachdem der Hanf geboren wurde, erblickte die Spezies das Licht der Welt, die diese Pflanze heute weitestgehend verbietet: der Homo sapiens. Was klingt wie eine Posse aus einem Boulevardblatt der Götter, ist auf diesem Planeten die bittere Realität. Diese Pflanze, die uns jahrtausendelang als Nahrung und Rohstoff diente und somit einen massiven Beitrag dazu leistete, dass wir heute überhaupt noch existieren, wird seit mehreren Dekaden von einigen wenigen im

Zuge des Irrationalismus als Teufelskraut aus unserem Leben verbannt.

Und die absurde Verfolgung einer Pflanze, aus der wir Papier, Textilien, Dämmmaterialien, Seile, Nahrungsmittel, Medizin und Rauschmittel gewinnen können, will nach wie vor nicht so richtig ihr Ende nehmen. Diese Pflanze, die von den Tropen bis nach Sibirien wächst, kann der Schlüssel sein, die Böden, die wir mit Monokultur über Jahre hinweg ausgelaugt und verdichtet haben, wieder fruchtbar und locker werden zu lassen. Ganz genau, die Pflanze, die auch manche Menschen locker macht, ist zugleich eine der besten, um verhärteten Boden zu lockern. Zugleich ist es der Hanf, der auch Antworten aufs Insektensterben bereithält. Bienen lieben Hanfblüten![96] Der wohlig duftende Pollen wirkt nahezu magnetisch auf sie. Sie haben übrigens keine Cannabinoid-Rezeptoren, werden also nicht high von diesem Gewächs. Aber es schmeckt halt einfach so gut. Doch leider: ohne Hanf kein Mampf. Auch Vögel sind große Hanffreund*innen und singen immer noch sehnsüchtige Lieder über die Zeiten, als diese geliebte Pflanze noch überall wachsen durfte. Denn auch sie wissen, Hanföl ist eines der wertvollsten Öle überhaupt mit großen Mengen an Omega-3-Fettsäuren. Der Proteingehalt ist nicht nur außergewöhnlich hoch, sondern das Aminosäureprofil auch außergewöhnlich gut. Erwähnt werden sollten an dieser Stelle auch die Blätter der Hanfpflanze. Sie zeichnen sich durch einen ausgesprochen guten Geschmack aus und stecken zusätzlich voller Nährstoffe. Egal ob Hanfsalat, Hanfsaft oder Hanfsmoothie – die grüne Kraft der Blätter ist delikat und vital, ganz ohne high zu machen.

Apropos high machen. Dass Cannabisblüten high machen, ist kein Geheimnis. Dank der Prohibition kommen allerdings nur die wenigsten in den Genuss, zu erfahren, wie sich relativ ursprünglicher Hanf anfühlt. Hanf, der statt unter Kunstlicht in der strahlenden Sonne wuchs und lebendigen Boden um seine Wurzeln hatte. Denn während die meisten erhältlichen Hanfsorten vor allem auf einen hohen THC-Wert gezüchtet sind und Wachstumsbedingungen vorfinden, die sie in der Natur nie hätten, ist der wilde Hanf von draußen wesentlich sanftmütiger im Kopf. Hanf enthält weit über 100 verschiedene Cannabinoide, die jeweils unterschiedlich wirken und in großen Teilen noch nicht richtig erforscht sind. Der hochgezüchtete Hauptsache-es-knallt-Hanf hat mit der ursprünglichen Pflanze nicht mehr viel zu tun. Er enthält vor allem THC, und auf die anderen Cannabinoide wird zumeist gepfiffen. Studien zufolge steigt mit dem THC-Wert auch das Risiko, dass nach dem Konsum eine Psychose auftritt.[97] In einer Welt mit freiem Hanf gäbe es mehr Auswahl, Transparenz und Sicherheit. Also dann, tun wir uns und der Welt etwas Gutes und geben dieser wertvollen Pflanze die Freiheit zurück!

Während die Cannabispflanze und viele andere Lebewesen auf unserem Planeten sehnsüchtig den Tag erwarten, an dem ihnen endlich die Sträflingskugeln abgenommen werden und sie sich wieder frei entfalten dürfen, hat sich im Unterholz einiges getan. Denn einige mutige Naturforscher*innen haben es sich in der Zwischenzeit zur Aufgabe gemacht, sich quer durch die Landschaft zu rauchen, um mögliche Alternativen zu Cannabis auszuloten. Dabei sind diverse Kräuter in den Fokus der Selbstversuche geraten. Eine Gruppe der Kräuter, der dabei besonders positive Wertschätzung entgegengebracht wurde, sind die Habichtskräuter. Insbesondere die folgenden drei Arten: das Kleine Habichtskraut, das Waldhabichtskraut und das Orangerote Habichtskraut. Auch wenn es keinerlei wissenschaftliche Erkenntnisse darüber gibt, welche Wirkstoffe in den Habichtskräutern für die wahrgenommenen Effekte verantwortlich sind, ist da irgendetwas im Busche. Sowohl durch das Rauchen als auch durch den Konsum als Heißwasserauszug, besser bekannt als Tee, konnten von so mancher mutigen Testperson leicht euphorisierende bis beruhigende Wirkungen festgestellt werden. Ähnliche Berichte existieren über das Sumpfhelmkraut, dem ein vergleichbares Wirkspektrum nachgesagt wird. Allerdings gilt beim Ernten des Sumpfhelmkrautes zu beachten, möglichst nachhaltig zu sammeln, da das Sumpfhelmkraut relativ selten geworden ist. Das liegt vor allen Dingen an der Bedrohung seiner bevorzugten Lebensräume. Die Habichtskräuter, insbesondere das Kleine Habichtskraut, sind sehr viel häufiger anzutreffen.

In der Natur gibt es berauschende Gewächse, die wir leider so stark gefährden, dass wir sie nicht mehr sammeln können. Sie sind so selten geworden, dass die meisten von uns nicht mal mehr von ihrer Existenz wissen. Eine dieser Pflanzen ist der Sumpfporst. Wie wir im Kapitel über Moose erfahren haben, wurden in der Geschichte allerorts Hochmoore trockengelegt, um die entstandenen Flächen zu Weideland oder Anbauflächen umzufunktionieren. Damit haben wir nicht nur artenreiche und lebensspendende Ökosysteme vernichtet, sondern auch einen Teil der Rauschkultur ausradiert. Denn der Sumpfporst wächst genau in diesen selten gewordenen Lebensräumen. Sein Geruch ist aufgrund seiner ätherischen Öle intensiv. Traditionell wurde er vor allem in Nordeuropa anstelle von Hopfen dem Bier zugesetzt. Denn dass Hopfen ins Bier kommt, ist eine relativ neue »Errungenschaft«. Ursprünglich wurde Bier nicht mit Hopfen, sondern einer Vielzahl anderer Pflanzen gebraut, insbesondere auch dem Sumpfporst. Dieses Bier nennt sich Grutbier. Eines der im Sumpfporst vorkommenden ätherischen Öle ist Ledol, das stark berauschend wirkt, ähnlich wie Alkohol. Allerdings ist die Schwelle zur Giftigkeit schnell erreicht, und es kann zu Übelkeit, Erbrechen und unangenehmen Krämpfen kommen. Alles in allem ist Ledol mit Sicherheit kein ungefährlicher Stoff. Die Wirkung von mit Sumpfporst versetztem Bier kann entweder in eine narkotische, anästhetische Richtung gehen oder aber in eine erregte und aggressive. Auch da zeigen sich also Parallelen zum Alkohol. Sumpfporst wurde im Grutbier besonders gerne mit dem Gagelstrauch kombiniert. Auch der Gagelstrauch wächst bevorzugt an Mooren. Darum ist er ebenfalls stark gefährdet. Ebenso wie der Sumpfporst ist er sehr aromatisch, denn auch er enthält viele ätherische Öle.

Während so manches psychoaktive Gewächs äußerst selten geworden ist, gibt es wiederum andere, die alles andere als selten sind: Zauberpilze. Die meisten von ihnen sind in der Gattung Psilocybe zusammengefasst, doch auch in anderen Pilzgattungen finden wir sie. Bei den Zauberpilzen wiederholt sich das absurde Spiel vom Hanf. Psilocybin entstand vor 10 bis 20 Millionen Jahren.[98] Damit ist diese Substanz bis zu 19 200 000 Jahre älter als der Homo sapiens. Herzlichen Glückwunsch an dieser Stelle für das Erreichen dieses Alters! Aber statt zu gratulieren, macht der Homo sapiens vor allen Dingen eines: verbieten! Das ist sehr schade. Viele der Zauberpilze mögen eigentlich die Nähe zum Menschen. Manche wachsen im Dung von Tieren, andere auf dem Boden von Tierweiden, und wieder andere mögen besonders gerne Holzstückchen. Warum Pilze überhaupt Psilocybin produzieren, ist ein interessantes Feld der Forschung. Es könnte sein, dass die Pilze Ammoniak zu diesem Tryptamin umwandeln. Ammoniak kommt sowohl im Dung von Tieren als auch in vermoderndem Holz vor. Also genau den Orten, an denen diese Pilze wachsen. Ammoniak ist für die meisten Lebensformen sehr giftig. Menschen entgiften Ammoniak in der Leber zu Harnstoff, während Walnussbäume beispielsweise Serotonin daraus machen. Da ist es nicht so abwegig, dass diese Pilze den Ammoniak zu Psilocybin entgiften, welches vom chemischen Aufbau her große Ähnlichkeit mit Serotonin hat. Andererseits könnte es auch als Appetithemmer für Insekten dienen, damit diese nicht so viele Zauberpilze futtern. Was auch immer der Grund für die Produktion dieses Stoffes sein mag, es steht fest, dass er ganz wunderbar in unseren Körper passt. Wenn wir Psilocybin aufnehmen, macht unsere Leber Psilocin daraus, und da es so große Ähnlichkeit mit Serotonin aufweist, kann es auf grandiose Art und Weise genau an dieselben Rezeptoren andocken wie das Serotonin, und die Show beginnt.

Genau die Show, wegen der diese Pilze das Wort »Zauber« im Namen tragen. Sie beginnt meist mit Lachanfällen und Gekicher. Die visuelle Wahrnehmung verändert sich stark. Oft werden fraktale, sich bewegende Muster sichtbar. »Alles ist miteinander verbunden« ist ein Satz, der in Momenten wie diesen bisweilen fällt. So langsam stellt sich das Gefühl einer Selbstauflösung und Verschmelzung mit dem Universum ein. Manchmal kann sich die Loslösung von der materiellen Wahrnehmung auch anfühlen, als würde der Körper in Fetzen zerrissen. Derart heftige Erfahrungen sind nicht immer leicht zu handhaben. Je nach Set und Setting kann es sich wie ein gemütlicher Spaziergang durchs Universum oder wie ein Ritt durch die Hölle anfühlen. Nach ein paar Stunden intensivster Erfahrungen setzt sich dann Schritt für Schritt das Selbst wieder zusammen. Wenn alles gut gelaufen ist, hat sich durch die Reise das eine oder andere positiv verändert. Aber auch das Gegenteil kann der Fall sein. Während manche Psychonaut*innen mit solchen Erfahrungen bereits Depressionen, Ängste, Traumata, Süchte, Denk- oder Verhaltensmuster behandeln konnten, haben solche Erfahrungen andere auch schon in Psychosen oder zu HPPD geführt. In manchen Fällen wurde sogar eine Schizophrenie ausgelöst, wenn eine Veranlagung dafür vorlag.

Zauberpilzerfahrungen sind jedoch nicht immer rein psychologischer Natur. Für manche sind sie intensive spirituelle und göttliche Erfahrungen. Glaube und Zweifel können zentraler Bestandteil der psychedelischen Reisen sein. Egal ob monotheistisch, polytheistisch, atheistisch, agnostisch oder pantheistisch, viele Weltbilder wurden durch Pilze schon gefestigt oder auf den

Kopf gestellt. Über psychologische und spirituelle Erfahrungen hinaus ist es für manche aber auch einfach nur eine spaßige Erfahrung und ein guter Lacher über den kosmischen Witz der Existenz. Zauberpilzerfahrungen können sehr facettenreich sein. Sie können sowohl heilen als auch große Risiken mit sich bringen. Ganz besonders entscheidend ist es, in welchem Zustand sich die Konsument*innen befinden, an welchem Ort sie die Pilze nehmen und welche Menschen sie umgeben.

Diese kleinen niedlichen Pilze sind alles andere als eine Partydroge, die man sich mal eben reinpfeift, sondern eher eine starke Medizin, die eines guten Umgangs bedarf. Es nimmt wahrscheinlich kein gutes Ende, wenn wir Zauberpilze mal eben zwischen Businessmeeting und Wochenendeinkauf naschen, schließlich könnte es sein, dass wir erst mit einer Wiese verschmelzen und die Verbundenheit aller Dinge mit allen Sinnen spüren, ehe die volle ozeanische Selbstentgrenzung reinkickt. Die kleinen bläuenden Pilze können unser Bewusstsein innerhalb weniger Stunden komplett verändern und aus uns neue Menschen machen. Ob der Ausgang ein positiver oder negativer ist, lässt sich nur durch einen richtigen Umgang mit dieser Medizin beeinflussen. Vor- und Nachbereitung der Trips sind essenziell, unter Umständen braucht es dazu auch eine professionelle psychotherapeutische Begleitung. Leider ist das in einer Welt, in der der Besitz solcher Pilze illegal ist, schwierig. Auch die Forschung wird durch die Illegalität alles andere als erleichtert. Das fördert Risiken und hemmt den Erkenntnisgewinn. Doch was sagt die Wissenschaft eigentlich dazu?

In klinischen Studien konnten schon erfolgreich behandlungsresistente Depressionen, Nikotinsucht, Alkoholabhängigkeit, Todesangst und vieles mehr behandelt werden. Die meisten Patient*innen erreichten eine höhere Akzeptanz ihrer selbst und ihrer Mitmenschen, eine intensivere Verbindung mit der Natur, gesteigertes kreatives Denken, stärkere Empathie und ein insgesamt höheres Wohlbefinden.[99] Wie gesagt, Risiken wie Psychosen sind nicht auszuschließen und werden vor allem durch falschen Umgang provoziert. Doch wie die zum Teil bahnbrechenden Ergebnisse der klinischen Studien zeigen, steckt in diesen Pilzen großes Potenzial. Auch die Wirkweise im Gehirn ist ein interessantes Feld der Forschung. Nach bisherigen Erkenntnissen verbinden sich während des Trips Gehirnareale, die sonst nicht so verbunden sind. Außerdem scheint es, als würden die Zauberpilze die Neuroplastizität des Gehirns fördern. Neuroplastizität ist so etwas wie die Fähigkeit des Gehirns, sich selbst zu verändern. Vielleicht also könnten Pilze eines Tages die Psychotherapie revolutionieren, wenn wir sie weiter erforschen und weiter daran arbeiten, Methoden zu entwickeln, mit denen sich die Risiken verringern lassen.

Doch zurück zur Natur: Ob nun illegal oder nicht, Zauberpilze gibt es in der Natur in Hülle und Fülle. Der Blauende Kahlkopf mag besonders gerne urbanes Leben und Rindenmulch. Darum finden wir ihn in Gärten, Parks, auf Friedhöfen und auf Spielplätzen. Spitzkegelige Kahlköpfe hingegen mögen eher das gediegene Landleben und wachsen vor allen Dingen auf Tierweiden. Der Waldkahlkopf und der Böhmische Kahlkopf lieben das Holz und die Bäume und wachsen darum besonders gerne im Wald. Der Torfkahlkopf hingegen hat auch schon davon gehört, wie cool Torfmoos ist, und gesellt sich darum am liebsten zu diesem Moos. Egal ob Stadt oder Land, Wald oder Moor, für jeden Flecken Erde ist auch ein Zauberpilz gewachsen. Es ist höchste Zeit, die Illegalisierung der Natur zu beenden, die Ignoranz gegenüber wissenschaftlichen Erkenntnissen aufzugeben und lieber mit Offenheit und dem Streben nach Erkenntnis auf diese Pilze zuzugehen, denn ihnen wohnt ein Zauber inne.

Anekdote »Fliegenpilz«

Wenn wir im Herbst mit bunt gefüllten Pilzkörb-chen durch die Wälder streifen, kommt es des Öfte-ren dazu, dass wir skeptische Blicke auf uns ziehen und auch der eine oder andere Kommentar à la »Die kann man aber nur einmal essen!« fällt. Haben wir aber ein ganzes Körbchen mit Fliegenpilzen dabei, wenden sich die meisten Leute beim Erkennen der Pilze betroffen ab. Vielleicht denken sie, dass wir vorhaben, uns selbst oder andere zu vergif-ten, und wollen uns diesen Plan nicht vereiteln. Doch wir planen nichts dergleichen. Das Sammeln von Fliegenpilzen hat für uns eine langjährige Tradition. Meistens beginnt die Saison dieser Zauberpilze Ende August und geht schon mal bis in den No-vember. Da wir in diesem Zeitraum ohnehin fast täglich durch die Wälder streifen, um schmackhafte Speisepilze zu suchen, sacken wir nebenher auch immer mal wieder den einen oder anderen Fliegenpilz ein. Manchmal gehen wir auch ganz gezielt auf die Pirsch. Hierfür ist es gut, dass wir lesen gelernt haben. Denn Fliegenpilze sind an und für sich zwar ziemliche Univer-salgenies, die mit vielen Bodenbedingungen und Pflanzengesell-schaften klarkommen, allerdings haben auch sie ihre Lieblings-stellen.

Obwohl wir sie mit ihren extravaganten Hüten am ehesten auf einem Laufsteg erwarten würden, ziehen sie die Symbiose mit Bäumen ganz klar der mit Spanplatten vor. Darum tragen sie Polkadot und feinstes weißes Velum in Wäldern statt im Großstadtdschungel zur Schau. Ihre liebsten Symbiosepart-ner*innen haben ebenfalls eine Vorliebe für stilvolles Auftreten. Sie tragen eine körperbetonte schwarz-weiße Rinde und setzen damit ihre filigrane Blätterpracht in Szene. Die Birken haben aber auch einiges mit den Konsument*innen von Fliegenpilzen gemein: Sie sind Pioniere und dringen gerne in neue Welten vor.

Darum finden wir sie meist in Gesellschaft anderer Pionier-
bäume wie Pappeln oder Waldkiefern an Waldrändern oder auf
Ruderalflächen, die sich selbst überlassen wurden. Solche Pio-
niergesellschaften lassen Fliegenpilzherzen frohlocken: »Es
werde Wald!« Und mit ihren borkigen Freund*innen sorgen sie
dafür, dass Wald wird. So sind sie die Schöpfer*innen immer
neuer Welten. Und genau diese Welten zu bereisen, trachten wir
jeden Herbst aufs Neue.

Ein ganz besonderes Fliegenpilzwäldchen, das in seinem
Mycel viele freundliche Gnome beherbergt, besuchen wir jedes
Jahr. Schon beim Betreten der heiligen Hallen erfasst uns jedes
Mal große Ehrfurcht, die sich dann, sobald wir den ersten Flie-
genpilz erblicken, in Glückseligkeit wandelt. Wie unbeschreib-
lich schön stehen sie dort zu Hunderten und erfüllen uns mit
ihrem Zauber. Wie Flummis hüpfen wir dann von Pilz zu Pilz
und ernten vergnügt quietschend die Geschenke des Waldes. Ein
Glück, dass überall auch Birken stehen, die uns Halt geben,
damit wir im Übermut nicht auf die schiefe Bahn hüpfen. Und
doch, jeder wunderschöne Pilzhut, der sich im Unterholz zeigt,
entlockt einen neuen Freudenschrei. Der eine ist groß und rot-
orange mit wenig Tupfern, der nächste klein und kugelig. Einer
hat einen beinahe kegelförmigen Hut, der nächste präsentiert
sich als Kelch. Ein anderer ist fast noch ein Hexenei. Und wäh-
rend wir einen um den anderen Fruchtkörper sammeln, werden
wir immer heiterer, und unsere Wangen färben sich rosig rot.

Jeden einzelnen Pilz betrachten wir liebevoll und aufmerk-
sam, denn gerade die ganz kleinen, die noch in ihren Hexenei-
ern sitzen, können zu tödlichen Verwechslungen führen. Flie-
genpilze gehören nämlich zur Gruppe der Wulstlinge, die in
ihrem jungen Stadium aussehen wie ein Ei, das von einer wei-
ßen Haut umhüllt ist. Wachsen sie dann heran, reißt diese Haut
auf und verwandelt sich im Falle der Fliegenpilze in die vielen
kleinen Pünktchen auf dem Hut. Auch der tödliche Grüne Knol-

lenblätterpilz beginnt im Hexenei. Allerdings ist sein Hut weiß bis grün, und die sogenannten Velumflocken sind schnell vergänglich und meist bei ausgewachsenen Exemplaren nicht mehr zu sehen. Auch andere Hexeneier können mit denen des Fliegenpilzes verwechselt werden. Darum sollte auf jeden Fall die rote Hutfarbe unter dem Velum deutlich zu sehen sein. Wenn wir so ganz in dieser Sammelei aufgehen und alles andere vergessen, kommt es dazu, dass sich unsere Finger mit der Zeit immer klebriger anfühlen. Denn das Sammeln von Fliegenpilzen ist eben noch immer echte Handarbeit, und so wie Mechaniker*innen die Finger voller Motoröl haben, haben Fliegenpilzsammler*innen die Hände voller Velumflocken. Das stört aber nicht, sondern trägt allenfalls zur Erheiterung bei.

Zu Hause angekommen, geht das jährliche Herbstritual dann weiter. In vielen Häusern liegt im Dezember der Geruch frisch gebackener Plätzchen in der Luft. Etwas Ähnliches spielt sich bei uns im Herbst ab. Vor allem im September und Oktober ist unsere Wohnung erfüllt vom Duft trocknender Fliegenpilze. Denn dann wird das Dehydriergerät immer mal wieder mit neuen Funden aus dem Wald aufgefüllt. Bei der Trocknung ist schon wieder Magie am Werk. Das leuchtende Rot wird zu schimmerndem Gold. Neben dieser Pracht sehen die Schaufenster der meisten Juweliergeschäfte aus wie verstaubte Besenkammern. Doch mit dem Gold ist die Alchemie noch nicht an ihrem Ende. Sind die Fliegenpilzhüte erst mal crispy, verarbeiten wir sie weiter. Wir stellen daraus in aufwendigen Prozessen Extrakte zur äußeren und inneren Anwendung her. Dabei muss einiges beachtet werden, wie zum Beispiel die Wahl des richtigen Extraktionsmediums und dessen pH-Wert und Temperatur. Auf dem Weg zu unseren Erkenntnissen über die richtige Verarbeitung der Fliegenpilze haben wir öfter auch mal die falsche Abzweigung genommen. Am Ende dieser Irrwege erwarteten uns dann vor allem Übelkeit und Erbrechen. Darum ist die richtige Extraktionsmethode essenziell, um die Wahrscheinlichkeit ungewollter Effekte zu verringern. Fliegenpilze enthalten nämlich ein nicht ungefährliches Neurotoxin namens Ibotensäure, dessen Umwandlung zu Muscimol absolut wichtig ist, wenn wir uns nicht übel vergiften wollen. Die zu diesem Zweck vorgenommene Decarboxylierung bedarf einiger chemischer Vorkenntnisse.

Wenn wir dann aber ein taugliches Gebräu zusammengerührt haben, nutzen wir es auf verschiedene Weise. Nach einer langen Wanderung, wenn alle Gelenke ihre Anwesenheit kundtun, haben wir die Erfahrung gemacht, dass eine Einreibung mit Fliegenpilzextrakt auf wunderbare Weise Linderung verschafft. Aber auch in schlaflosen Nächten war der Fliegenpilz uns schon ein wirksamer Schlummertrunk. Da die Fliegenpilze von ihrem Wirkstoffgehalt her sehr variieren, kann so ein schlaffördernder Zaubertrank bei unvorsichtiger Dosierung auch mal zu einem rasenden Fahrstuhl ins Reich der Träume werden. Manchmal ist das aber auch gewollt. Wir haben bereits einige intensive Erfahrungen mit dem Pilz auf dem Kerbholz, und der Schelm hat uns immer wieder aufs Neue überrascht.

Als Muse der Dichtkunst bewirkte er einst in gemütlicher Runde, dass wir uns über Stunden nur noch in Reimform miteinander unterhielten. Das Gedicht, welches an diesem Abend entstand, kennt allein der Fliegenpilz. Doch er ist nicht nur ein Freund der Wortkunst, denn er vermag es auch, die Lust zu wildem Tanz und Musizieren zu erwecken. So können wir von magischen Nächten berichten, in denen wir nach dem Trinken eines Gebräus mit Fliegenpilzen skurrile Lieder mit Instrumenten und Haushaltsgegenständen komponierten und uns dazu im zeitgenössischen Tanz übten. Gelobt sei der avantgardistische Dirigent und Choreograf mit Hut und Stiel.

Doch nicht immer hatte der Pilz eine so mobilisierende kreative Energie. Manchmal empfanden wir im Sitzen eine unglaublich starke innere Wärme, die uns das Gefühl gab, knisternde Kaminfeuer zu sein. Es war eine sehr angenehme Empfindung. Er konnte uns aber auch in tiefen Schlaf mit langen Träumen versetzen, die so real wirkten, dass das Aufwachen dem Sterben des Traum-Ichs gleichkam. Denn in der inneren Welt des Traums waren mehrere Tage vergangen, während es nur einige Stunden in der Außenwelt waren: ein Riss im Raum-Zeit-Kontinuum. Dann gab es aber auch fantastische Träume, die hatten die Ästhetik von bunten Cartoons. Andere waren von goldenem Licht durchflutet. Manchmal liefen uns auch bereits Verstorbene über den Weg und erzählten uns den neuesten Klatsch aus der Anderswelt. Liebe Grüße an dieser Stelle! Andere Träume beinhalteten körperliche und körperlose Flugerfahrungen in märchenhaften Welten. Manchmal fanden wir uns auch in einer Welt zwischen Traum und Wirklichkeit wieder. Dort konnte es schon mal vorkommen, dass das Bett zum Rabbithole wurde, das tief in die Erde führte und unsere Körper einem Malstrom gleich hineinsaugte. Auf Raum und Zeit war kein Verlass mehr. Es kam auch mal vor, dass wir das Gefühl hatten, zwei Kilometer lange Beine zu haben oder aber nur ganz klein zu sein, vielleicht nicht mehr als einen halben Meter.

Der Fliegenpilz hat wirklich schon so manchen Unfug mit uns getrieben. Doch eines hatten all diese Erfahrungen gemeinsam: Sie waren immer abenteuerlich und unvorhersehbar.

Souvenirs

Wer nach einer Reise in die Natur oder in transdimensionale Gefilde nach einem Mitbringsel für sich selbst oder die Liebsten zu Hause sucht, aber den Souvenirshop nicht findet, muss nicht in Panik geraten. Denn tatsächlich gibt es da draußen allerlei wunderschöne Andenken zu finden, die großartige Geschenke abgeben können. Allerdings hängen hier keine Leuchtreklamen, die die Mitbringsel bewerben. Ein aufmerksames Auge und die Bereitschaft, sich kreativ auszutoben, sind gefragt.

Ein gutes Souvenir sollte nicht nur etwas über die Reise erzählen, die wir unternommen haben, sondern auch zeigen, dass wir während unserer Abwesenheit an die beschenkte Person gedacht haben. Also machen wir uns doch mal Gedanken über die ganze Bagage.

Sitzt zu Hause ein*e Historiker*in, bedeckt mit dem Staub der Jahrtausende, über einem steinzeitlichen Artefakt und säubert dieses liebevoll mit verschiedensten Spezialpinselchen, so könnte beispielsweise der Fruchtkörper eines Zunderschwamms ein schönes Geschenk sein. Dieser Pilz, den wir sehr oft an sterbenden oder bereits toten Birken finden können, war bereits dem Liebling aller Geschichtsforscher*innen, dem guten alten Ötzi, ein Begriff. Hat der*die Beschenkte zudem noch einen Garten mit Feuerstelle oder einen Holzofen, umso besser. So kann gleich ein bisschen gezündelt und ein Feuer nach Steinzeitmanier entfacht werden.

Auch für Modeschöpfer*innen und Fashionistas kann der Zunderschwamm ein großartiges Geschenk abgeben. Die Zunderschicht des Pilzes, die Trama, lässt sich nämlich auch zu einer Art Pilzleder verarbeiten. Allerdings sind die Tricks und Kniffe für die Herstellung dieses Leders vor allem in Transsilvanien bekannt. Da die Zunderschwämme Berichten zufolge in Rumänien auch eine dickere Trama haben, lohnt sich vielleicht die längere Reise, um die Zunderzunft direkt bei den Meister*innen zu erlernen.

Wenn es jedoch bei dem Ausflug in den hiesigen Wald bleiben soll und wir dennoch einen modebewussten Erdling beschenken wollen, können wir auch zu dem anderen Ötzi-Pilz greifen. Der Birkenporling lässt sich nämlich direkt nach der Ernte hervorragend schnitzen. So können wir daraus Kettenanhänger und andere Kleinode anfertigen, die dann bei der Trocknung steinhart werden. Allerdings ist zu beachten, dass sich diese Anhänger unter Umständen auch mit Schweiß vollsaugen und wieder weich und brüchig werden. Darum sollten sie nur über der Kleidung getragen oder aber in die Teetasse geworfen werden. Denn aus dem Birkenporling lässt sich auch ein wohltuender Tee zubereiten. Gemischt mit Beifuß und einer winzig kleinen Prise Fliegenpilzpulver, ist er außerdem ein hervorragender Schlummertrunk.

Und wo wir schon mal beim Thema sind, ein selbst gesammelter Wildkräutertee ist immer eine feine Sache. Doch auch dabei ist es wichtig, nicht nach den eigenen Vorlieben zu gehen, sondern an die Person zu denken, die einmal den Tee schlürfen wird. Ein ungeschicktes Präsent kann unter Umständen schon mal einen anaphylaktischen Schock oder einen ungewollten Schwangerschaftsabbruch auslösen. Wenn wir also nicht sicher wissen, wie es um die Gesundheit der*des Beschenkten steht und welche Wirkungen unsere Kräuter haben, bleiben wir fürs Erste lieber bei den Accessoires.

Toller Schmuck kann zum Beispiel aus Baumperlen hergestellt werden. Dazu suchen wir kleine Knubbel an der Rinde von Bäumen. Besonders auf der Buche lassen sie sich leicht entdecken. Haben wir die Perlen erst mal von der Rinde gepult und in Wasser geköchelt, können wir auch die Rinde der Perlen entfernen, und siehe da: Feenholz. Ein Loch hineingebohrt, et voilà – fertig ist der Kettenanhänger.

Selbst gemachter Schmuck ist zwar hübsch, aber vielleicht kein gutes Geschenk für praktisch veranlagte Handwerker*innen, die für so einen Firlefanz nicht viel übrighaben. Am besten wäre es da, wenn wir etwas Nützliches mitbringen könnten. Nur was? Wie wäre es mit einem starken Kleber? Dafür können wir unseren heimwerkelnden Freund*innen einige schöne Beeren der Mistel mitbringen. Das Fruchtfleisch ist so klebrig, dass sich damit sogar Vögel fangen lassen. Allerdings ist das inzwischen verboten, und zudem kommen Singvögel in Käfigen als Mitbringsel aus dem Wald auch nicht mehr so cool rüber wie im antiken Rom.

Doch wir können zumindest abgeworfene Teile von Wildvögeln zu schönen Geschenken verarbeiten. Ein- bis zweimal im Jahr kommen viele Vögel in die Mauser und geben dabei ganz freiwillig ihr Federkleid her. Wir müssen nur noch aufsammeln, was sie nicht mehr brauchen. Aus den abgelegten Federn, etwas Bindfaden und einigen Stöckchen lassen sich dann schöne und individuelle Traumfänger herstellen. So ist der Schlummer unserer Liebsten vor bösen Träumen geschützt, und wir haben endlich mal wieder gebastelt.

Wenn es statt verträumt lieber verspielt zugehen soll, können wir mit dem Bindfaden und etwas Treibholz, Muscheln, Steinen und anderen hübschen Fundstücken ein Windspiel zusammenschnüren. So ein Geschenk eignet sich besonders gut für gestresste Musiker*innen, die mal dem Wind das Musizieren überlassen sollten, um runterzukommen.

Für Musiker*innen in ihrer inneren Mitte hingegen ist kein Geschenk besser geeignet als ein selbst gebautes Instrument. Für den Querflötenbau eignen sich beispielsweise die Stängel der Engelwurz oder des japanischen Staudenknöterichs sehr gut. Eine einfache Blockflöte lässt sich auch aus Holunder herstellen. Wenn es nicht gleich eine Flöte sein soll, wie wäre es dann mit einem Schraper? Dieses Instrument hat eine lange Tradition, die bis in die Steinzeit[100] zurückgeht, und doch haben viele von uns seit der Grundschule nicht mehr richtig auf dem Schraper gerockt. Was ist das nur für ein Instrument? Zum Basteln eines Schrapers brauchen wir lediglich ein Messer, ein Stückchen Holz und einen stabilen kleinen Ast. Zunächst ritzen wir Rillen in das Holz ein, dann entrinden wir den Ast und bearbeiten ihn so, dass er gut in der Hand liegt. Fertig ist der Schraper. Ritsche, ratsche, kann der Ast nun über die Rillen geschrapt und so ein Rhythmus erzeugt werden. Unterstützen lässt sich dieser Beat natürlich hervorragend mit Rasseln. Die lassen sich ganz gut mit einem Stock und einigen Nüssen erzeugen, die mit einem Bindfaden an den Stock gebunden werden. Auch sehr stimmungsvoll ist es, Samen zu sammeln, zum Beispiel vom Indischen Springkraut, und sie in einem Einmachglas zu lagern. Damit haben wir immer eine tolle Rassel zur Hand und außerdem noch einen hervorragenden Snack. Der musikalischen Mitbringsel aus der Natur gibt es viele, und das Tolle daran ist, dass wir mit ihnen ein bisschen Wildnis nach Hause bringen können. Nach dem Waldspaziergang können dann im Wohnzimmer oder Garten die Musik und Tanzekstase erst richtig losgehen.

Besonders stimmungsvoll musiziert es sich natürlich, wenn dazu Kräuter und Harze verräuchert werden. Auch hier können wir die entsprechenden Zutaten in der Natur finden. Gerade im Winter ist es sehr leicht, das Harz von Fichten, Tannen und Kiefern zu ernten, weil es bei Kälte fest ist und sich besonders einfach vom Baum löst, ohne dass danach die Finger völlig verklebt sind. Aber auch im Sommer lässt sich tolles Räucherwerk in der Natur sammeln. Beifuß und Rainfarn sind beispielsweise Kräuter, die sich gut zum Räuchern eignen. Ein toller Nebeneffekt dabei ist, dass wir auch böse Geister und Zauber auf Abstand halten, wenn wir mit diesen Kräutern räuchern. Zumindest wenn diese Überlieferungen stimmen und nicht aus der Feder der Spukgespenster selbst stammen.

Diese wilden Kräuter eignen sich jedoch nicht ausschließlich zum Räuchern. Möchten wir beispielsweise eine*n Innenarchitekt*in glücklich machen, können wir auch Sträuße aus wilden Blumen binden und als Trockenblumensträuße verschenken. Besonders gut eignen sich hierfür die leuchtend gelben Blüten des Rainfarns. Sie erhalten jahrelang ihre intensive Farbe und können, wenn wir des dekorativen Straußes müde geworden sind, auch zum Färben von Wolle verwendet werden. Je nach Beize lassen sich satte Gelb- und Grüntöne färben. Doch nicht nur der Rainfarn lässt Färberherzen höherschlagen. Überall in der Natur warten wunderschöne Farben darauf, ihre Schönheit auf unserer Wolle zu präsentieren. Allein die Farbvielfalt, die mit verschiedenen Beeren erreicht werden kann, ist erstaunlich. Handarbeitsfreund*innen werden die vielen Facetten von Violett, die der Holunder, die Brombeere, die Mahonie und viele andere Beeren bereithalten, zu schätzen wissen. Eine weitere wunderschöne Farbpalette offenbart sich, wenn wir als Mitbringsel Pilze im Gepäck haben. Denn auch im Reich der Funga gibt es viele Arten, die strahlende Farben auf die Wolle zaubern. Paradoxerweise gibt der Kiefernbraunporling leuchtendes Gelb ab, während der Zimtfarbene Weichporling die Wolle violett färbt. Der Blutblättrige Hautkopf hält hingegen, was er verspricht, und verpasst dem Garn einen roten Anstrich. Ob mit Ackerschachtelhalm oder Eichenrinde, mit fast allem aus der Natur lässt sich Wolle färben. Ein kreatives Souvenir können wir somit leicht finden.

Wollen wir jedoch nicht die Färberei, sondern die Wäscherei unseres Herzens beschenken, so können wir das auf verschiedene Weise tun. Saponine, also Seifenstoffe, mit denen sich Wäsche reinigen lässt, kommen nämlich in verschiedenen Pflanzen und ihren Teilen vor. So lässt sich zum Beispiel sowohl mit Efeu als auch mit Rosskastanie einfach und ökologisch waschen. Das Seifenkraut verrät es ja schon durch seinen Namen. Aus diesem Kraut lässt sich nicht nur Waschmittel herstellen, sondern auch Shampoo. Dazu köcheln wir das Kraut zusammen mit anderen duftenden Kräutern so lange, bis es zu schäumen anfängt, und pürieren das schön durch. Abgekühlt und abgesiebt, ist es ein wohlduftendes Haarwaschmittel, das schon Rapunzel gerne genutzt hat.

Ein weiteres Beauty-Geheimnis für gepflegtes Haar kann auch ein schönes Geschenk für beste Freund*innen hergeben. Ein Bündel Brennnesseln, hübsch verpackt, sorgt beim Auspacken auf jeden Fall für eine Überraschung. Dass sich aus der Brennnessel ein tolles Haarwasser machen lässt, liefert hier einen guten Vorwand für finstere Intentionen. Auch Philosoph*innen und Teilzeiterleuchteten, die meinen, die Weisheit mit Löffeln gefressen zu haben, können wir einen Denkzettel beziehungsweise eine Denksportaufgabe geben. Dazu schnitzen wir einfach einen Löffel, am besten aus Weichhölzern. Vielleicht fällt der Groschen ja. Für fiese Streiche eignet sich das Juckpulver aus Hagebutten übrigens auch hervorragend. Es braucht nur ein bisschen Fantasie, und wir können unsere Feinde in ihre persönliche Hölle schicken. Wenn wir schon auf Bambule aus sind, dann richtig. Nun aber genug der dunklen Energien. Wir wollen doch lieber lieb sein und Mitbringsel mitbringen, die Freudensprünge statt Juckreizsaltos hervorrufen.

Um eine kleine, freundliche Notiz für jemanden zu schreiben, können wir das mit der orangeroten Milch des Rotmilchenden Helmlings machen. Dafür benutzen wir den Stiel des kleinen

Pilzes einfach als Füller, und los geht's. Allerdings reicht die Tinte wirklich nur für sehr kurze Botschaften oder Bildchen.

Für leidenschaftliche To-do-Listen-Schreiber und romantisch veranlagte Romanautor*innen können wir aber eine andere Tinte aus der Natur empfehlen. Diese Tinte wird aus dem Schopftintling hergestellt, einem Pilz, dessen Fruchtkörper autolytisch buchstäblich zu schwarzer Tinte zerfließt. Das können wir uns zunutze machen und ein paar Tintlinge in einem Gefäß zerfließen lassen. Anschließend sieben wir Rückstände, die doch nicht so zerfließen wollten, wie sie sollten, aus der Tinte und geben, wenn wir welches zur Hand haben, Baumgummi von einem Obstbaum zum Andicken dazu. Wenn das nicht zu haben ist, gelingt die Tinterei auch mit Gummi arabicum. Mit ein paar Tropfen Nelkenöl wird die Tinte haltbar gemacht, et voilà – schon kann das Geschenk überreicht werden. Wobei selbstverständlich eine Vogelfeder zum Schreiben dem Geschenk den letzten Schliff gibt.

Wollen wir statt Schreiberlingen Freund*innen der bildenden Kunst begeistern, sollten wir uns im Wald nach dem flachen Lackporling als Geschenk umsehen. Mit diesem Pilz lassen sich Kunstwerke erschaffen, die die Herzen von Kunstsammler*innen höherschlagen lassen. Zunächst gilt es jedoch, den Pilz richtig zu identifizieren und vorsichtig zu ernten. Wenn wir beim Versuch, den Fruchtkörper vom Totholz zu lösen, nicht aufpassen, kann es leicht passieren, dass wir dabei die Röhrenschicht mit unseren Fingern antatschen oder dass der Pilz, wenn er sich ruckartig löst, mit den Röhren voran aufs Totholz oder auf den Boden klatscht. In beiden Fällen wäre der Pilz für die Schaffung großer Kunst fortan verloren. Lediglich als Umami-Geschmacksverstärker ließe sich der Fruchtkörper nun noch verwenden. Denn die sensible Röhrenschicht ist unsere Leinwand, die wir nur berühren, um auf ihr zu malen. Dazu können wir beispielsweise einen mit einem Taschenmesser angespitzten Stock benutzen. Nun sind der Kreativität keine Grenzen gesetzt, und durch leichtes

Eindrücken der Röhren mit unserem Werkzeug lassen sich große Kunstwerke erschaffen. Allerdings gilt dabei zu beachten, dass nichts radiert werden kann. Wo sich die Röhren einmal dunkel verfärbt haben, bleiben sie auch dunkel. Darum wird der Pilz auch Malerpilz genannt. Wenn wir die Fruchtkörper nach dem Bemalen trocknen, können wir unser Kunstwerk auch sorglos in die Hand nehmen. Nun verfärben sich die Röhren nicht mehr auf Druck. Allerdings können wir uns vor dem Trocknen noch einen Extra-Clou erlauben und die Röhrenschicht zusätzlich bemalen. Eine dünn aufgetragene Farbschicht, zum Beispiel mit Wasserfarben oder Acrylfarben, führt zu schimmernden Farbakzenten auf dem getrockneten Pilz und ist die Krönung unseres Meisterwerks.

Da nicht jede*r Kunst oder Musik liebt, aber wir alle essen, ist ein Snack aus der Natur immer ein gutes Mitbringsel. Inspirationen in dieser Richtung haben wir ja schon im Kapitel »Was gibt's zu futtern?« gegeben.

Wie wir sehen, können wir von einer Reise in die Natur immer etwas Schönes mitbringen. Dazu braucht es auch kein Geld, sondern nur Einfallsreichtum.

Mehr Wildnis wagen

Gibt es hier Handyempfang? Nein? Aber wenigstens WLAN? Auch wenn diese Fragen oft die essenziellsten für unseren Fortbestand zu sein scheinen, sind sie doch recht trivial. Es gibt etwas viel Größeres, das uns am Leben erhält. Nach der Lektüre des Vorausgegangenen mag es kaum noch überraschen, denn es ist: die Natur. Sie gibt uns die Luft, die wir atmen, unsere Nahrung, unsere Medizin und alles, was wir sonst noch haben, inklusive unserer Smartphones. Die Natur gibt so unglaublich viel, schenkt und schenkt unablässig. Doch was können wir ihr zurückgeben? Wie können wir beginnen, dankbar zu sein, und aufhören, sie auszubeuten? Viele Lebewesen dieses Planeten sind bereits ausgestorben oder akut bedroht – dank uns. Wie können wir dafür sorgen, dass diese endlos wirkende Spirale der Vernichtung schließlich ihr Ende findet?

Wir müssen mehr Wildnis wagen. Wir müssen der Natur Raum geben, sich selbst zu entfalten. Der Anthropozentrismus ist der Grabstein der Vielfalt. Lassen wir die Natur aufleben, werden auch wir davon profitieren. Doch wie geht das, Wildnis wagen? Es ist gar nicht so schwer. Denn es funktioniert auf unterschiedlichsten Ebenen.

Eine Ebene, auf der wir etwas ändern müssen, um mehr Natur zuzulassen, ist die unserer eigenen Ängste. Die Angst vor dem Wilden, dem Unberechenbaren, und der mit ihr einhergehende

Kontrollzwang vernichten die Natur. Wir müssen nicht überall eingreifen, müssen nicht jede Pflanze selbst gesät haben. Die Natur kann das auch allein. Die Wildnis ist ein Ort der Vielfalt und des Lebens. Davor brauchen wir keine Angst zu haben. Wenn wir die Natur betrachten, betrachten wir sie zu oft unter dem Einfluss von angsteinflößenden Vorurteilen: Fuchsbandwurm, Zecken, Giftpilze, Wölfe und herabfallende Äste. Wir fokussieren zu sehr auf das vermeintlich Negative und überdramatisieren es, als wären unsere Gehirne mit der Boulevardpresse verbündet. Die Natur ist so viel mehr als das. Und machen wir uns nichts vor: Unsere eigene Zivilisation steckt auch voller Gefahren. Metabolisches Syndrom, Verkehr und Arbeiten bis zum Umfallen. Trotzdem leben wir damit. Die wilde Natur ist so viel harmloser im Vergleich dazu, eigentlich sollte es uns leichtfallen, mit ihr zu leben. Sie spendet uns Leben, und sie kann uns von dem heilen, was wir in unserer Zivilisation so richtig vergeigen. Legen wir also unsere Angst vor der Wildnis ab. Denn die Angst vor der wilden Natur ist auch die Angst vor dem Leben.

Auch in der Sprache sollte sich etwas tun. Es gibt keine Unkräuter. Das, was wir als Unkräuter bezeichnen, sind meist die wertvollsten Pflanzen für die lokalen Ökosysteme. Ohne sie geht gar nichts. Die eigentlichen Undinge sind Pflastersteine, Asphalt und Schottergärten. Sie sorgen dafür, dass dort, wo eigentlich Leben wäre, nun nur noch Tod und Tristesse vorherrschen.

Geben wir der Natur also wieder mehr Raum für sich selbst. Dieser Schritt beginnt vor der eigenen Haustür. Leider bedeuten die meisten Einfamilienhaussiedlungen das Ende der Natur. Kirschlorbeer, Thuja, englischer Rasen. Drei Arten in den sogenannten »Gärten«, sonst nichts. Ein Leben wie aus dem Baumarktkatalog, herzlichen Glückwunsch! Ein Bauboom, der nichts als versiegeltes, totes Land hervorbringt. Thujahecken bieten so gut wie keinen heimischen Insekten oder Vögeln Lebensraum oder Nahrung. Sie sind einer der Hauptgründe, warum in modernen Siedlungen nicht mehr gezwitschert und gebrummt wird. Gleiches gilt für den Kirschlorbeer. Auch er ist in etwa so lebensbejahend wie eine graue Betonwand. Der englische Rasen ist nicht gerade besser. Dabei ist er es oft, der mit der Begründung »Ich habe keine Zeit für einen Garten!« angelegt wird. Aber ist es nicht ausgerechnet der Rasen, welcher wöchentlich gemäht, gesprengt, gedüngt und vertikutiert werden muss?

Eine wilde Blumenwiese hingegen braucht nichts dergleichen. Sie ist ein Paradies für Vögel und Insekten und bietet auch uns Menschen viele Köstlichkeiten. Sie muss nur einmal im Jahr gemäht werden. Gerade auch die Wildpflanzen, die von ganz alleine kommen, sind entscheidend für die Natur. Die Brennnessel ist eine der wichtigsten Pflanzen für Schmetterlinge. Admiral, Tagpfauenauge, Kleiner Fuchs, Distelfalter, Landkärtchen und C-Falter – alle lieben sie die Brennnessel. Scheckenfalter, Kleiner Maivogel und Feuerfalter hingegen stehen total auf Wegeriche. Der Schwalbenschwanz liebt vor allem Doldenblütler wie den Giersch. Peinlich, wer diese wertvollen Pflanzen durch Baumarktplunder ersetzt.

Wer einen Garten hat und der Natur etwas Gutes tun will, kann ganz besonders leicht mehr Wildnis wagen: Einfach einen kleinen Abschnitt des Gartens verwildern lassen, nur nichts mehr damit tun, das hilft der Natur viel mehr, als ständig alles auszurupfen und zu beschneiden. Wer mehr Zeit und einen grünen Daumen hat, kann natürlich auch selbst eine Vielfalt an Pflanzen anpflanzen. Diversität ist hier der Schlüssel zum Leben. Schöne Gärten, in denen es blüht und duftet, in denen alle Lebewesen, egal ob Mensch, Igel, Zitronenfalter oder Rotschwänzchen, Nahrung und Heimat finden, sind leider eine absolute Seltenheit geworden. Natur ist bunt und wild und nicht rechteckig und kahl. Wer über Land verfügt, sollte der Natur auch etwas zurückgeben.

Doch auch wer in einer Wohnung wohnt, kann aktiv werden. Egal ob Wildpflanzen auf dem Fensterbrett oder dem Balkon, alles hilft. Vielleicht lässt sich sogar mit der Hausverwaltung sprechen, ob es im Hof nicht vielleicht auch mal etwas wilder und grüner zugehen kann. Ist es nicht viel schöner, eine Vielfalt an Arten zu sehen, die auch ganz allein zurechtkommen, statt kahler Erde mit ein paar krüppeligen Ziersträuchern?

Wir sollten uns aber auch dafür starkmachen, dass die wilde Natur wieder in den öffentlichen Raum Einzug halten kann. Parks in Städten sollten nicht nur für Menschen da sein, sondern für alle Lebewesen. Dazu gehört, dass auch in Parks Bereiche verwildern dürfen. Generell sollte nicht jedes Stückchen Land in Städten immer nur ausschließlich den Menschen dienen. Gibt es hier und da Grundstücke, auf denen weder Häuser, Parkplätze noch Spielplätze gebaut werden, sondern die einfach brach liegen, können wichtige Miniökosysteme entstehen, die das Klima der Stadt massiv verbessern. Auf brach liegenden Grundstücken und im Orbit von »Lost Places« können wir auch mitten in der Stadt auf eine unglaubliche Artenvielfalt an allen erdenklichen Lebensformen stoßen, eben gerade, weil sich niemand darum kümmert, weil die Natur dort ihr Ding machen kann und sich selbstbestimmt entfaltet. Wir sollten uns sowohl in den eigenen Gärten als auch in Parks von der Schnöseligkeit quadratisch geschnittener Zierhecken vom anderen Ende der Welt verabschieden und einfach mal öfter die Natur walten lassen.

Auch auf dem Land gibt es natürlich viel zu tun. Dass Monokulturen, egal ob auf dem Feld oder im Wald, die real gewordene Hölle sind, ist hoffentlich inzwischen klar geworden. Als Individuen können wir dort leider nicht so viel Einfluss nehmen, da viele Fragen politischer Natur sind. Mit unserem Konsumverhalten können wir aber zumindest etwas bewirken. Der Konsum von Tierprodukten ist einer der Hauptgründe, warum unsere Böden mit Gülle verpestet werden und viele Arten aussterben.

Aber auch durch den Konsum von pflanzlichen Produkten, die aus konventionellen Monokulturen stammen, befördern wir die Zerstörung der Natur. Leider ist nachhaltiger Konsum oft auch eine Geldfrage und nicht immer allen möglich. Wer Möglichkeiten hat, sollte sie jedoch nutzen. Glücklicherweise gibt es auch eine Methode für nachhaltige Ernährung ganz ohne Geld: Ersetzen wir einen Teil unserer Nahrung durch wild gewachsene Nahrung, unterstützen wir nicht länger die Ausbeutung der Natur, und das ganz unabhängig von unserer finanziellen Lage.

Autos mit Verbrennungsmotoren, Kreuzfahrten und Flugreisen ballern endlose Mengen Stickoxide in die Luft, die dann im Umkehrschluss genauso wie die Gülle die Böden verpesten und die Artenvielfalt unseres grünen Planeten vernichten. Auch hier haben wir viel selbst in der Hand. Das Begradigen und Befestigen von Flüssen führt zum Aussterben der Auwälder, nur damit eine Handvoll Jachten freie Fahrt hat. Auwälder zu renaturieren und Flüssen wieder ihre natürlichen Formen zurückzugeben, sollte eines der wichtigsten Projekte der Zukunft werden. Auch Urwälder könnten in ein paar Jahrhunderten wieder zur Normalität gehören. Wenn wir jetzt anfangen, die Wälder in Ruhe zu lassen, werden dort die paradiesischen Biotope der Zukunft entstehen. Statt selbst Bäume zu pflanzen, einfach die Bäume selber wachsen lassen und so wenig wie möglich eingreifen. Das Stichwort ist hier Sukzession. Hierbei kommen die Selbstheilungskräfte der Natur zum Tragen. Selbst wenn wir Menschen der Natur an einem Ort ein Habitat aufgedrängt haben, das natürlicherweise dort nicht wachsen würde, kann die Natur sich von ganz allein erholen, wenn wir sie denn lassen. Nach und nach entstehen an von uns Menschen geschädigten Standorten wieder gesunde und funktionierende Ökosysteme, in denen sich Pflanzen, Pilze und Tiere gegenseitig die Wege ebnen, die benötigt werden.

Es braucht auch wieder viel mehr Moore. Auf Blumenerde mit

Torfanteil zu verzichten, ist ein besonders leichter Schritt zur Rettung dieser Ökosysteme. Moore wiederherzustellen, ist etwas komplizierter, aber sollte kein Ding der Unmöglichkeit sein. Wer zum Mars reisen kann, kann auch Moore zum Leben erwecken.

Entscheidend für die Rettung von Ökosystemen ist die Land- und Forstwirtschaft. Die Produktion tierischer Nahrungsmittel benötigt viel mehr Fläche als die pflanzlicher Lebensmittel mit gleichem Nährwert. Je mehr wir uns von Pflanzen und Pilzen ernähren, umso weniger Flächen werden zur Erzeugung der Nahrung benötigt. Je weniger Holz wir verbrauchen, egal ob für Papier, Möbel oder die Energiegewinnung, umso weniger Wälder müssen bewirtschaftet werden. Also nicht vergessen: Für jeden Aktenordner sinnloser Bürokratie sterben Bäume.

Über unser Konsumverhalten können wir sehr viel bewirken, und es könnten ganze Bücher nur über dieses Thema gefüllt werden. Doch das ist nicht alles. Wir müssen wieder eine Verbindung zur Natur aufbauen. Es bringt nichts, Menschen zu verbieten, die Wege im Wald zu verlassen, wenn tonnenschweres Gerät wenige Tage später freie Fahrt hat. Wie sollen Menschen von der Rettung der Natur überzeugt werden, wenn sie sie gar nicht kennen? Natur sollte ein sinnliches Erlebnis sein. Hier haben wir eine besondere Verantwortung gegenüber den Kindern. Statt sie zum Lernen nur in stickige Räume zu sperren, sind sie es, denen wir alle Lebensräume der Natur zeigen sollten. Vor Ort. Dabei ist es wichtig, die Natur erlebbar zu machen und ihnen zugleich die Achtung vor unseren Mitlebewesen zu vermitteln.

Wichtig ist auch, wie wir unsere Energien verwenden. Kritik ist gut und wichtig, aber es hilft der Natur wenig, wenn wir unsere Zeit und Kraft nur darauf verwenden, das Fehlverhalten anderer zu kritisieren. Wir können andere auch in dem, was sie bereits tun, bestärken, und sollten uns nicht darauf verkrampfen, was sie noch nicht tun. Also nicht nur immer den erhobenen Zeigefinger einsetzen, sondern ruhig auch mal den »Daumen hoch« zeigen. Naturschutz und Umweltbildung können sehr viel Spaß machen, denn die Natur hat Humor. Sonst hätte sie nie Wacholderdrosseln erfunden, die sich mit Kotbomben verteidigen. So ernst und akut viele Anliegen derzeit auch sein mögen, wir haben trotzdem die Wahl, ob wir sie todernst oder mit Freude und Leidenschaft rüberbringen wollen.

Naturverschmelzung als Lifestyle

Hat uns die Freude an der Natur erst mal so richtig gepackt, gibt es kein Halten mehr. Jedes »Was jetzt?« lässt sich fortan mit »Raus!« beantworten. Nach und nach wird dann mit jedem Ausflug in die Untiefen des Unterholzes ein aufrechter Lebensstil aus der ganzen Sache.

Sprichwörter wie »Der frühe Vogel fängt den Wurm« oder »Morgenstund hat Gold im Mund« haben ein tiefes Trauma bei vielen von uns hinterlassen und holen die schlimmsten Erinnerungen an den Weg zur Schule oder zur Arbeit aus dem Reich der Verdrängung hoch. Der Zwang zum frühmorgendlichen Aufstehen hat den Zauber einer ganzen Tageszeit ausgelöscht. Doch damit ist jetzt Schluss. Naturverschmelzungen holen die Magie des Morgens nicht nur zurück, sie definieren sie sogar ganz neu. Der Morgen ist die Zeit, in der unser lebenspendender Stern, die Sonne, wiederkehrt. In aller Früh glitzern die Landschaften, weil sie in Tau oder Reif gehüllt sind, und die bunten Farben der Welt erwachen zu neuem Leben. Die Morgendämmerung, dieser magische Moment zwischen Nacht und Tag, wird von den ekstatischen Gesängen der Vögel untermalt. Wenn wir regelmäßig mit dem Draußen fusionieren, bemerken wir, dass diese Verschmelzungen vor allem dann besonders berauschend sind, wenn wir frühmorgens in die Natur starten, und zwar schon vor dem Sonnenaufgang. Dieses atemberaubende Schauspiel, wenn unser Stern am Horizont aufgeht und alles mit Licht und bunten Farben flutet, wiederholt sich jeden Tag aufs Neue, und doch nehmen wir es so selten bewusst wahr.

Wer pünktlich zu den frisch über Nacht geschlüpften Steinpilzen schon im Wald sein will, wird wieder öfter Zeug*in und Teil dieses Zaubers. Jetzt in der Natur zu sein, heißt, so richtig wach zu werden. Der Autopilot, der uns sonst oft durch den Tag kutschiert, schaltet ab. Reine Energie und Lebensfreude strömen durch den Körper. Dann fällt uns wieder ein, dass der Autopilot standardmäßig in allen zeitgenössischen humanoiden Lebewesen verbaut ist, um uns vor der Erkenntnis der Sinnlosigkeit unseres Daseins zwischen Bildschirm und Hinterkopf zu bewahren. Doch so wie ein Tautropfen von einem Blatt fällt und »platsch« macht, tut es bei einem Sonnenaufgang in der Natur auch der Autopilot.

Wie schön es doch ist, dem Rotkehlchen dabei zuzuhören, wie es den Tag begrüßt, statt irgendwelchen Kotzkehlchen im Radio, die Autotune brauchen, um nicht mit einer Klospülung verwechselt zu werden. Oft wird das frühe Aufstehen auch mit großartigen Funden belohnt. Wir geben es zu: Es ist ein grandioses Gefühl, morgens, wenn die Mitmenschen noch bei der Bäckerei anstehen, schon einen Korb voller bunter Pilze an der verschlafenen Meute vorbeizutragen. Das hat Flair: Mönchskopf to go statt Coffee to go. Doch nicht alles sollte in aller Frühe gesammelt werden. Während Pilze das frühe Aufstehen belohnen, ist es beim Wildkräutersammeln besser, etwas Zeit verstreichen zu lassen, denn zu viele Tautropfen machen sich nicht so gut im Sammelkorb. Die Natur hat eben viele Rhythmen, sowohl im Verlauf eines Tages als auch im Verlauf eines Jahres. Und mit jeder Naturverschmelzung lernen wir den Tanz des Lebens besser kennen.

Die Vorstellung, mit einer Lokomotive verkuppelt zu sein, mag im ersten Moment nicht sonderlich viel Begeisterung auslösen, doch ist der Wandel der Jahreszeiten so etwas wie eine Lokomotive, die uns durch den Lauf der Zeit zieht. Stellen wir uns mal vor, wir wären nicht mit der Lokomotive verkuppelt und würden stattdessen irgendwo mitten in der Pampa auf einem Gleis rumstehen. Das würde früher oder später dazu führen, dass ein Zug in uns reinrauscht und es in der Kasse des*der Bestatter*in klingelt. Ziemlich ähnlich ist die Situation mit den Jahreszeiten. Mangels Naturverschmelzungen sind die meisten von uns aber nicht mehr mit diesen verkuppelt und stehen darum wie ein einsamer Waggon in der Gegend rum, bis die nächste Winterdepression in sie reinrauscht. Immer das gleiche Leben unabhängig vom Wandel der Jahreszeiten zu führen, ist doof. Wer sich der Natur öffnet, wird im Winter niemals blass, sondern wird mit roten Bäckchen die Welt erleben. Im Sommer hingegen wird der selbst gesammelte Minztee zum heiligen Tropfen der »Lokomotivenfreund*innen 4 Jahreszeiten e. V.«.

Mit dem Wandel im Einklang zu leben, ist nicht schwer, alles, was es braucht, sind regelmäßige Gänge in die Natur und Neugierde für die Schätze, die wir in ihr finden können. Wild gesammelte Pilze enthalten Vitamin D; wenn wir sie in der Sonne trocknen, umso mehr. Damit können Pilze dazu beitragen, besser durch den Winter zu kommen. Dass sie außerdem immunmodulierend wirken, setzt der Sache natürlich die Krone auf. Umgekehrt sind viele Wildpflanzen hervorragende Quellen für Elektrolyte, die wir im Sommer schnell mal ausschwitzen. Teile der Nahrung aus der Wildnis zu beziehen, verbindet uns mit den Jahreszeiten, weil sie unsere Körper besser an die gegenwärtigen Gegebenheiten anpassen. Aber natürlich ist die wilde Nahrung nur die halbe Miete. Erst regelmäßige Gänge nach draußen machen die Verbindung zu den Jahreszeiten komplett. In Abhängigkeit vom verfügbaren Licht produziert unser Körper Serotonin und Melatonin. Treiben wir uns auch an dunklen und kalten Tagen in den wenigen Stunden mit Tageslicht draußen herum, statt uns vor der Kälte zu verstecken, werden wir belohnt, sind wacher und vergnügter.

Über die Jahre kristallisiert sich dann klar heraus: Der Lifestyle der Naturverschmelzungen bietet zu allen Jahreszeiten das Beste vom Besten. Es gäbe sonst auch so viel zu verpassen. Frische Austernpilze zum Jahreswechsel, prickelnde Kräuterbrausen im Sommer und süße Düfte im Frühling. Akustisch würde uns aber auch einiges entgehen. Im Winter headbangen wir zu den wilden Liedern der Bergfinken. Den Sommer verbringen wir wiederum in glückseliger Trance zu den psychedelischen Gesängen der Pirole.

Wann gibt es wo was? Diese Frage wird immer leichter zu beantworten. Nehmen wir zum Beispiel die Samtfußrüblinge. Diese Pilze sind von unfassbarem Wert. Einerseits sind es vielseitig verwendbare Heilpilze, zum anderen aber auch hervorragende Speisepilze. In Zeiten von Jäger*innen und Sammler*innen müssen sie einst wahre Lebensretter gewesen sein, da sie mitten im Winter wachsen, wenn wilde Nahrung etwas knapper ist als sonst. Diese goldigen Pilze lernen wir erst kennen, wenn wir auch im Winter regelmäßig vor die Tür gehen und verschiedene Gebiete erkunden. Die Samtfußrüblinge wachsen vor allem auf Laubholz und bevorzugen umgefallene Stämme oder Baumstümpfe. Praktischerweise tun sie das in vielen Fällen jährlich wiederkehrend. Auf diesem Wege kommen tiefe Freundschaften mit Baumstümpfen zustande. Dank solcher Erfahrungen erklimmt unser Orientierungssinn ein neues Level, und plötzlich sind wir mit jedem Baumstumpf im Wald per Du. So entstehen dann auch persönliche Traditionen und Rituale, nämlich jedes Jahr zu bestimmten Zeiten an bestimmte Orte wiederzukehren, um die dortigen Pilze und Pflanzen aufzusuchen. »Olaf Ulmenstumpf, Brudi, schön dich mal wiederzusehen. Was sind doch schon wieder für prächtige Pilze auf dir gewachsen. Ich zupf mir da mal ein paar ab, wenn es dir nichts ausmacht.«

Nach und nach entsteht dann in unseren Köpfen eine Landkarte, in der wir immer mehr Zeiten, Orte und Arten vermerken. Morgens Steinpilze im Buchenwald, mittags Schafgarbe auf der Blumenwiese, im Winter die Samtfüße, im Sommer die Pfifferlinge. So oder so ähnlich können die Grundlagen für die Rhythmen der Natur aussehen, zu denen wir tanzen. Wird die Naturverschmelzung zum Lebensstil, wissen wir immer, in welchen Büschen gerade die besten Partys steigen.

Wenn wir in Businessanzügen durch die Straßen zischen und Begriffe wie »Konjunkturpaket«, »Austeritätspolitik« oder »Investitionsvolumen« von uns geben, wirkt die Behauptung, wir Menschen stammten vom Affen ab, mehr als unglaubwürdig. Es hat sich offensichtlich einiges getan, und hinter uns liegt kein evolutionärer Hüpfer, sondern eher ein evolutionärer Stabhochsprung. Das ist auch gut so, denn so konnten wir unfassbar viele Sprachen kreieren und uns auch nonverbal in Kunst und Kultur mit unglaublichem Facettenreichtum ausdrücken. Doch nicht alles ist optimal gelaufen. Leider sind wir nicht nur intelligent und kreativ geworden, sondern auch ziemlich steif. Die sogenannten guten Sitten und hervorragenden Manieren sorgen dafür, dass wir in einer unsichtbaren bürgerlichen Zwangsjacke durch die Weltgeschichte tingeln. Und diese Jacke hat nun wirklich nur Nachteile, denn sie schützt uns weder vor Wind und Wetter, noch hat sie praktische Taschen. Und sie sorgt dafür, dass unsere Bewegungsabläufe monoton und unsere Gelenke rostig werden. Wie gut, dass gegen jede Jacke ein Kraut gewachsen ist, sogar gegen diese. Gegen eine Zwangsjacke aus dem Hause Sittlichkeit stehen die Kräuter Seite an Seite. So wird sie schnell in tausend Stücke zerrissen.

Außer der Jacke ist es unsere Alltagswelt an sich, die zu relativer Bewegungseinschränkung verleitet. Sie ist zwar sehr effektiv durchorganisiert und praktisch, aber gesundheitliche Aspekte kommen bei Weitem zu kurz. Bei Ausflügen in die wilde Natur und insbesondere beim Sammeln von Pflanzen und Pilzen werden wir plötzlich Bewegungen machen, von denen wir gar nicht wussten, dass sie möglich sind. Ratzfatz werden Gundelrebe und Krause Glucke zu unseren Personal Trainer*innen. Manche Pilze und Kräuter sind so klein, dass wir uns nahezu auf den Boden legen müssen, um sie identifizieren und ernten zu können. Auch bei der Suche müssen wir zum Teil gebückt laufen, um den Boden richtig wahrnehmen zu können. Manchmal geht es auch unter oder über umgefallene Bäume. Wer im Frühjahr gerne frische Baumblätter nascht, kommt auch ums Strecken nicht herum. Die Natur lehrt uns, dass es wesentlich mehr Körperpositionen gibt als Liegen, Sitzen, Laufen und Stehen. Das Großartige ist, dass die »neuen« Körperpositionen nicht nach Anleitung entstehen, sondern ganz intuitiv, damit wir die Pflanzen und Pilze unseres Begehrens erreichen können. Dank Naturverschmelzungen können wir nun sogar »Gleitreibungskoeffizient« sagen und dabei sportlich über den Boden robben und somit das Beste aus mehreren Millionen Jahren Evolutionsgeschichte vereinen.

Je mehr wir in den Lifestyle der Unterholzerkundung eintauchen, umso öfter werden wir auch unglaubliche Einblicke in die Natur erhalten. Es gehört zum Alltagsleben der Naturverschmelzung, sich regelmäßig von atemberaubenden Erkenntnissen die Schuhe ausziehen zu lassen. Zum Glück ist Barfußlaufen in der Natur gesund. Es gibt wohl kaum ein Lebewesen, welches uns bei näherem Hinsehen nicht den Verstand wegpusten kann. Pilze, die die Kontrolle über Insekten übernehmen, Pflanzen, die riechen können, und vieles mehr. Es ist ein riesiger Vorteil unseres Informationszeitalters, alle möglichen Erkenntnisse über eine uns bisher unbekannte Art direkt vor Ort abrufen zu können. Jetzt können sich unsere Naturentdeckungen mit modernsten wissenschaftlichen Erkenntnissen und neuester Technologie mischen. »Es jauchzet das Herz und frohlocket, dass mir Gerippe aus Blut und Staub doch Wissen zuteil ward über der Welten Lauf« ist ein Satz, den wir als Naturverschmelzende tagtäglich öfter sagen, als wir unsere Zähne putzen. Außerdem bringt dieser Lebensstil Schwung in unsere vier Wände. Das Bücherregal, das in so manchem Zuhause wirkt, als wäre es in Stein gemeißelt und nur mehr bloße Kulisse, da sich nichts verändert oder bewegt, wird durch die ständig benötigte Literatur über Artenvielfalt wieder mit Leben erfüllt.

Wie wir sehen, ist der Lifestyle der Naturverschmelzung absolut segensreich. Ein Leben nach diesen Prinzipien definiert den Begriff Gesundheit neu, beflügelt durch unbändige Vitalität, schafft ein Bewusstsein wie hundert Jahre Meditation, weist uns auf den einzigen Weg, einen Sinn im Leben zu finden, steigert die Intelligenz in astronomische Höhen und führt natürlich auch zur völligen Erleuchtung.

Allerdings kann auch genau das Gegenteil passieren. Wer so lebt, macht sich selbst zum Versuchsobjekt. Viele Pflanzen und Pilze sind dermaßen schlecht erforscht, dass bei manchen nicht mal die Nährstoffzusammensetzung bekannt ist. Von möglicherweise potenten anderen Substanzen ganz zu schweigen. Wenn wir im Frühjahr kiloweise Hain-Efeuehrenpreis zu uns nehmen, wissen wir gar nicht so genau, was wir da tun. Die Pflanze kommt zu dieser Jahreszeit als eine der Ersten in Massen vor und punktet durch einen milden Geschmack. Doch was genau diese Pflanze eigentlich enthält, wurde so gut wie gar nicht erforscht. Wir können zwar Daten binnen Sekunden um den ganzen Planeten schicken, wissen zugleich aber nur selten, was die Pflanzen und Pilze auf unserem Teller enthalten. Wer regelmäßig wilde Gewächse konsumiert, sollte also sehr gut auf den Körper hören beziehungsweise erst einmal lernen, wie das überhaupt geht. Dieser Lebensstil ist etwas für Erfinder*innen. Was wir hier tun, ist experimentelles Leben. Doch warum auch nicht? Das »sichere Leben« endet in vielen Fällen mit dem metabolischen Syndrom, Herzinfarkt, Schlaganfall oder Krebs. Was kann also schiefgehen? Wo der Naturverschmelzungslifestyle endet, ist völlig offen.

Etwas anderes, was diesen Lifestyle auszeichnet: Gelassenheit. Es tut gut, während die Lawinen der sensationsgeilen Panikmache der Boulevardpresse über die Zivilisation rollen, ganz entspannt im Schatten einer Rotbuche Semmelstoppelpilze zu sammeln. Leicht und unbeschwert wie eine Feder, die an einem warmen Sommertag durch die Lüfte segelt, so fühlen auch wir uns, die wir mit der Natur verschmelzen. Die Heilkräfte der Natur sind unmittelbar spürbar, auch ohne dass Pflanzen oder Pilze die Magen-Darm-Passage passieren. Beim Sammeln entsteht um uns herum eine schützende Blase, eine heile Parallelwelt, die fröhlich pilzig weiterexistiert. Glücklich ist, wer zum Weltuntergang im Wald in so einer schützenden Blase der Gelassenheit steht und Lieder trällernd Pilze aufliest. Und falls dann doch mal die Wiederkehr ins städtische Leben auf dem Programm steht, bleibt uns diese lockere Lässigkeit erhalten. Wenn wir mit Matsch am Schuh und den Haaren voller Laub und Nadeln wieder die asphaltierten Straßen betreten, sind wir unzerstörbar. Die Spuren des Waldes, die an uns hängen, der Geruch des Draußen, der uns noch umgibt, und der mit Pilzen und Blättern gefüllte Weidenkorb in unserer Hand werden zum Schutzschild auch nach dem Waldgang. Nichts kann uns tiefenentspannte Weidenkorbträger*innen jetzt aus der Ruhe bringen. Egal ob die Menschheit kurz vor dem Ende steht oder sich »einfach nur« die ungeöffnete Post stapelt. Ein Gang in die Natur ist immer möglich und wirkt der Panik entgegen, bevor sie überhaupt entsteht. Gelassen blicken wir in die Zukunft. Der Planet Erde hat sich schon nach fünf Massenaussterben wieder aufgerappelt. Jedes Mal entstand danach eine atemberaubende neue Artenvielfalt. Auch wenn wir Menschen nach dem sechsten Mal nicht mehr mit dabei sein werden, wird am Ende alles gut.

Die Natur beflügelt Träume und Visionen. Allerdings sind es nicht nur die Träume, die bei uns wandelnden Waldwesen besonders intensiv sind. Es ist auch der Schlaf. Weil wir uns so viel in der Natur bewegen und die reine Luft des Waldes atmen, ist unser Schlaf von besonders erlesener Qualität. Manchmal weiß man erst wieder richtig, was es eigentlich heißt, zu schlafen, wenn man nach einer intensiven Wanderung abends in die Kissen fällt. So etwas loben sich die Tiefschlafsachverständigen von heute.

Doch auch im metaphorischen Sinne sind wir Träumer*innen. Eine Zeitmaschine, das wäre was. Natürlich nicht, um die Lottozahlen aus der Zukunft zu holen, sondern um in vergangene Zeiten zu reisen, in denen die Wälder noch alt und unangetastet waren. Als Bäume ihr normales Alter erreichen durften und dann einfach umkippten und liegen blieben, als der Begriff »Forstbewirtschaftung« nur in Dystopien vorkam. In diesen alten Urwäldern mal Pilze suchen und die Arten entdecken. Diese Luft mal tief einzuatmen. Das wäre was. Ein wirklich guter Nutzen für eine Zeitmaschine. Eine Reise, die kein Lottogewinn der Welt ermöglichen könnte.

Leider haben wir Naturverschmelzende keine Zeitmaschine, dafür etwas anderes: Halluzinationen. Diese stehen nicht nur bei den wagemutigen Erforscher*innen der Zauberpflanzen und Pilze auf dem Programm, sondern auch bei allen anderen. Klingt erst mal schlimm, ist aber letztendlich gar nicht so dramatisch. Denn es handelt sich um eine ganz bestimmte Art von Halluzination, die sehr vom Wunschdenken beeinflusst ist. Wenn wir im Frühjahr auf der Suche nach Morcheln sind, entpuppt sich die eine oder andere von ihnen letztendlich doch als Fichtenzapfen. Im Herbst verwandelt sich wiederum das eine oder andere gelbe Laubblatt vor unseren Augen in einen wunderschönen Pfifferling. Zumindest solange wir unserer pilzhungrigen Wahrnehmung vertrauen. Die Psychoanalyse kennt dieses Phänomen als Fata Fungana. Wir können auch sagen: Je mehr wir uns in der Natur auskennen, umso irrer werden wir. Wie schön ist doch das Leben!

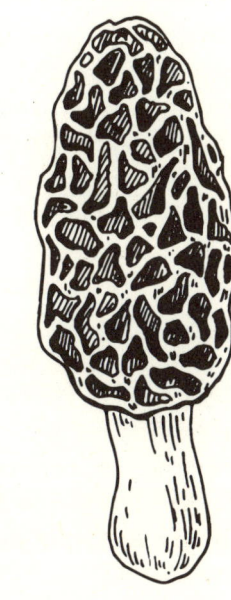

Quellen

1 Risikofaktoren der Fuchsbandwurm Erkrankung, in: Echino-
   kokkose Deutschland, o. D., http://www.fuchsbandwurm.eu/
   de/patienten-angehoerige-und-interessierte/fuchsbandwur-
   merkrankung/fuchsbandwurm-risikofaktoren (zuletzt abgerufen am 14. 07. 2021).
2 Chamovitz, Daniel: Was Pflanzen wissen, München 2019,
   S. 32–40.
3 Gunga, Hanns-Christian: Physiologie des Menschen unterwegs, https://www.auswaertiges-amt.de/blob/256664/7c506c
   ac56ce4076aa0495bc05c1f263/abstract-gunga-data.pdf (zuletzt abgerufen am 10. 02. 2021).
4 Chamovitz, Daniel: Was Pflanzen wissen, München 2019,
   S. 163–166.
5 Ebd., S. 54 ff.
6 Pollan, Michael: The Intelligent Plant, https;//michaelpollan.
   com/articles-archive/the-intelligent-plant/ (zuletzt abgerufen
   am 28. 02. 2021).
7 Schüßler, Arthur: Struktur, Funktion und Ökologie der arbuskulären Mykorrhiza, München, Deutschland: Verlag Dr.
   Friedrich Pfeil, 2009, https://nachhaltig-nachhaltig.org/
   faszination-mykorrhiza/download/Struktur,%20Funktion%20
   und%20%C3%96kologie%20der%20arbuskul%C3%-
   A4ren%20Mykorrhiza.pdf (zuletzt abgerufen am 08. 12. 2020).
8 Schüßler, Arthur / Schwarzott, Daniel / Walker, Christopher:

A new fungal phylum, the Glomeromycota: Phylogeny and evolution, in: Mycological Research, 105(12), doi:-10.1017/S0953756201005196. S. 1413–1421.

9 Schüßler, Arthur: Struktur, Funktion und Ökologie der arbuskulären Mykorrhiza, https://nachhaltig-nachhaltig.org/faszination-mykorrhiza/download/ (zuletzt abgerufen am 08.12.2020).

10 Krings, Michael / Taylor, Thomas / Harper, Carla: Early fungi: Evidence from the fossil record, in: The Fungal Community, its Organization and Role in the Ecosystem, Ed. 4, Kap. 3, 2017,doi:10.1201/9781315119496-4, S. 37–52.

11 Bonneville S./Delpomdor Franck/Préat Alain/Chevalier Clément/Araki Tohru/Kazemian M/Steele Andrew/Schreiber A./Wirth R., Benning Liane G.: Molecular identification of fungi microfossils in a Neoproterozoic shale rock, in: Sci Adv., 6(4):eaax7599, 2020, doi:10.1126/sciadv.aax7599. PMID: 32010783; PMCID: PMC6976295.

12 Johnson, David / Leake, J. R. / Read, D. J.: Transfer of recent photosynthate into mycorrhizal mycelium of an upland grassland: Short-term respiratory losses and accumulation of 14C, in: Soil Biology and Biochemistry, Volume 34, Issue 10, 2002, ›ISSN 0038-0717, doi:10.1016/S0038-0717(02)00126-8, S. 1521–1524.

13 Van der Heijden, Marcel / Klironomos, John / Ursic, Margot / Moutoglis, Peter / Streitwolf-Engel, Ruth / Boller, Thomas / Wiemken, Andres / Sanders, Ian: Mycorrhizal fungal diversity determines plant biodiversity, ecosystem variability and productivity, In: Nature,396,1998,doi:10.1038/23932.

14 Wright, S. / Upadhyaya, A.: A survey of soils for aggregate stability and glomalin, a glycoprotein produced by hyphae of arbuscular mycorrhizal fungi, in: Plant and Soil, 198, Cham 1998, doi:1004347701584, S. 1521–1524.

15 Morten Miller/Richard P. Dick: Thermal stability and acti-

vities of soil enzymes as influenced by crop rotations Soil Biology and Biochemistry, Volume 27, Issue 9, Amsterdam 1995, ISSN 0038-0717,doi:10.1016/0038-0717(95)00045-G.S. 1161–1166.

McGonigle, Terence P. / Miller, Murray H. / Young, Doug:Mycorrhizae, crop growth, and crop phosphorus nutrition in maize-soybean rotations given various tillage treatments Plant and Soil 210, Cham 1999. doi:1004633512450, S. 33–42.

Mozafar, Ahmad / Anken, Tobias / Ruh, Richard / Frossard, Emmanuel : Tillage Intensity, Mycorrhizal and Nonmycorrhizal Fungi and Nutrient Concentrations in Maize, Wheat, and Canola, in: Agronomy Journal, vol. 39, issue 6, 2000. doi:10.2134/agronj2000.9261117x, S. 1117–1124.

16 Cynthia Grant/Shabtai Bittman/Marcia Montreal/Christian Plenchette/Christian Morel: Soil and fertilizer phosphorus: Effects on plant P supply and mycorrhizal developmentin: Canadian Journal of Plant Science, 85(1). doi:10.4141/P03-182, S. 3–14.

17 Timmer, L. W./Leyden, R. F.: The relationship of mycorrhizal infection to phosphorus induced copper deficiency in sour orange seedlings, in:« New Phytologist, 85, 1980. doi:/10.1111/j.1469–8137.1980.tb04443.x, S. 15–23.

18 Kabir, Zahangir / Koide, R. T.: The effect of dandelion or a cover crop on mycorrhiza inoculum potential, soil aggregation and yield of maize, in: Agriculture, Ecosystems & Environment, Volume 78, Issue 2, 2000, ISSN 0167-8809, doi:10.1016/S0167-8809(99)00121-8, S. 167–174.

Sorensen, J. N. / Larsen, J. / Jakobsen, I.: Mycorrhiza formation and nutrient concentration in leeks (Allium porrum) in relation to previous crop and cover crop management on high P soils, in: Plant Soil, 273, 2005. doi:10.1007/s11104-004-6960-8, S. 101–114.

19 LePage, Ben / Currah, Randolph S. / Stockey, Ruth / Ro-

thwell, G. W.:Fossil Ectomycorrhizae from the Middle Eocene, in: American Journal of Botany, vol. 84, no. 3, 1997, S. 410–412. JSTOR, www.jstor.org/stable/2446014 (zuletzt abgerufen am 11. 04. 2021).

20   Hibbett, David / Matheny, P. Brandon: The relative ages of ectomycorrhizal mushrooms and their plant hosts estimated using Bayesian relaxed molecular clock analyses, in: BMC biology, vol. 7 13,2009, doi:10.1186/1741-7007-7-13

21   Tedersoo Leho/Nara, Kazuhide: General latitudinal gradient of biodiversity is reversed in ectomycorrhizal fungi, in:New Phytologist, 185(2), 2010, doi: 10.1111/j.1469-8137.2009.03 134.x. PMID: 20088976, S. 351–4.

22   Díez, Jesús: Invasion biology of Australian ectomycorrhizal fungi introduced with eucalypt plantations into the Iberian Peninsula, in: Biological Invasions, 7, , 2005, doi:10.1007/ s10530-004-9624-y, S. 3–15.

23   Dickie, Ian A. / Bolstridge, Nicola / Cooper, Jerry A. / Peltzer, Duane A.: Co-invasion by *Pinus* and its mycorrhizal fungi, in: New Phytologist, 187, 2010, doi:10.1111/j.1469-8137.2010.03277.x, S. 475–484.
      Policelli, Nahuel / Bruns, Thomas / Vilgalys, Rytas / Nuñez, Martín: Suilloid fungi as global drivers of pine invasions, in: New Phytologist,222, doi:10.1111/nph.15660.

24   Barto E. Katryn/Hilker Monica/Müller Frank/Mohney Brian K./Weidenhamer Jeffrey D./Rillig Matthias C.: The Fungal Fast Lane: Common Mycorrhizal Networks Extend Bioactive Zones of Allelochemicals in Soils, in: PLoS ONE, 6(11): e27195, 2011, doi:10.1371/journal.pone.0027195
      Achatz, Michaela / Morris, E. Kathryn., Müller, Frank, Hilker, Monika, Rillig, Matthias C.: Soil hypha-mediated movement of allelochemicals: arbuscular mycorrhizae extend the bioactive zone of juglone, in: Funct Ecol, 28, 2014, doi:10.1111/1365-2435.12208, S. 1020–1029.

25 Tschopp, Tobias / Holderegger, Rolf / Bollmann, Kurt: Aus-
wirkungen der Douglasie auf die Waldbiodiversität: Eine
Literaturübersicht, Birmensdorf 2014.

26 Wawra, Stephan / Fesel, Philipp / Widmer, Heidi / Timm,
Malte / Seibel, Jürgen / Leson, Lisa / Kesseler, Leona / Nost-
adt, Robin/ Hilbert, Magdalena/ Langen, Gregor / Zuccaro,
Alga: The fungal-specific β-glucan-binding lectin FGB1 alters cell-wall composition and suppresses glucan-triggered
immunity in plants, in: Nature Communication, 7, 13188,
2016, doi:10.1038/ncomms13188.

27 Edwards, Peter J.: The Growth of Fairy Rings of Agaricus
Arvensis and Their Effect Upon Grassland Vegetation and
Soil, in: Journal of Ecology, vol. 72, no. 2, 1984, S. 505–513.
JSTOR, www.jstor.org/stable/2260062 (zuletzt abgerufen
am 11. 04. 2021).

28 Kiyama Ryoiti/Furutani Yoshiyuki/Kawaguchi Kayoko/
Nakanishi Toshio: Genome sequence of the cauliflower
mushroom Sparassis crispa (Hanabiratake) and its association with beneficial usage, in: Sci Rep, 8(1):16053, 2018, doi:
10.1038/s41598-018-34415-6. PMID: 30375506; PMCID:
PMC6207663.

29 Heydeck, Paul / Münte, Malte: Der Violette Knorpelschichtpilz als ›Bioherbizid‹ gegen Traubenkirsche. http://www.
prunus-serotina.eu/Prunus-serotina%20deutsch/II.%20
PDF%20Artikel%202008-04-Der%20Violette%20Knorpel-
schichtpilz%20als%20Bioherbizid%20gegen%20Trauben-
kirsche.pdf (zuletzt abgerufen am 24. 01. 2021).

30 Frenken, Thijs / Wolinska, Justyna / Tao, Yile / Rohrlack,
Thomas / Agha, Ramsy: Infection of filamentous phyto-
plankton by fungal parasites enhances herbivory in pelagic
food webs. Limnol and Oceanography, 65, 2020, doi:
10.1002/lno.11474, S. 2618–2626.

31 Lychens: Fossil Record, in: UCMP Berkeley University of

California, o. D., https://ucmp.berkeley.edu/fungi/lichens/lichenfr.html (zuletzt abgerufen am 30. 01. 2021).

Konrat, Matt / Shaw, Arthur / Renzaglia, Karen: A special issue of Phytotaxa dedicated to Bryophytes: The closest living relatives of early land plants. Phytotaxa, 9, 5, 2014, doi:10.11646/phytotaxa.9.1.3.

Hedges, S. Blair: The origin and evolution of model organisms. Nat Rev Genet, 3, 2002, doi:10.1038/nrg929, S. 838–849.

32 La Farge, Christine / Williams, Krista H. / England, John H.: Regeneration of exhumed Little Ice Age bryophytesProceedings of the National Academy of Sciences, 110 (24), 2013 doi:10.1073/pnas.1304199110, S. 9839–9844.

33 Abel, Susanne / Barthelmes, Alexandra / Gaudig, Greta / Körner, Nina / Peters, Jan: Die unbekannten Klimaschützer, in: Katapult Magazin, https://katapult-magazin.de/de/artikel/die-unbekannten-klimaschuetzer (zuletzt abgerufen am 31. 01. 2021).

34 Asplund, Johan / Wardle, David A.: How lichens impact on terrestrial community and ecosystem properties, in: Biol Rev, 92https://doi.org/10.1111/brv.12305, S. 1720–1738.

35 Armstrong, Richard A.: Lichenometric dating (lichenometry) and the biology of the lichen genus rhizocarpon: challenges and future directions, in: Geografiska Annaler: Series A, Early view. doi:10.1111/geoa.12130

36 Jie Chen/Blume, Hans-Peter / Beyer, Lothar: Weathering of rocks induced by lichen colonization – a review, in: CATENA, Volume 39, Issue 2, 2000, ISSN 0341-8162, doi:10.1016/S0341-8162(99)00085-5, S. 121–146.

Adamo, P. / Vingiani, S. / Violante, P.: Lichen-rock interactions and bioformation of minerals, in: Developments in Soil Science, Elsevier, Volume 28, Part 2, 2002, ISSN 0166-2481, ISBN 9780444510389, doi:10.1016/S0166-2481(02)80032-0, S. 377–391.

37 DeLeo, Danielle M./ Pérez-Moreno, Jorge L. / Vázquez-Miranda, Hernán/ Bracken-Grissom, Heather D.: RNA profile diversity across arthropoda: guidelines, methodological artifacts, and expected outcomes, in: Biology Methods and Protocols, Volume 3, Issue 1, bpy012, 2018, doi:10.1093/biomethods/bpy012.

38 Dunlop, Jason A. / Selden, Paul A./ Giribet, Gonzalo: Penis morphology in a Burmese amber harvestman, in: Sci Nat, 103, 11, 2016, doi: 10.1007/s00114-016-1337-4

39 Kelber, Almut / Yovanovich, Carola / Olsson, Peter:Thresholds and noise limitations of colour vision in dim light, in:Philosophical Transactions of the Royal Society B: Biological Sciences, 20160065, doi:10.1098/rstb.2016.0065, S. 372.

40 Wilson, Ben/ Batty, Robert / Dill, Larry: Pacific and Atlantic herring produce burst pulse sounds, in: Proceedings. Biological sciences / The Royal Society, 271 Suppl 3, 2004, doi:10.1098/rsbl.2003.0107, S. 95–7.

41 Wallace, Richard L. [Editor-in-Chief]:Front Ecol Environ 2020, 18(6), 2020,doi:10.1002/fee.2216, S. 323–328.

42 Mennerat, Adéle / Mirleau, Pascal / Blondel, Jacque / Perret, Philippe / Lambrechts, Marcel M./ Heeb, Philipp: Aromatic plants in nests of the blue tit *Cyanistes caeruleus* protect chicks from bacteria, in: Oecologia, 161, 2009, doi:10.1007/s00442-009-1418-6, S. 849–855.

43 Krauze-Gryz, Dagny / Gryz, Jakub:A review of the diet of the red squirrel (Sciurus vulgaris) in different types of habitats, 2015.

44 Roper, T. J. / Tait, A. I. / Fee, D./ Christian, S. F.: Internal structure and contents of three badger (*Meles meles*) setts, in: Journal of Zoology, 225,. doi:10.1111/j.1469-7998.1991.tb03805.x, S. 115–124.

45 Peters, Günther / Heinrich, Wolf-Dieter / Beurton, Peter/

Jäger, Klaus-Dieter: Fossile und Rezente Dachsbauten mit Massen-Anreicherungen von Wirbeltierknochen, in: Mitt. Mus. Nat.kd. Berl., Zool. Reihe, 48, 1972, doi:10.1002/mmnz.19720480207, S. 415-135.

46   Marx, Viola / Nagy, Emese: Fetal Behavioural Responses to Maternal Voice and Touch, in: PLoS ONE, 10(6): e0129118, 2015, doi: 10.1371/journal.pone.0129118.

47   Bunyard, Britt / Dole, Sarah. Evidence that Beetles are Involved in the Rarely-Seen Reproduction of the Chaga Fungus (Inonotus obliquus), 2018.

48   Stimm, Bernd/ Mosandl, Reinhard: Häher und Hähersaaten updated version, 2014.

49   Randler, Christoph:Red Squirrels (*Sciurus vulgaris*) Respond to Alarm Calls of Eurasian Jays (*Garrulus glandarius*) in: Ethology, 112: doi:10.1111/j.1439-0310.2006.01191.x, S. 411–416.

50   Randier, Christoph: Anti-predator response of Eurasian red squirrels (*Sciurus vulgaris*) to predator calls of tawny owls (*Strix aluco*). Mamm Biol 71, 2006, doi: 10.1016/j.mambio.2006.02.006, S. 315–318.

51   Kipper, Silke / Mundry, Roger / Sommer, Christina / Hultsch, Henrike / Todt, Dietmar: Song repertoire size is correlated with body measures and arrival date in common nightingales, in: Luscinia megarhynchos, Animal Behaviour, Volume 71, Issue 1,2006, ›ISSN 0003-3472,https://doi.org/10.1016/j.anbehav.2005.04.011. S. 211–217.

52   Wirth, Volkmar / Düll, Ruprecht / Caspari, Steffen: Flechten und Moose, Stuttgart 2018, S. 179.

53   BMBF LS5 Internetredaktion: Moose (Anthocerotophyta, Marchantiophyta & Bryophyta), in: Rote-Liste-Zentrum, o. D., https://www.rote-liste-zentrum.de/de/Moose-Anthocerotophyta-Marchantiophyta-Bryophyta-1769.html (zuletzt abgerufen am 09. 01. 2021).

54 Wirth, Volkmar / Düll, Ruprecht / Caspari, Steffen: Flechten und Moose, Stuttgart 2018, S. 179.

55 Weiss, Martha R.:) Floral color change: a widespread functional convergence, in American Journal of Botany, 82, 1995, doi: 10.1002/j.1537-2197.1995.tb11486.x, S. 167–185.

56 Oberrath, R. / Böhning-Gaese, Kathrin: Floral color change and the attraction of insect pollinators in lungwort (*Pulmonaria collina*), in: Oecologia, 121, , 1999, doi:10.1007/s004420050943, S. 383–391

57 Holliday, John / Soule, Noula: Spontaneous Female Orgasms Triggered by the Smell of a Newly Found Tropical Dictyophora Desv. Species, http://www.dl.begellhouse.com/journals/708ae68d64b17c52,2e5fc0e3182d70db,6f3e-d2921c9f3802.html (zuletzt abgerufen am 18.01.2021)

58 Feldsalat frisch, in: Nährwertrechner.de, o. D., https://www.naehrwertrechner.de/naehrwerte/G104111/Feldsalat+frisch?fbclid=IwAR1MvemN0OoJnHFqYpQ_gN4GDW-PUSL-FqoyE-vzkHzlhWZY8bfnDBxdWAMM (zuletzt abgerufen am 19.07.2021); Kopfsalat frisch: in: Nährwertrechner.de, o. D., https://www.naehrwertrechner.de/naehrwerte/G105111/Kopfsalat+frisch?fbclid=IwAR1R-GQD--_XTeOI56meIFl5nxQffWihA8XJfbmE-Nww1J-Q1rkjERJEjkSmM (zuletzt abgerufen am 19.07.2021).

59 Täufel, Alfred/ Tunger, Lieselotte/ Zobel, Martin (Hrsg.): Lebensmittel-Lexikon,4., umfassend überarbeitete Aufl., Hamburg 2005.

60 Wie viel Eisen brauchen wir am Tag?, in: Bundesinstitut für Risikobewertung, o. D., https://www.bfr.bund.de/cd/28366 (zuletzt abgerufen am 30.01.2021).

61 Kupfer, Mangan, Chrom, Molybdän, in: DGE, o. D., https://www.dge.de/wissenschaft/referenzwerte/kupfer-mangan-chrom-molybdaen/?L=0 (zuletzt abgerufen am 12.04.2021).

62 Eberhard, M. / Hauner, H.: Ernährungstipps für Veganer, in: MMW – Fortschritte der Medizin, 157, 2015, doi:10.1007/s15006-015-3135-x, S. 44–48.

63 Brennnessel, in: Nährwertrechner.de, o. D., https://www.naehrwertrechner.de/naehrwerte/G261000/Brennnessel (zuletzt abgerufen am 19. 07. 2021).

64 Mushrooms, morel, raw, in: U. S. Food Data Central Department of Agriculture Agricultural Research Device, o. D., https://fdc.nal.usda.gov/fdc-app.html?fbclid=IwAR1YKP-DHHzmrI6LAPxX5gzBvOpNf0iBzATH8IY80KHMqdPg-ZLa-GN52UwQ4#/food-details/168423/nutrients. (zuletzt abgerufen am 31. 01. 2021).

65 Wasserlinsen für die menschliche Ernährung, in: Wiley Analytical Science, 12. 06. 2017, https://analyticalscience.wiley.com/do/10.1002/gitfach.15591/full/ (zuletzt abgerufen am 31. 01. 2021).

66 Themenschwerpunkt Übergewicht und Adipositas: in: Robert Koch Institut, o. D., https://www.rki.de/DE/Content/Gesundheitsmonitoring/Themen/Uebergewicht_Adipositas/Uebergewicht_Adipositas_node.html (zuletzt abgerufen am 05. 02. 2021).

67 Witte, Felicitas/Martina Feichter: Aminosäuren, in: NetDoktor, 03. 12. 2017, https://www.netdoktor.de/Diagnostik+Behandlungen/Laborwerte/Aminosaeuren-1030.html (zuletzt abgerufen am 14. 02. 2021).

68 Guthmann, Jürgen. Heilende Pilze. 2. Aufl., 2021, S. 163

69 Urbain, Paul / Singler, F. / Biesalski, Hans / Bertz, H.: Erste Humanstudie zur Verbesserung des Serum 25-Hydroxyvitamin D-Status (25(OH)D) durch UVB-behandelte Pilze in gesunden Erwachsenen, 2010.

70 Raspberries, raw, in: Food Data Central U. S. Department of Agriculture Agricultural Research Device, o. D., https://fdc.nal.usda.gov/fdc-app.html?fbclid=IwAR1WRSltCW-

3J5PXOVr2PVXtFLP05Y4hSZfgOMtrfFT3A9l6G7zFq-J1g807k#/food-details/167755/nutrients (zuletzt abgerufen am 12. 04. 2021);

Blackberries, raw, in: Food Data Central U. S. Department of Agriculture Agricultural Research Device, o. D., https://fdc.nal.usda.gov/fdc-app.html?fbclid=IwAR11LVriFVL-p9WLyzdioaXMsX0sN6UIIWtxBTuLGxFCicILpoIS8bs-hXV-g#/food-details/173946/nutrients (zuletzt abgerufen am 12. 04. 2021).

71   Bananas, raw, in: Food Data Central U. S. Department of Agriculture Agricultural Research Device, o. D., https://fdc.nal.usda.gov/fdc-app.html?fbclid=IwAR2-pY12TjqtvTegK-mDa-dUSd3Mv_kH3DRyeLlUeaXvEddEh9Uu-Max1rK88#/food-details/173944/nutrients (zuletzt abgerufen am 12. 04. 2021).

72   Timoszuk, Magdalena / Bielawska, Katarzyna / Skrzydlew-ska, Elzbieta: Evening Primrose (*Oenothera biennis*) Biological Activity Dependent on Chemical Composition, in: Antioxidants, vol. 7,8. Basel 2018, doi:10.3390/antiox7080108, S. 108.

73   Guil-Guerrero, J. L./García Maroto, F. F./Giménez Giménez, A.: Fatty acid profiles from forty-nine plant species that are potential new sources of γ-linolenic acid, in: J Amer Oil Chem Soc, 78, 2001, doi:10.1007/s11746-001-0325-9, S. 677–684.

74   von Nussbaum, Franz / Spiteller, Peter / Rüth, Matthias / Steglich, Wolfgang / Wanner, Gerhard / Gamblin, Brandy / Stievano, Lorenzo / Wagner, Friedrich E.: An Iron(III)-Catechol Complex as a Mushroom Pigment, in: Angewandte Chemie International Edition, 37, 1998, doi:10.1002/(SICI)1521-3773(19981217)37:23<3292::AID-ANIE3292>3.0.CO;2-N, S. 3292–3295.

75   Watanabe Fumio/Schwarz Joachi/Takenaka Shigeo/Miya-

moto Emi/Ohishi Noriharu/Nelle Esther/Hochstrasser Rahel/Yabuta Yukinori: Characterization of vitamin B_{12}-compounds in the wild edible mushrooms black trumpet (Craterellus cornucopioides) and golden chanterelle (Cantharellus cibarius). J Sci Vitaminol Nutr;58(6), Tokyo 2012, doi: 10.3177/jnsv.58.438, PMID: 23419403, S. 438–48.

76 Guthmann, Jürgen. Heilende Pilze. 2. Aufl., 2021, S. 74

77 Ebd., S. 320.

78 Watanabe, Aya / Sasaki, Hiroyuki / Miyakawa, Hiroki / Nakayama, Yuki/Lyu Yijin/Shibata Shigenobu: Effect of Dose and Timing of Burdock (*Arctium lappa*) Root Intake on Intestinal Microbiota of Mice, in: Microorganisms, 8(2), 2020, doi: 10.3390/microorganisms8020220, PMID: 32041173, PMCID: PMC7074855, S. 220.

79 Guess Nicola D./Dornhorst Anne/Oliver Nick/Frost Gary S.: A Randomised Crossover Trial: The Effect of Inulin on Glucose Homeostasis in Subtypes of Prediabetes, in: Ann Nutr Metab, 68(1), 2016 doi: 10.1159/000441626, Epub 2015 Nov 17, PMID: 26571012, S. 26–34.

80 Byrne, Claire S. / Chambers, Edward S / Alhabeeb, Habeeb / Chhina, Navpreet/ Morrison, Douglas J. / Preston, Tom/ Tedford, Catriona/ Fitzpatrick, Julie / Irani, Cherag / Busza, Albert / Garcia-Perez, Isabel/ Fountana, Sofia / Holmes, Elaine/ Goldstone, Anthony P. / Frost, Gary S.: Increased colonic propionate reduces anticipatory reward responses in the human striatum to high-energy foods, in: The American Journal of Clinical Nutrition, Volume 104, Issue 1, 2016, doi: 10.3945/ajcn.115.126706, S. 5–14.

81 Fleischhauer, Steffen Guido / Guthmann, Jürgen / Spiegelberger, Roland: Essbare Wildpflanzen. 20. Aufl.), 2018, S. 98.

82 Panche, A. N. / Diwan, A. D. / Chandra, S. R.: »Flavonoids: an overview, in: J Nutr Sci. , 5:e47, 2016, doi:10.1017/jns.2016.41

83 Flavonoids, in: Linus Pauling Institute Oregon State Univer-

sity, o. D., https://lpi.oregonstate.edu/mic/dietary-factors/
phytochemicals/flavonoids#disease-prevention (zuletzt abgerufen am 14. 02. 2021).

84 Wendt, Caroline: Gut fürs Herz: Weißdorn ist Arzneipflanze
des Jahres 2019, in: Avoxa – Mediengruppe Deutscher Apo-
theker GmbH, 02. 10. 2018, https://www.pharmazeuti-
sche-zeitung.de/weissdorn-ist-arzneipflanze-des-jah-
res-2019/ (zuletzt abgerufen am 14. 02. 2021).

85 Bazzucchi, Ilenia / Patrizio, Federica / Ceci, Ro-
berta / Duranti, Gioglielmo / Sgrò, Paolo / Sabatini, Stefa-
nia / Di Luigi, Luigi, Sacchetti, Massimo / Felici, Francesca:
The Effects of Quercetin Supplementation on Eccentric
Exercise-Induced Muscle Damage, In: Nutrients,11(1),
2019,doi:10.3390/nu11010205, S. 205

86 Haiyan Lou/Peihong Fan/Ruth G. Perez/Hongxiang Lou:
Neuroprotective effects of linarin through activation of the
PI3K/Akt pathway in amyloid-β-induced neuronal cell
death, in: Bioorganic & Medicinal Chemistry, Volume 19,
Issue 13, 2011, ISSN 0968-0896, doi:10.1016/j.
bmc.2011.05.021, S. 4021–4027.

87 Araújo, Lorena Ulhôa / Grabe-Guimarães, Andrea / Mos-
queira, Vanessa Carla Furtado/Carneiro, Claudia Mar-
tins / Silva-Barcellos, Neila Márcia:.Profile of wound healing
process induced by allantoin, in: Acta Cirúrgica Brasileira,
25(5), 2010, doi:10.1590/S0102-86502010000500014,
S. 460–461.

88 Sigel Astrid/Sigel, Helmut / Sigel, Roland K. O.:Metal Ions in
Life Sciences, 13, 2013, S. 451–473.
Jugdaohsingh R.: Silicon and bone health, in: J Nutr Health
Aging, 11(2), 2007, S. 99–110.
Calomme, M. R./Vanden Berghe, D. A.: Supplementation of
calves with stabilized orthosilicic acid, in: Biol Trace Elem
Res, 56,1997, doi:10.1007/BF02785389, S. 153–165.

89 Brown, Gordon / Gordon, Siamon: A new receptor for β-glucans, in: Nature, 413, 2001,) doi:10.1038/35092620, S. 36–37.
Vetvicka, Vaclav/ Dvorak, Bokuslav/ Vetvickova, Jana/ Richter, Jan / Krizan, Jiri/ Sima, Petr / Yvin, Jean-Claude: Orally administered marine (1→3)-β-d-glucan Phycarine stimulates both humoral and cellular immunity, in: International Journal of Biological Macromolecules, Volume 40, Issue 4, 2007, , ISSN 0141-8130, doi:10.1016/j.ijbiomac.2006.08.009, S. 291–298.

90 Rajesh, Apratim Sai/ Dash, Bisnu Prasad: Ergothionine: It's Chemistry and Biological Significance, 2018.
Halliwell, Barry. / Cheah, Irwin. K./Tang, Richard M. Y.: Ergothioneine – a diet-derived antioxidant with therapeutic potential, in: FEBS Lett, 592, doi:10.1002/1873-3468.13123, S. 3357–3366.

91 Lai Puei-Lene/Naidu, Murali/Sabaratnam Vikineswary/ Wong Kah Hui/David, Pamela, /Kuppusamy, Umah Rami / Abdullah, Noorlidah / Malek, Sri Nurestri Abd:Neurotrophic properties of the Lion's mane medicinal mushroom, Hericium erinaceus (Higher Basidiomycetes) from Malaysia, in: Int J Med Mushrooms, 15(6), 2013, doi:10.1615/intjmedmushr.v15.i6.30, PMID: 24266378, S. 539–54.

92 Saitsu, Yuusuke / Nishide, Akemi / Kikushima, Kenji / Shimizu, Kuniyoshi / Ohnuki, Koichiro: Improvement of cognitive functions by oral intake of Hericium erinaceus, in: Biomed Res., 40(4), doi: 10.2220/biomedres.40.125, PMID: 31413233, S. 125–131.

93 Feng Lei/Cheah, Irwin Kee-Mun/Ng, Maisie Mei-Xi/Li, Jialiang / Chan, Sue Mei / Lim, Su Lin / Mahendran, Rathi/ Kua Ee-Heok/Halliwell Barry: The Association between Mushroom Consumption and Mild Cognitive Impairment: A Community-Based Cross-Sectional Study in Singapore,

in: J Alzheimers Dis., 68(1), 2019, doi:10.3233/JAD-180959, PMID: 30775990, S. 197–203.

94 Rätsch, Christian: Enzyklopädie der psychoaktiven Pflanzen. 14. Aufl., 2018, S. 208 ff.

95 McPartland, John / Hegman, William / Long, Tengwen: Cannabis in Asia: its center of origin and early cultivation, based on a synthesis of subfossil pollen and archaeobotanical studies, in: Vegetation History and Archaeobotany, 28, 2019, doi:10.1007/s00334-019-00731-8.

96 Flicker, Nathaniel Ryan / Poveda, Katja/ Grab, Heather: The Bee Community of Cannabis sativa and Corresponding Effects of Landscape Composition, in: Environmental Entomology, Volume 49, Issue 1, 2020, doi:10.1093/ee/nvz141, S. 197–202.

97 Forti, Marta / Quattrone, Diego / Freeman, Tom/ Tripoli, Giada/ Gayer-Anderson, Charlotte/ Quigley, Harriet / Rodriguez, Victoria/ Jongsma, Hannah/ Ferraro, Laura / La Cascia, Caterina / La Barbera, Daniele/ Tarricone, Ilaria/ Berardi, Domenico / Szoke, Andrei/ Arango, Celso/ Tortelli, Andrea/ Velthorst, Eva/ Bernardo, Miguel / Del-Ben, Cristina/ van der Ven, Els: The contribution of cannabis use to variation in the incidence of psychotic disorder across Europe (EU-GEI): a multicentre case-control study, in: The Lancet Psychiatry, 6, doi:10.1016/S2215-0366(19)30048-3.

98 Kosentka Pawel/Sprague Sarah L./Ryberg Martin/Gartz, Jochen / May, Amanda L. / Campagna, Shawn R. / Matheny, P. Brandon:Evolution of the toxins muscarine and psilocybin in a family of mushroom-forming fungi.« PLoS One, 8(5):e64646, 2013, 2013,doi:10.1371/journal.pone.0064646

99 Johnson Matthew/Garcia-Romeu Albert/Griffiths Roland R.: Long-term follow-up of psilocybin-facilitated smoking cessation, in: Am J Drug Alcohol Abuse, 43(1), 2017, doi:1

0.3109/00952990.2016.1170135. Epub 2016 Jul 21, S. 55–60. Erratum in: *Am J Drug Alcohol Abuse*. 43(1). PMID: 27441452; PMCID: PMC5641975, S. 127.

Bogenschutz, Michael P. / Forcehimes, Alyssa A. / Pommy, Jessica A. / Wilcox, Claire E. / Barbosa, P. / Strassman, Rick J.: Psilocybin-assisted treatment for alcohol dependence: A proof-of-concept study, in: Journal of Psychopharmacology, 29(3), 2015, doi:10.1177/0269881114565144, S. 289–299.

Carbonaro Theresa M./Bradstreet Matthew P./Barrett Frederick S./Maclean, Katherine A. / Jesse, Robert / Johnson, Matthew W. / Griffiths, Roland R.: Survey study of challenging experiences after ingesting psilocybin mushrooms: Acute and enduring positive and negative consequences, in: Journal of Psychopharmacology, 30(12), 2016, doi:10.1177/0269881116662634, S. 1268–1278.

Watts, Rosalind / Day, Camilla / Krzanowski, Jacob/, Nutt David / Carhart-Harris, Robin: Patients' Accounts of Increased »Connectedness« and »Acceptance« After Psilocybin for Treatment-Resistant Depression, in: Journal of Humanistic Psychology, 2017.

100 Praxmarer, Michael: Blasinstrumente aus dem europäischen Jungpaläolithikum. Fundmaterial, Interpretation und musikwissenschaftliche Aspekte, in: Archaeologia Austriaca, Band 103/2019, doi:10.1553/0x003b1204, S. 75–97.

Fräulein Draußen erwandert die Welt

Kathrin Heckmann ist »Fräulein Draußen«, Deutschlands bekannteste wandernde Bloggerin. Ihre Leidenschaft fürs Draußensein wurde eines Tages so groß, dass sie ihren Job als Marketing-Managerin aufgab und beschloss, das Wandern und Reisen zu ihrem Beruf und Alltag zu machen. Unterwegs sein, frei sein, glücklich sein ist das, was ihr wirklich wichtig ist. Und das sucht und findet sie auf einer 1.000 km langen Fernwanderung in Australien genauso wie auf einem Kurztrip nach Brandenburg. Ihr Buch erzählt mitreißend von der Reise einer jungen Frau, die in Wanderschuhen nicht nur zu sich selbst, sondern vor allem auch zur Natur fand. Und alles begann, als sie dem Ruf einer Eule in die nächtliche Wüste folgte …

Kathrin Heckmann
Fräulein Draußen
Wie ich unterwegs das Große in den
kleinen Dingen fand

Taschenbuch
Auch als E-Book erhältlich
www.ullstein.de

ullstein